Grundzüge des operativen Denkens in der NATO.
Ein zeitgeschichtlicher Rückblick auf die 1980er-Jahre und Ausblick

Siegfried Lautsch

Grundzüge des operativen Denkens in der NATO

Ein zeitgeschichtlicher Rückblick auf die 1980er-Jahre und Ausblick

Siegfried Lautsch

2018

Carola Hartmann Miles-Verlag

Bibliografische Information der Deutschen Nationalbibliothek
Die Deutsche Nationalbibliothek verzeichnet diese Publikation in der Deutschen Nationalbibliografie; detaillierte bibliografische Daten sind im Internet über www.dnb.de abrufbar.

2. erweiterte Auflage

© 2018 Carola Hartmann Miles-Verlag
www.miles-verlag.jimdo.com
email: miles-verlag@t-online.de

Alle Rechte, insbesondere das Recht der Vervielfältigung und Verbreitung sowie der Übersetzung, vorbehalten. Kein Teil des Werkes darf in irgendeiner Form (durch Fotokopie, Mikrofilm oder ein anderes Verfahren) ohne schriftliche Genehmigung des Verlages reproduziert oder unter Verwendung elektronischer Systeme gespeichert, verarbeitet, vervielfältigt oder verbreitet werden.

Herstellung: BOD – Books on Demand, Norderstedt

Bildnachweis: Siegfried Lautsch
Korrektorat: Stefan Kahlau (Potsdam)
Satz: Carola Hartmann
Grafiken und Tabellen: Harald S. Wolf (Berlin). Mit freundlicher Unterstützung des ZMSBw, Potsdam, Fachbereich Publikationen
Umschlag: Siegfried Lautsch

Printed in Germany
ISBN 978-3-945861-58-5

Zum Geleit

Bewährtes wiederzuentdecken und nutzbar zu machen setzt voraus, sich mit dem Sachstand kritisch zu befassen. Der Autor hat sich intensiv mit der Problematik des operativen Denkens in der NATO aus der Sicht eines ehemaligen Offiziers der Nationalen Volksarmee auseinandergesetzt. Es ist ihm gelungen, wesentliche Aspekte herauszuarbeiten und mit der nötigen Gründlichkeit den Zusammenhang von Grundsätzen des operativen Denkens zu analysieren. Er beschreibt das Bindeglied zwischen taktischen Handlungen und strategischen Zielvorgaben, vor allem gestützt auf die US-Dienstvorschrift des Heeres FM 100-5 und die Heeresdienstvorschrift HDv 100/100, die in den 1980er-Jahren sowohl für die Alliierten als auch für den Einsatz des Heeres der Bundeswehr im Verbund mit anderen Teilstreitkräften sowie mit den Streitkräften der verbündeten Nationen maßgebend waren.

In seiner Untersuchung werden wichtige Bezüge zu den Grundlagen der operativen Führung dargestellt, um damit Hintergrundinformationen zur Aus-, Weiter- und Fortbildung zu vermitteln. Beleuchtet werden vor allem die Leitlinie für die operative Führung von Landstreitkräften in Mitteleuropa (Operative Leitlinie) des Inspekteurs des Heeres von 1987, die durch die *US-Army* verwendeten Grundsätze, die Terminologie und die Führungsbegriffe der Bundeswehr.

Die in den 1980er-Jahren herausgegebene US-Dienstvorschrift FM 100-5 beinhaltet Schlüsselbegriffe zur operativen Planung, wie das Zentrum der Kraftentfaltung und die Handlungsfähigkeit des Gegners (*Center of Gravity*). Dabei wird von der Tatsache ausgegangen, dass dessen wirkungsvolles Funktionieren nicht nur von der Leistung jedes einzelnen Teilelements abhängig ist, sondern auch von der Reibungslosigkeit, mit der diese Elemente zusammenwirken, und von der Zuverlässigkeit, mit der sie den Willen des militärischen Führers verwirklichen. Das schließt das militärische, wirtschaftliche und moralische Leistungsvermögen einer Nation, eines Bündnisses, einer Koalition oder einer Konfliktpartei ein.

Das Führungsdenken im Deutschen Heer zur Zeit des Ost-West-Konflikts verengte sich auf das Gebiet der Taktik als dem nächstgelegenen Feld militärischer Fähigkeit. Operative Probleme traten dagegen aus dem Gesichtskreis der Interessen, weil sich die Korps als die größten nationalen Truppenkörper in begrenzten Gefechtsstreifen, also taktisch eingesetzt sahen. Es bestehen jedoch zwingende Gründe, sich nicht dem operativen Denken weiter zu verschließen. Gründliches Wissen und klare Vorstellungen befähigen uns zum Gedankenaustausch mit unseren Verbündeten, auch um die operativen Planungen in den Kommandobehörden überzeugend mitzugestalten.

In der Studie werden notwendige militärische Begriffe des operativen Denkens strukturiert und allgemeinverständlich im Zusammenhang erörtert und dem Leser nahegebracht. Die Planung und Führung der Truppen, gestützt auf politische Absichten und militärstrategische Vorgaben und deren Umsetzung in Aufträge und Befehle an die operative und taktische Ebene, nimmt einen breiten Raum seiner Untersuchung ein.

Militärische Führer werden darauf vorbereitet, in komplexen Situationen schnell zu entscheiden. Auch Manager in der Wirtschaft können Grundsätze der militärischen Führung auf die Führung in einem Unternehmen übertragen. Natürlich gibt es Grenzen für die Übertragbarkeit von Grundsätzen der Führung in Kampfhandlungen und denen in einem Unternehmen. Die Führungsphilosophie und die Grundlagen der militärischen Führung bieten jedoch relevante Fakten, um Entscheidungsoptionen einschließlich der jeweiligen Vor- und Nachteile zu bewerten. Zudem können militärische Führer lernen, in Krisen besonnen zu reagieren, sind gewohnt zu delegieren und Ressourcen einzuteilen. Außerdem sind sie geübt, klar zu kommunizieren und Informationen strukturiert an die Unterstellten weiterzugeben. Diese Denkanstöße können auch für das zivile Management von Interesse sein.

Es ist ein besonderes Verdienst von Siegfried Lautsch, durch seine Untersuchung das reiche Quellenmaterial ans Tageslicht gefördert zu haben. Sie ermöglicht Einsichten in das operative Denken und regt vor allem Truppenführer und Führungsgehilfen zum Nachdenken über das Tagesgeschäft hinaus an.

Besonders interessant sind seine persönlichen bewertenden Hinweise, mit denen man nicht immer übereinstimmen mag, die jedoch unterschiedliche Denkansätze verdeutlichen. Auch seine Vergleiche mit entsprechenden Grundlagen in der Nationalen Volksarmee sowie in der Warschauer Vertragsorganisation sind von besonderem Interesse.

Mag dieser Band die gewünschte Beachtung finden und eine Lücke im operativen Denken schließen helfen.

Urbar, im Mai 2017　　　　　　　　　Dr. h.c. Helge Hansen
　　　　　　　　　　　　　　　　　　General a. D.

General a. D., Dr. h.c. Helge Hansen, Jahrgang 1936, war von 1992 bis 1994 Inspekteur des Heeres und von 1994 bis 1996 Oberbefehlshaber der Allied Forces Central Europe der NATO.

Inhalt

	Vorwort zur 2. Auflage	13
	Vorwort zur 1. Auflage	15
	Vorbemerkungen	16
1.	**Ausgangsüberlegungen**	**19**
1.1	Herkunft des Namens	21
1.2	Versuch einer Definition	24
2.	**Grundlagen der Operation**	**29**
3.	**Operatives Denken**	**38**
4.	**Führungsprozess**	**49**
4.1	Lagefeststellung	51
4.2	Planung	54
4.2.1	Entscheidungsvorbereitung	56
4.2.2	Entschluss	58
4.2.3	Plan	61
4.3	Befehlsgebung	62
4.4	Kontrolle	65
4.5	Bewertung	66
5.	**Verwendung von Vorschriften**	**71**
5.1	US-Heeresdienstvorschrift (FM 100-5)	71
5.2	Heeresdienstvorschrift (HDv 100/100)	73
6.	**Militärische Herausforderungen**	**77**
6.1	Erkennen der Herausforderungen	77
6.2	Doktrin	78
6.3	Luftraum	81
6.4	Menschenführung	82

6.5	Kampfkraft	82
6.6	Ausbildung und Einsatzbereitschaft	83
7.	**Krieg und Kriegsarten**	**85**
7.1	Konventionelle Kriegführung	87
7.2	Nukleare Kriegführung	88
7.3	Chemische Kriegführung	90
7.4	Biologische Kriegführung	91
8.	**Struktur der Kriegführung**	**94**
8.1	Strategie	94
8.2	Operative Kunst (Operation)	95
8.3	Taktik	96
9.	**Bestandteile der Operation**	**99**
9.1	Operation	99
9.1.1	Kritische Aspekte des operativen Denkens im Bereich der Zentralregion	103
9.1.2	Rahmenbedingungen in der Heeresgruppe Nord	117
9.1.3	Disharmonie im atlantischen Bündnis	128
9.2	Gefecht	135
9.3	Feldzug	137
9.4	Schlacht	137
9.5	Bewegung	138
9.6	Feuer	140
9.7	Sperren	140
9.8	Schutz	144
9.9	Initiative	145
9.10	Wendigkeit	146
9.11	Tiefe	147
9.12	Kulminationspunkt	149
9.13	Reserven	150

9.14	Synchronisation	152
9.15	Kräfte, Zeit und Raum	160
9.16	Sieg	162
9.17	Bewertung	163
10.	**Führung der Truppen**	**164**
10.1	Grundlagen der Führung	164
10.2	Operative Führung	166
10.3	Taktische Führung	170
10.3.1	Gemeinsamkeiten und Gegensätze im taktischen Denken	179
10.4	Führungssystem	182
10.5	Führung der Truppen in der Operation	186
11.	**Gefechtsarten und Verlegung**	**189**
11.1	Merkmale der Verteidigung	189
11.1.1	Charakteristische Besonderheiten für die Verteidigung	189
11.2	Merkmale des Angriffs	197
11.2.1	Methoden des Übergangs zum Angriff	200
11.2.2	Hauptarten des Angriffs	200
11.2.3	Formen des Angriffs	201
11.2.4	Maßnahmen zur Vorbereitung des Angriffs	205
11.3	Merkmale des Marschs	208
11.3.1	Hauptarten des Marschs	209
12.	**Entwicklungstendenzen des operativen Denkens**	**215**
12.1	Sicherheitsvorsorge im Bündnisgebiet	215
12.2	Sicherheitsumfeld im europäischen Raum	217
12.3	Die Militärdoktrin der Russischen Föderation	220

12.4	Bedrohungsperzeptionen	221
12.5	Aufgaben und Rollenverteidigung in der Atlantischen Allianz	223
12.6	Militärische Erkenntnisse zum künftigen Kriegsbild	225
12.7	Kooperation statt Konfrontation	227
12.8	Das neue strategische Konzept der NATO	231
12.8.1	Verteidigung und Abschreckung	233
12.8.2	Weiterentwicklung des Krisenmanagements	234
12.8.3	Kooperative Sicherheit	234
12.9	Folgerungen	236
12.10	Weiterentwicklung des operativen Denkens	238
12.11	Charakteristische Merkmale des operativen Denkens in überschaubarer Zukunft	241
12.12	Konsequenzen	248
13.	**Bewertung**	**252**
14.	**Erkenntnisse und Lehren**	**256**
14.1	Schlussbetrachtung	264
	Anhang	271

Grundzüge des operativen Denkens in der NATO in den 1980er-Jahren

Vorwort zur 2. Auflage

Nachdem die 2017 erschienene 1. Auflage dieses Buches in Fachkreisen mit großem Interesse aufgenommen wurde, bietet die vorliegende überarbeitete Fassung eine wesentlich verbesserte Darstellung komplexer Zusammenhänge. Außerdem wurde der Band um das Kapitel „Entwicklungstendenzen des operativen Denkens" ergänzt. Die Kapitel „Bestandteile der Operation", „Führung der Truppen", „Erkenntnisse und Lehren" (vormals „Nachlese") und die „Schlussbetrachtung" sind überarbeitet worden. Das Ziel dieses Buches ist es, Erfahrungen und Erkenntnisse für Ausbildung und Einsatz vor allem für militärische Führer verfügbar zu machen und so deren Kompetenz in den militärischen Kernfähigkeiten zu erweitern.

Durch die „neue" Bündnisverteidigung der NATO werden das in den 1980er-Jahren bekannt gewordene „operative Denken" und die mit ihm verbundenen öffentlichen Diskussionen erneut an Aktualität gewinnen. Hierzu zählen neben der Entwicklung von Konzepten für die operative Ausbildung[1] die Führungslehre mit ihrem Führungsprozess und den Grundprinzipien Planung, Organisation, Führung, Einsatz und Kontrolle ebenso wie die Leistungssteigerung von Kampfhandlungen. Mitentscheidend ist die koordinierte Anwendung militärischer Mittel zum Erreichen eines bestimmten Ziels unter Bewertung und Verwendung der vorhandenen Kräfte sowie der räumlichen und zeitlichen Gegebenheiten – kurzum, die Beherrschung der zielführenden Umsetzung des operativen Denkens im Rahmen der Führung und des optimalen Zusammenwirkens der eigenen Kräfte im Verhältnis zu den Handlungen gegnerischer Kräfte in Zeit und Raum. Dabei kommt den Führungskräften die Aufgabe

---

[1] 2003 wurde am *Joint Warfare Centre (JWC)* in Stavenhagen, Norwegen, eine NATO Ausbildungseinrichtung für die operative Ebene geschaffen. Dort finden streitkräftegemeinsame Szenarien auf operativer Ebene statt. Dazu gehören Trainings der operativen Führung, Weiterentwicklung gemeinsamer Standards zur operativen Kriegführung und Sammeln von Erfahrungen aus gemeinsamen Operationen.

zu, ihre Soldaten als Träger der Kampfkraft effizient einzusetzen. Hierzu dürften von den militärischen Führern Wissen und Können, Weitsicht und Durchsetzungskraft gefordert sein. In diesem Kontext ist militärisches Können genauso relevant wie gesellschaftliches, politisches, wirtschaftliches und technologisches Wissen oder interkulturelle Kompetenz. Denn Führungskräfte sollen nicht als professionelle „Funktionsträger potenzieller Gewalt" agieren, sondern die sicherheitspolitischen Implikationen ihres militärischen Wirkens kritisch reflektieren.

Ich wünsche den Lesern dieses Buches eine zum Nachdenken und kritischen Diskurs anregende Lektüre. Hinweise, Anregungen und Kritik bitte an miles-verlag@t-online.de oder Lautsch@t-online.de.

Vorwort zur 1. Auflage

Mit dieser Monografie möchte ich das Ergebnis meiner Untersuchung über Grundsätze des operativen Denkens in der NATO aus dem Blickwinkel eines ehemaligen Stabsoffiziers darlegen, der als Angehöriger der NVA der DDR dem Bündnis des Warschauer Pakts verpflichtet gewesen ist. Die Systematik des Aufbaus folgt dem Anliegen, militärische Grundsätze mit Handlungsoptionen zu verbinden. Dabei beziehe ich mich vor allem auf das letzte Jahrzehnt des Kalten Krieges. Die Darstellung ist in allgemein verständlicher Form gehalten. Ziel der Untersuchung ist es, militärische Grundsätze bewusst zu machen, die für das Verstehen des operativen Denkens notwendig sind. Dem Leser wird Gelegenheit gegeben, zu spezifischen militärischen Begriffen Antworten zu finden. Dabei ist es unvermeidlich, dass die Analyse bestimmte Akzente setzt, Grundsätze und Handlungsoptionen auswählt und auch Verkürzungen der einzelnen Fragestellungen vornimmt. Im Interesse des Umfangs wurde auf historische Ableitungen weitgehend verzichtet.

Die Studie stützt sich vor allem auf die Auswertung militärischer Bestimmungen der *US-Army* und des bundesdeutschen Heeres. Das Interesse richtet sich auf das Wesen der militärischen Grundsätze und auf deren Anwendung. Dort wo es für notwendig erachtet wurde, wird der Vergleich zu den Grundsätzen der Sowjetarmee und der NVA hergestellt. Bestimmende Sachverhalte werden durch Grafiken und Abbildungen erläutert.

Die früheren US-Heeresdienstvorschriften, Einsatzgrundsätze der *US-Army (FM 100-5)* und der Heeresdienstvorschrift Truppenführung der Bundeswehr (HDv 100/100), die in den 1980er-Jahren herausgeben wurden, werden weder beschrieben noch nacherzählt. Die Aufmerksamkeit soll besonders auf Schlüsselgedanken gerichtet werden. Mögen die Systematik und der überschaubare Umfang der Studie als Kompendium dienen.

Vorbemerkungen

Die Idee für diese Untersuchung entstand anlässlich eines Gesprächs mit General a. D. Hans-Henning von Sandrart auf der internationalen Tagung für Militärgeschichte in Potsdam vom 22. bis 24. September 2010. Sie wurde ergänzt durch das Kolloquium der Point Alpha Akademie vom 10. bis 11. Mai 2012 in Geisa zum Thema „‚Fulda Gap' – der Kalte Krieg und die Operationsplanung der Bündnisse in Europa",[2] bei dem sich Wissenschaftler und Zeitzeugen versammelten, um über die Operationspläne der Militärbündnisse in ihrer Entwicklung von den Anfängen bis zum Ende des Kalten Krieges zu diskutieren. In Gesprächen mit General a. D. Hans-Henning von Sandrart äußerte ich die Absicht, eine Untersuchung über das operative Denken in der NATO zu verfassen. Dabei zeigte der General Interesse an einer Zusammenarbeit. Leider ist es dazu nicht mehr gekommen, Hans-Henning von Sandrart verstarb allzu früh im Juli 2013. Abschließend wird der Bezug zu Hans-Henning von Sandrart dadurch hergestellt, dass seine von ihm als Inspekteur des Heeres 1987 verfasste „Operative Leitlinie" als Dokument beigefügt ist.

Ziel des Buches ist es, Grundsätze mit militärischem Sachverstand zu analysieren und vor allem die dem Handeln vorausgehenden „zeitlosen" Führungsgrundsätze zu erschließen. Zeitlos ist nicht das Geschehen an sich, sondern das elementare militärische Führungsverständnis.[3] Meine Absicht kann dazu beitragen, militärisches Handeln besser zu verstehen. Dabei ist der Rückblick auf die der Kriegskunst zugrunde liegenden Kenntnisse und Erfahrungen[4] geeignet, um ihren bleibenden Wert für die Gegenwart und Zukunft herauszustellen.

Mit dieser Analyse steht dem militärischen Führer ein Gedankengerüst zur Verfügung, begründete Prinzipien, die bei geschickter

---

[2] *Fulda Gap* (‚Fulda-Lücke') ist ein Begriff, mit dem die US-Streitkräfte während des Kalten Krieges das Gebiet bei Fulda in Osthessen nahe der Grenze zur DDR bezeichneten. Diese „Lücke" wurde als wahrscheinliche Angriffsrichtung der WVO angenommen, weil das dortige Gelände für einen massiven Angriff zweckmäßig erschien.
[3] Grundsätze der Truppenführung, Hamburg, Paris 1999, S. 4 f.
[4] Vgl. Clausewitz, Carl von, Vom Kriege – Hinterlassenes Werk. Zweites Buch. Siehe Kapitel 6. In: Über Beispiele, Bonn 1980, S. 335.

Anwendung helfen können, anspruchsvolle militärische Aufgaben zu lösen.

Bei dieser Untersuchung stehen operativ-taktische Grundsätze im Mittelpunkt, sprich solche, die für Taktik und Operation unter Berücksichtigung der jeweiligen Führungsebenen relevant sind. Es geht nicht um Operationspläne, wie ein Krieg zu führen, zu gewinnen oder zu verhindern sei, sondern um die Doktrin als Richtschnur militärischen Handelns in Krisen- und Kriegszeiten, ihre Erarbeitung, Entwicklung sowie aus ihr folgende Denkweisen. In die Doktrin flossen Erkenntnisse aus dem 2. Weltkrieg und aus Konflikten der Nachkriegszeit ebenso ein wie Ergebnisse und Erfahrungen aus Studien, Kriegssimulationen, Übungen und der Ausbildung. Das operative Denken wurde zuweilen kontrovers debattiert und setzte sich mit taktischer und operativer Kritik, Zweifeln an der schadensbegrenzenden Vorneverteidigung, militärischer Zusammenarbeit, der Nachrüstung, dem nuklearen Domino-Effekt und den militärischen Innovationen dieser Zeit auseinander. Die inhaltliche Analyse des gesamten operativen Denkens und der von ihm ausgelösten vielfältigen Diskussionen würde den Rahmen des Buches sprengen. Daher werden lediglich wichtige gedankliche Grundlagen erklärt und das damalige Denken anhand ausgewählter Debatten erörtert. Diese Diskussionen waren nicht nur durch den Aufklärungsverbund in der Warschauer Vertragsorganisation bekannt, sondern wurden aktiv verfolgt. Sie schufen die Grundlage, die taktischen und operativen Fähigkeiten des westlichen Bündnisses einzuschätzen und die eigenen Verteidigungsfähigkeiten[5] zu analysieren.

Ich erhebe keineswegs den Anspruch, sämtliche Grundsätze militärischen Handelns erschöpfend behandelt zu haben, hoffe aber, einen Beitrag zum Verständnis des operativen Denkens und zur Erweiterung des operativ-taktischen Gesichtskreises des militärischen Führers zu leisten. Für das Verständnis des operativen Denkens und die Bewältigung der Anforderungen an den heutigen Offizier im Einsatz ist die Auseinandersetzung mit operativen Grundsätzen unerlässlich. Wegen der Kürze und des systematischen Aufbaus der Studie kann

---

[5] Siehe dazu Lautsch, Siegfried, Kriegsschauplatz Deutschland. Erfahrungen und Erkenntnisse eines NVA-Offiziers, Potsdam 2013, S. 75-85.

sie als Nachschlagewerk Verwendung finden. Wissenschaftler, vor allem Historiker, Militärs, aber auch der militärisch interessierte Bürger, können von diesem Buch profitieren.

1. Ausgangsüberlegungen

Was ist operatives Denken? Allgemein versteht man darunter Vorgänge des bewussten Denkens, die schnell, effizient, produktiv und unverzüglich erfolgen, um Sachverhalte zu erschließen, zu planen oder durchzuführen.[6] Dieses Denken geschieht in verschiedenen Bereichen der Politik, der Wirtschaft, des Militärs und in Disziplinen der Wissenschaft. Im Einzelfall werden unterschiedliche Erkenntnistheorien zugrunde gelegt, mit deren Hilfe konkrete Probleme oder Schlüsse zu ziehen sind. Letztlich soll aus einem gegebenen Ausgangszustand ein gewünschter Zielzustand erreicht werden. Die Vielfalt der begrifflichen Verwendung zeigt, dass hier offenbar verschiedene Bedeutungs- und Bewertungsvarianten im Spiel sind. Alltagssprachlich ist uns der Umgang mit dem Begriff des operativen Denkens und seiner Unterschiede meist nicht bewusst. Um eine gewisse Klärung zu erreichen, möchte ich mich hier vor allem auf militärische Denkstrukturen konzentrieren, die als kritisch-rationale Denkprozesse bezeichnet werden können. Es handelt sich dabei sowohl um eine analytische als auch praktische Denkweise auf der Grundlage von Regeln, Erkenntnissen, Erfahrungen und Verhaltensweisen militärischer Protagonisten. Zwischen den Militärs beider Allianzen bestanden im operativen Denken teilweise graduelle, aber keine prinzipiellen Unterschiede. Allgemein denken Angehörige des Militärs kooperativ, indem sie sich gemeinsame Ziele setzen, diese gemeinsam verfolgen, gemeinsam überdenken und korrigieren. Das operative Denken berücksichtigt die Tradition. Letztere stützt sich auf den Einklang gewöhnlicher Erkenntnisse statt auf vereinzelte willkürliche Quellen. In dieser Überlieferung entwickelte sich ein Problembewusstsein, das hinsichtlich seiner Dimensionen einen Standard vorgibt. Die Regeln stützen sich auf die Bestandteile der Kriegskunst und orientieren sich an den Besonderheiten der strategischen, operativen und taktischen Führungsebene. Die operative

---

[6] Wörterbuch und Lexika für Akademiker,
https://translate.googleusercontent.com/translate_c? (abgerufen am 30.04.2017). Philosophisches Wörterbuch, Schischkoff, Georgi, Stuttgart 1991. M. W Eysenck, M. T. Keane, Cognitive Psychology, Psychology Press, Hove (UK) 2000, S. 394. Aronson, Elliot, T. D. Wilson, R. M. Akert, Sozialpsychologie, Pearson Studium, 2004, S. 57 f.

Kunst[7] setzt sich mit widerstreitenden Interessen auseinander, ohne sich der leitgedanklich formalen Idee des militärischen Führers zu widersetzen. Allerdings bleibt immer das Wagnis, dass die Ausführung des Auftrags das prognostizierte Ergebnis nicht vollends garantiert. Die Operation schließt allgemein einen zugewiesenen Operationsraum ein, der durch ein Territorium mit anliegenden Randmeeren und dem darüber befindlichen Luft- und kosmischen Raum begrenzt ist. In diesem Raum sind in der Regel die Gruppierungen der Streitkräfte konzentriert und entfaltet, um Kampfhandlungen in unterschiedlichen Dimensionen zu verwirklichen. Der Raum wird durch eine dreidimensionale Größe begrenzt, die unterschiedliche geografische Eigenschaften aufweist. Um Kräfte in diesem Raum zu bewegen, ist Zeit erforderlich. Daher ist die Zeit ein Maß für die Bewegung, die gebraucht wird, um eine bestimmte Entfernung zu überwinden, aber auch um bestimmte Kampfhandlungen zu planen und durchzuführen. Von den Dimensionen des Raumes und den Operationsrichtungen sowie von der zur Verfügung stehenden Zeit hängt es ab, welche Größenordnung an Kräften zur Abwehr oder Zerschlagung des Gegners einzusetzen ist. Im günstigsten Fall müssen die eigenen Kräfte schneller als die des Gegners agieren. Je mehr es gelingt, den Zeitbedarf für die eigene Operationsführung zu verringern, desto größer werden die Erfolgsaussichten

---

[7] Die Kriegskunst in der WVO, geprägt durch die sowjetische Militärwissenschaft, setzte sich aus den drei Bestandteilen *Strategie*, *operative Kunst* und *Taktik* zusammen. Dies sind definierte Begriffe, die in der Bundeswehr zumindest teilweise anders benannt werden. Vergleichbare Begriffe für *operative Kunst* sind *operative Führung* oder *operative Führungskunst*, die im Rahmen der Führung von Operationen gebraucht werden. In der *US-Army* wird dafür der Terminus *Operational Art* verwendet. Inhaltlich handelt es sich um die Führung der Operation als Zwischenebene zwischen Strategie und Taktik. Nach westlicher Terminologie wird nicht die Theorie, sondern eher deren Anwendung als Kunst bezeichnet, die freie und schöpferische Tätigkeit der militärischen Führer als Voraussetzung für eine sachgerechte Führung. Vgl. Resnitschenko, Wassili G. (Hrsg.), Taktik, Berlin (Ost) 1988, S. 11. Heeresdienstvorschrift 300/1 „Truppenführung", Berlin 1934, hier zitiert aus der Ausgabe des Mittler-Verlags, Berlin 1936. In: Heinemann, Wilfried, Führungs- und Führungsmittel, Potsdam 2011, S. 3. Siehe auch Hansen, Helge, Brief an den Autor vom 10.11.2017 (Archiv des Autors).

sein. Deshalb ist es notwendig, wo immer möglich, Zeit zu gewinnen, um dem Gegner zuvorzukommen. Somit kann frühzeitig und umfassend ein Lagebild des Gegners erstellt und seine Absichten rechtzeitig erkannt werden. Entschlüsse zur Bereitstellung der eigenen Truppen[8] sowie deren schnelle Bewegung oder die Heranführung operativer Reserven können dadurch ebenfalls plausibler getroffen werden. Es bedarf keiner weiteren Vertiefung, dass die verfügbaren Kräfte von ihrem technischen Vermögen befähigt sein müssen, sich in den Dimensionen Zeit und Raum zu bewegen, um optimal zum Einsatz zu kommen. Im Rahmen der gegebenen Grenzen soll ein Einblick in das operative Denken ermöglicht werden. Die gebotenen Basisinformationen ermöglichen dem Leser, sich mit einem speziellen Bestandteil der Kriegskunst zu befassen. Dabei ist es unvermeidlich, dass zunächst bestimmte Erklärungen vorangestellt werden.

1.1 Herkunft des Namens

Operatives Denken – *operativ* stammt aus dem Lateinischen. Das Adjektiv heißt ‚operational' und ist durch Operationen gekennzeichnet, mit denen man den Sachverhalt erfassen oder durch Indikatoren anzeigen kann. Mit anderen Worten, der Begriff ist verfahrensbedingt und beruht auf Operationen (Handlungen), die konkret beschreibbar, messbar und damit umsetzbar sind.[9] Das Substantiv Denken, auf Lateinisch *cogitatio*, schließt (Nach-) Denken, Überlegung, Erwägung und Denkvermögen ein, es kann auch die Bedeutung von ‚Einbildungskraft', ‚Gedanke', ‚Vorstellung', ‚Vorhaben', ‚Absicht', ‚Plan' und ‚Entschluss' einbeziehen. Somit bezeichnet *operatives Denken* zunächst eine besondere Aktivität des Verstandes, um zu Aussagen, Gedanken und Schlussfolgerungen zu gelangen.

---

[8] *Truppen* ist eine Bezeichnung für Verbände, Truppenteile und Einheiten, die Kampfhandlungen durchführen oder sicherstellen. Der Begriff wird auch für die Kräftezusammenfassung einzelner oder verschiedener Truppengattungen (Waffengattungen) gebraucht. Verschiedentlich soll durch diese Bezeichnung zwischen Stäben und Truppenkörpern (Verbänden, Truppenteilen, Einheiten) unterschieden werden.
[9] Vgl. Duden, Das Fremdwörterbuch, Mannheim 1990, S. 552.
http://www.wirtschaftslexikon.co/d/operational/operational.htm,
http://de.pons.com/%C3%BCbersetzung/latein-deutsch/cogitatio.

Das militärische operative Denken schließt dann besonders militärisches Wissen, Kenntnis, vor allem Erfahrungen und Erkenntnisse ein, die für den Berufsstand charakteristisch sind. Wissen und Kenntnis erhalten Militärs in Lehre, Schulung und Ausbildung. Im Zuge ihrer Entwicklung kommt es zu einer fortschreitenden Vielfalt sich spezialisierender Fähigkeiten und Fertigkeiten, deren militärwissenschaftliche Interaktion an Universitäten, Forschungseinrichtungen und Akademien lokalisiert ist. Die Menge und Differenzierung dieses speziellen und methodischen Wissens und Könnens wächst mit rasanter Geschwindigkeit. Nicht umsonst spricht man von der Informationsgesellschaft und der Notwendigkeit permanenter Fortbildung. Aber auch bei Vervollkommnung von Wissen und Können gilt es, militärische Grundsätze nicht gering zu schätzen. Es geht nicht um eine ziellose Weiterentwicklung, sondern um eine militärisch-funktionale, die sich im Sinne ethischer Orientierung reflektiert und in politisch-rechtlichen Rahmenbedingungen akzentuiert.[10] Meiner Auffassung nach setzt das operative Denken ein bestimmtes Maß an Erfahrungen voraus. Man muss diese Erfahrungen erschließen, um sie militärisch anwenden zu können. Wenn ich hier von Erfahrungen spreche, dann gehe ich von zwei Gesichtspunkten aus. Einerseits die militär-historische Erfahrung, erfasst in Vorschriften und anderem Schriftgut, anderseits die eigenen Erlebnisse und die selbst wahrgenommenen Ereignisse, deren mehr oder weniger realitätsadäquate Verarbeitung im Sinne von „Lebenserfahrung".[11] Auch wenn die Phänomene der Erfahrungswelt sich ändern können, bleiben sie meist im Grundsatz bestehen. Wissen, Kenntnisse und Fähigkeiten beruhen auf dem eigenen Erlebnis und auf Erfahrung anderer, die ihre Erfahrungen durch Veröffentlichungen weitergeben. Sie sind für den Empfänger des Wissens keine Erfah-

---

[10] Anzenbacher, Arno, Einführung in die Philosophie, Freiburg im Breisgau 2002, Ausgabe 2010, S. 289 f.
[11] Nach Jürgen Mittelstraß ist unter Erfahrung gewöhnlich „die erworbene Fähigkeit sicherer Orientierung (und) das Vertrautsein mit bestimmten Handlungs- und Sachzusammenhängen ohne Rekurs auf ein hiervon unabhängiges theoretisches Wissen" zu verstehen. Vgl. Enzyklopädie Philosophie und Wissenschaftstheorie, Mannheim 1980, Bd. 1, S. 569.

rungen im engeren Sinne, aber Wissen, das zur Gewinnung von Erkenntnissen beitragen kann.

Auch der Begriff der Erkenntnis ist mannigfaltig. Unter militärischen Gesichtspunkten ist es das Verständnis, das durch Begriffsanalysen und durch Bestimmung gewonnen wird und praktische Verwendung findet. Die Erkenntnis beinhaltet die Einsicht in die Bedeutung eines Sachverhalts, beispielsweise ob eine Information für die Problemlösung wichtig ist. Sie beschränkt sich nicht allein auf Fakten, sondern beinhaltet das Verstehen von Zusammenhängen. Wenn wir von gesicherter Erkenntnis sprechen, dann steht dahinter, dass die Erkenntnis durch mannigfaltige Quellen belegt werden kann. Doch hat die militärische Bündnispolitik im Kalten Krieg gezeigt, dass zumindest in gewisser Hinsicht manche Aussagen nur mit unterschiedlichen Graden der Wahrscheinlichkeit getroffen werden konnten, beispielsweise hinsichtlich der Einschätzung des tatsächlichen Kampfbestands der gegnerischen Kräfte und Mittel und deren wirklichen Fähigkeiten. Grund dafür waren systemimmanente Aussagen, die nicht als wahr oder falsch bewiesen werden konnten. Dies führte zu der Frage, ob es überhaupt gesicherte Erkenntnisse geben kann. Angesichts der Täuschbarkeit der menschlichen Wahrnehmung entstanden Fragen nach der Herkunft und Beschaffenheit der Informationen, ob und inwieweit durch die Art der Erkenntnisgewinnung die Inhalte beeinflusst wurden. Da die Wahrnehmung eine Interpretation von Sinnesdaten darstellt, müsste jede Erkenntnis hypothetisch bleiben.[12] Der militärische Führer steht immer im Spannungsverhältnis zwischen Informationen, die er glauben, für möglich oder für überzeugend halten kann. Um Irrtümer zu vermeiden, bedeutet dies für ihn und seinen Stab, Aufklärungsangaben besonders sorgfältig zu analysieren und kritisch zu beurteilen. Folglich sollte er über die notwendige Sachkenntnis verfügen und sich so weit wie möglich mit der Erkenntnisgewinnung befassen, um Sachverhalte beurteilen zu können. Die Zuverlässigkeit der Informationen besteht in der Gewinnung solcher Informationen, die der tatsächlichen Lage in vollem Umfange entsprechen sowie in der Ermittlung und richtigen Einschätzung der tatsächlichen Absichten,

---

[12] Vgl. Vollmer, Gerhard, Biophilosophie, Stuttgart 1995, S. 110 f., 114-116.

Scheinabsichten und generellen Handlungen des Gegners. Deshalb ist das Lagebild durch gezielte Aufklärung der Feindkräfte ständig zu vervollkommnen. Die Erfahrungen eines militärischen Führers, die dieser aus dem Pragmatismus gewonnen hat, stellen somit einen wesentlichen Bestandteil seines operativen Denkens dar.

1.2 Versuch einer Definition

Die US-amerikanische und sowjetische Kriegskunst setzt sich aus den drei Bestandteilen Strategie, operative Kunst und Taktik zusammen. Insofern befasste sich das strategische Denken im nuklearkosmischen Zeitalter mit der Theorie und Praxis der Vorbereitung des Landes oder einer Koalition auf die Abwehr einer Aggression sowie mit der Planung und Führung von Streitkräften in strategischen Operationen. Die Strategie, abgeleitet aus der Politik, bestimmte die grundlegenden Bedingungen für die Operation im Krieg bzw. für die Abschreckung eines Krieges. Sie bestimmte die Ziele auf den Kriegsschauplätzen und in den Operationsgebieten, die für die Bereitstellung von Kräften und Mitteln ausschlaggebend waren.[13]

Das operative Denken befasste sich vor allem mit der Theorie und Praxis der Vorbereitung und Durchführung von Operationen operativer Verbände der Streitkräfte. Ausgehend von den Forderungen der Strategie untersuchte dieses Denken den Charakter von Operationen, Prinzipien ihrer Vorbereitung und Durchführung, die Struktur, die Möglichkeiten und Einsatzgrundsätze operativer Verbände sowie die Grundlagen der Truppenführung und der Sicherstellung (Logistik) der Truppen in Operationen. Das operative Denken erforderte Weitblick, Voraussicht, Verständnis für das Verhältnis von Kräften, Mitteln und Zweck, von Zeit und Raum sowie ein effektives Zusammenwirken der Teilstreitkräfte der nationalen bzw. alliierten Truppenkontingente.[14]

Das operative Denken ist ein Konstrukt, allerdings kein willkürliches und absolutes. Mithin ist es keine eindeutig formulierte Absicht oder Meinung. Es ist das Denken, das von dem Willen derjenigen

---

[13] Vgl. Resnitschenko (Hrsg.), Taktik, S. 11. FM 100-5, Chapter 2, page 9.
[14] FM 100-5, Chapter 2, pages 10 f.

bestimmt wird, die daran teilhaben. Das Sujet ist die Operation, in der mehrere Kampfhandlungen, namentlich Schlachten und Gefechte, zeitlich und räumlich zusammenhängend auf ein gemeinsames Ziel ausgerichtet, durchgeführt werden. Nach westlicher Begriffsbestimmung wird die Operation von Großverbänden[15] und territorialen Kommandobehörden ab der Führungsebene Verteidigungsbezirkskommando aufwärts geführt. Grundsätzliche Voraussetzungen sind operative Fähigkeiten und der Wille, Operationen zu planen und durchzuführen, die besondere Kenntnis der operativen Führung und des Zusammenwirkens.[16]

Das taktische Denken schloss die Theorie und Praxis der Vorbereitung und Durchführung des Gefechts von Einheiten, Truppenteilen und Verbänden der Teilstreitkräfte ein. Es beschäftigte sich mit den Prinzipien des Gefechts, des Einsatzes von Truppen der Teilstreitkräfte im Gefecht und bei selbstständigen Gefechtshandlungen. Das taktische Denken bestimmte die Aufgaben der Einheiten, Truppenteile und Verbände sowie die Ordnungen und Methoden ihres gemeinsamen Einsatzes. Auf diese Weise nahm das taktische Denken Einfluss auf die Weiterentwicklung der Taktik. Die theoretischen Grundsätze der Taktik fanden ihren Niederschlag in Dienstvorschrif-

---

[15] Zu den Großverbänden zählen in aufsteigender Reihenfolge die Brigade, die Division, das Korps oder Armeekorps (letztere Bezeichnung wird in der WVO verwendet), die Armee und Heeresgruppe sowie weitere vergleichbare Truppenkörper. In der WVO war die Front die höchste Gliederungsform der Koalitionsstreitkräfte. Unter Front verstand man eine operativ-strategische Vereinigung von Teilstreitkräften, die mit Übergang vom Friedens- in den Kriegszustand gebildet und zur Erfüllung operativ-strategischer Aufgaben bestimmt wurde. Dem Oberbefehlshaber der Front wären Kräfte und Mittel unabhängig von ihrer Zugehörigkeit zu einer Teilstreitkraft unterstellt worden. Insofern kann die Front nach der Begriffsbestimmung der westlichen Allianz mit einer Armee- bzw. Heeresgruppe verglichen werden. Eine Front gliederte sich in mehrere Armeen. Eine Armee war eine operative Vereinigung, die sich wiederum aus Verbänden (Divisionen, Brigaden) und selbstständigen Truppenteilen verschiedener Waffengattungen und Spezialtruppen zusammensetzte und zur Erfüllung operativer Aufgaben bestimmt war. Vgl. Sowjetische Militärenzyklopädie, Auswahl, H. 23, Berlin (Ost) 1983, S. 91-93.
[16] Vgl. FM 100-5, Chapter 2, page 10. Entwurf HDv 100/100, Bonn 1997, Ziff. 2306. DV 046/0/001, Gefechtsvorschrift der Landstreitkräfte, Berlin (Ost) 1983, S. 9.

ten, Anordnungen, Lehrbüchern und Lehrmaterialien sowie in militärtheoretischen Schriften. Der praktische Aspekt der Taktik umfasste die Tätigkeit der militärischen Führer und Stäbe bei der Vorbereitung und Durchführung des Gefechts. Er beinhaltete vor allem das Erfassen und Auswerten von Angaben zur Lage, die Entschlussfassung, die Übermittlung von Aufgaben an die Unterstellten, die Planung, Vorbereitung der Truppen auf das Gefecht, die Durchführung der Gefechtshandlungen, die Führung der Truppenkörper und deren Sicherstellungen (Logistik). Die Taktik stand und steht in unlösbarem Zusammenhang mit den anderen Bestandteilen der Kriegskunst. Ihre Theorie und Praxis sind den Intentionen der Taktik, dem strategischen und operativen Denken untergeordnet und lassen sich von deren Forderungen leiten. Anderseits nimmt die Taktik aufgrund der schnellen Entwicklung der Technik, Bewaffnung und Ausrüstung wesentlichen Einfluss auf die operative Kunst.[17]

Der Begriff des operativen Denkens wird für unterschiedliche Denkansätze angewendet. So findet er Gebrauch im visuellen, abstrakten oder konzeptionellen Denken oder wird als Form bei der operativen Aufgabenerfüllung verwendet. Der Inhalt dieses operativen Denkens kann sich auf Prozesse reduzieren, die Sachverhalte durch Algorithmen, Vorhersagen und Bewertungen beschreiben. So entsteht ein breites Spektrum an Denkmustern zur Analyse von Informationen, die für die Entscheidungsvorbereitung und vor allem für die Beurteilung der Lage von Bedeutung sein können. Das militärische operative Denken ist nach Auffassung russischer Militärs umfangreich und sehr komplex. Notwendig sei es, dieses Wissen ständig zu fördern und es in den Streitkräften unnachgiebig anzuwenden. Die Entwicklung des operativen (operativ-strategischen) Denkens ist für alle Offiziere Voraussetzung, um militärische und andere Prozesse verstehen und deren Inhalte im bewaffneten Kampf in unterschiedlichen Bereichen besser anwenden zu können. Mithin halten Fachleute dieses Denken für eine Aufgabe, die jeden militärischen Führer betrifft und daher verstanden werden müsse. Obgleich die Umsetzung schwierig sein mag, drängen russische Experten

---

[17] Vgl. Resnitschenko (Hrsg.), Taktik, S. 11 f. FM 100-5, Chapter 2, pages 10 f.

darauf, dass sich das Offizierkorps mit dieser Problematik im notwendigen Maß professionell befasst.[18]

Das operative Denken ist ein ebenso komplizierter wie kaum messbarer Prozess. Deshalb sollen die Grundzüge dieses strukturierten Denkens in dieser Arbeit untersucht werden.

Während des Kalten Krieges war das Konzept der Aus- und Fortbildung des Offizierkorps in der NATO, vornehmlich in den Landstreitkräften, auf die Dimension der taktischen Verteidigung begrenzt. Im Vergleich zu den damaligen Einsatzgrundsätzen der Nordatlantischen Allianz sind die operativen Kenntnisse der Offiziere gegenwärtig immanent wichtig. Allein durch das Bildungsangebot in den Streitkräften ist das Studium der Grundlagen des operativen Denkens kaum zu leisten. Für Offiziere wächst die Eigenverantwortung, ihr Wissen selbstständig zu erweitern. Dazu kann die Aneignung oder Festigung des operativen Denkens mithilfe der hier erörterten Grundsätze nützlich sein. Zur Erklärung dieses Denkens muss man nicht unbedingt politisch Partei ergreifen, aber doch unmissverständlich die Gewaltanwendung zur Durchsetzung politischer Ziele in taktischen, operativen und strategischen Dimensionen hervorheben. Außerdem ist zu betonen, dass dieses Denken im Kampf, in Unrecht, Demütigung, Grausamkeit und in Verbrechen münden kann. Ungeachtet solcher kritischer Einwände hat das operative Denken keineswegs an Aktualität verloren. Entscheidend ist die Beantwortung der Frage, ob dieses Denken dazu benutzt wird, einen Krieg zu verhindern oder ihn zu führen. Mit anderen Worten: Zumindest im Ost-West-Konflikt herrschte ein militärisches Denken zur Aufrechterhaltung der Abwehrbereitschaft nach dem Prinzip minimaler Hinlänglichkeit einer Nation oder eines Verteidigungsbündnisses vor. Bei aller Widersprüchlichkeit war es darauf gerichtet, Zerstörungen, Schäden und Verluste in Grenzen zu halten und den Krieg so schnell wie möglich zu beenden. Weil der Kalte Krieg nicht in militärische

---

[18] Khamzatov, M. M., D. V. Kozin, N. Г. Artamonow, *О необходимости развития оперативного мышления офицеров* („Die Notwendigkeit der Entwicklung des operatives Denkens bei den Offizieren"). In: Military Thought, o.D. http://www.milresource.ru/Hamzatov-article-3.html (abgerufen am 30.04.2017).

Kampfhandlungen eskalierte, sind uns die Schrecken des Krieges und eine unsägliche Katastrophe erspart geblieben.

2. Grundlagen der Operation

In der Zeit des Ost-West-Konflikts, in der die beiden Supermächte – die Vereinigten Staaten von Amerika und die Sowjetunion – das Schicksal der Welt in ihren Händen hielten, blieben zumindest die Menschen in Europa von einem Krieg verschont. Obwohl keine Schlacht im eigentlichen Sinne geschlagen wurde, bereiteten sich die Streitkräfte der NATO und der Warschauer Vertragsorganisation (WVO)[19] auf einen Krieg vor. Um diese Vorbereitung zu verstehen, erscheint es mir notwendig, sich mit den Grundsätzen des operativen Denkens zu befassen.

Bei der Betrachtung des operativen Denkens fällt auf, dass es unterschiedliche Bestandteile einschließt. Es stellt das Bindeglied zwischen der strategischen und taktischen Ebene dar.[20] Nach Einschätzung des Generals Hans-Henning von Sandrart ist das operative Denken eingeordnet in ein System zeitgemäßen strategischen Denkens. Wichtig für ihn war vor allem die *operative Führung*. Sandrart war der Auffassung, dass das operative Denken nicht isoliert betrachtet werden könne, sondern in einen großen gesamtstrategischen, zumindest aber militärstrategischen Zusammenhang gestellt werden müsse. Dieser weite Rahmen sei notwendig, weil dieses Denken nicht aus „isolierten Boxen" der verschiedenen ministeriellen Zuständigkeiten wie Außenpolitik, Wirtschaft, Finanzen, Forschung und Technologie oder Verteidigung bestehen und bewältigt werden müsse, sondern aus dem interministeriellen Ansatz einer Gesamtstrategie. Nach Sandrart bestand der Grund der Unschärfe der Abgrenzung auch darin, dass *Operation* eine militärische Handlung bezeichnete, welche die nach der Taktik ablaufenden Gefechte auf die Ziele der

---

[19] Auch wenn in der internationalen Historiografie derzeit überwiegend der Terminus ‚Warschauer Pakt' *(Warsaw Pact)* benutzt wird, werden im Folgenden sowohl die westliche Bezeichnung ‚Warschauer Pakt' als auch die in der DDR gebräuchliche, genauere Übersetzung als ‚Warschauer Vertragsorganisation' (WVO) simultan verwendet. Für eine differenzierte Anwendung beider Begriffe siehe auch Frank Umbach, Das rote Bündnis, und Oliver Bange, Sicherheit und Staat, Berlin 2017, S. 2.

[20] Vgl. Vego, Milan, Operatives Denken, Österreichische Militärische Zeitschrift (ÖMZ) 2/2007, S. 131.

Strategie hin ordnet und führt. Im gesamtstrategischen Denken betont Sandrart die traditionelle Rolle Deutschlands und seine Lage in der Mitte Europas. Nach seiner Darstellung begründe dies die politische und militärische Integration der Bundesrepublik in das Bündnis westlicher Demokratien. Für ihn war die Verantwortlichkeit eher in der „Teilstaatlichkeit" der Bundesrepublik folgerichtig. Die Bundesrepublik hatte ihren originären Beitrag im Rahmen des westlichen Verteidigungsbündnisses zu leisten. Mit der Aufnahme in die NATO unter Konrad Adenauer hat sich die Bundesrepublik für die Westintegration entschieden.[21]

Will man die Positionen und Zielvorstellungen seiner Partner richtig einordnen, dann ist es wichtig, historisch gewachsene Unterschiede zu erkennen. Eine Seemacht wie Großbritannien musste zum Beispiel immer weltweit und damit nicht nur politischer, sondern auch wirtschaftlicher denken. Denn es ging ihr um Überseebesitzungen und weltweiten Handel. Unterschiede im strategischen und operativen Denken der NATO-Mitgliedstaaten sind weniger auf den sogenannten Nationalcharakter zurückzuführen als vielmehr Ergebnis der Erfahrungen zweier Weltkriege und ihrer unterschiedlichen geostrategischen Position auf dem europäischen Kontinent. Deshalb deutet Sandrart weiter an, dass Deutschland nicht nur eine fast exklusive Bindung mit dem kontinentalen Nachbarn Frankreich sucht, sondern ebenso sein Verhältnis zur europäischen Seemacht England und zur transatlantischen See- und Weltmacht USA pflegt, „um so unser vornehmlich kontinental verkümmertes und fixiertes Denken gerade in der heutigen und vor allem zukünftigen Welt um die maritime oder vielleicht besser globale Dimension zu erweitern".[22] Diese militärpolitische Lageeinschätzung nach dem Ende des Kalten Krieges beinhaltet Überlegungen grundsätzlicher Art, die sich prinzipiell nicht von den Denk- und Verhaltensweisen der Mitgliedstaaten der Nordatlantischen Allianz während des Kalten Krieges unterschieden.

---

[21] Vgl. BA-MA, N 821/7, Sandrart, Hans-Henning von, Operatives Denken – Gestern und Morgen, Vortrag vor Heimatschutzbrigade 38 in Weißenfels am 17.01.94.
[22] Ebd.

Kehren wir auf die operative Denk- und Handlungsebene zurück. Dabei ist das Ausmaß der operationsbezogenen multinationalen Zusammenarbeit in der NATO zu untersuchen, die nach multinationaler und nationaler Struktur der Korps unterschiedlich sein konnte.

Die grundsätzliche Dreiteilung der Militärtheorie in Strategie, Operation und Taktik existiert in allen Staaten der Nordatlantischen Allianz. Sie wird aber aus verschiedenen Blickwinkeln unterschiedlich bewertet. Den Überlegungen Sandrarts folgend, stehen Operationen in Abhängigkeit zur Strategie wie diese zur übergeordneten Politik des Staates oder einer Koalition, indem die jeweils übergeordnete Ebene die Mittel bereitstellt und die Ziele setzt. Frei sind die Ebenen nur in der diesen Zielen (Aufgaben) entsprechenden Verwendung gegebener Mittel. Gegenüber dem Gefecht, den *Mitteln der Taktik*, haben die Weisungen der operativen Führung eine analoge Funktion wie die der Strategie im Verhältnis zur Operation. Diese Stufenfolge der Abhängigkeit von der Strategie über die Operation bis zum Gefecht ist die Leiter des Erfolges. Gewinn und Verlust der Gefechte[23] entscheiden über Gelingen und Misslingen von Operationen, Schlachten oder Kampfhandlungen über den strategischen Erfolg oder Misserfolg. Der freie Gebrauch der Mittel gehört zum Wesen der Operation, er setzt größere Verhältnisse voraus als die eingeschränkteren der Taktik. Sandrart deutet an, dass besonders durch die angelsächsischen Verbündeten die operative Führung meist nur auf den entscheidenden operativen Gegenangriff, auf Armeegruppen- oder Korpsebene, verkürzt worden wäre. Diese These wird im Rahmen dieser Historiografie an anderer Stelle unter nachfolgenden Gesichtspunkten untersucht:

– Planen und Führen von Land- und Luftoperationen unter Koalitionsbedingungen,

– Abstimmung von Feuer und Bewegung im taktischen Raum und in der Tiefe des operativen Raumes,

– Einsatz und Koordinierung von Unterstützungsleistungen,

---

[23] In der WVO war die Bedeutung des Gefechts entsprechend: „Das Gefecht ist das einzige Mittel zur Erringung des Sieges". Vgl. DV 046/0/001, S. 10.

- Bereitstellung von Kräften und deren Verlegung über weite Distanzen,
- zivil-militärische Zusammenarbeit.

Dabei wird zu analysieren sein, inwieweit die operativen Grundsätze den nationalen und multinationalen Zielen der Operation Rechnung trugen. Es wird die Operationsführung vor dem Hintergrund der anzuwendenden Gewalt untersucht, um eigene und Verluste beim Gegner sowie bei der betroffenen Bevölkerung und ihrer Infrastruktur zu minimieren. Zudem wird zu bewerten sein, ob sich wegen des politisch gesteuerten und sensitiven Krisenmanagements das deutsche Prinzip der Auftragstaktik oder ob eine zentrale Führung bis hinunter auf die taktische Ebene im Ernstfall geeigneter gewesen wären.

Das Thema, das sich auf das militärstrategische und operative Denken eingrenzt, ist eingebettet in sicherheitspolitische und gesamtstrategische Bedingtheiten, die sowohl Führungsverantwortung als auch ethische Aspekte einschließen. General von Sandrart erörterte seine Gedanken in einer Weise, die seiner militärischen Führungsverantwortung als Inspekteur des Heeres und Oberbefehlshaber der NATO-Streitkräfte Mitteleuropa[24] gerecht wurde. Seine Ansicht wird hier thesenhaft wiedergegeben. Der General ging davon aus, dass der Offizier ein geistig fundierter Handlungsberuf sei und sein Denken breit angelegt sein müsse. Dies mache deutlich, dass wir den gebildeten Offizier benötigen, in dem sich solide, auf die Praxis gerichtete taktische und operative Professionalität mit breiter, gerade auch historischer Bildung verbindet. Auswahl, Ausbildung, Erziehung und Tradition müssten zur Pflege und Stärkung von Persönlichkeiten führen, die in der Lage seien, im freien Mitdenken und nicht im subalternen Gehorsam die Lagen und Aufträge zu bewältigen. Nur so

---

[24] Hans-Henning von Sandrart (1933-2013) war von 1984 bis 1987 Inspekteur des Heeres und danach von 1987 bis 1991 Oberbefehlshaber der NATO-Streitkraft Mitteleuropa *(Allied Forces Central Europe, AFCENT)* der NATO. Während des Ost-West-Konflikts bestand *AFCENT* aus zwei Heeresgruppen, der *Northern Army Group (NORTHAG)*, einschließlich Teilen der Britischen Rheinarmee und der *Central Army Group (CENTAG)* sowie der *Second Allied Tactical Air Forc (2 ATAF)* und *Fourth Allied Tactical Air Force (4 ATAF)*.

werde der Soldat davor bewahrt, Opfer von Vereinfachung und Schlagworten zu werden. Er bedürfe einer tiefgehenden ethischen Grundmotivation. Das gehöre zum ethischen Mehrwert des Offiziers, wie Sandrart nach Generaldekan Reinhard Gramm[25] zitierte: „Es gehört zu den Berufseigentümlichkeiten des Offiziers, dass ähnlich wie bei Ärzten, Journalisten und Pfarrern auch von ihm ein besonderes spezielles Maß ethischen Verhaltens erwartet werden muss. Dieser notwendige ethische Mehrwert des Offizierberufs ergibt sich aus seiner besonderen Verantwortung im Raum der staatlichen Exekutive und wird zudem – wie von allen Soldaten – durch Gesetz von ihm gefordert. Das lateinische *officium* bedeutet Pflicht. Ein Offizier ist also ein Verpflichteter, ein auf dem Feld der Ethik in Pflicht genommener."[26]

Der Offizier trägt für vielfältige Aufgaben Verantwortung, und dies gilt unabhängig von der Gesellschaftsordnung und dem politischen System. Er hat zunächst vor sich selbst Rechenschaft darüber abzulegen, ob und warum er bereit ist, sich in dieser besonderen Weise für den nahen und ferneren Nächsten zu engagieren. Denkbar sind eine Fülle von Begründungen. Grundsätzlich ist der Offizier verpflichtet, die Chance des Friedens zu wahren, zu fördern und zu erneuern. Soldaten wissen am besten, was von ihnen im Ernstfall verlangt wird, sie bereiten sich darauf im Frieden vor, sind aber keineswegs an einem Krieg besonders interessiert. Selbstverständlich ist das ein gewünschtes Leitbild bzw. ein Ideal. Obgleich davon ausgegangen werden sollte, dass sich das prinzipielle Handeln des militärischen Führers auf vernünftige, verlässliche und verbindliche Überlegungen stützt, bedeutet das nicht, dass die Denk- und Handlungsweisen von Vorgesetzten im Krieg als altruistische, selbstlose Haltung bezeichnet werden kann. Stattdessen ist die radikale Wirklichkeit oftmals eine völlig andere. Schließlich ist der Krieg kein Kriegsspiel, sondern ein militärischer Konflikt, bei dem

---

[25] Reinhard Gramm trat 1965 nach seiner Tätigkeit als Gemeindepfarrer in die Evangelische Militärseelsorge ein. 1972 wurde er Militärdekan und stellvertretender Wehrbereichsdekan. Ab dem 16.01.1974 war er Militärgeneraldekan der Evangelischen Militärseelsorge und Leiter des Evangelischen Kirchenamtes fur die Bundeswehr. Im Januar 1992 beendete er sein Amt.

[26] Vgl. BA-MA, N 821/7, Sandrart, Hans-Henning von.

Interessen mit Waffengewalt durchgesetzt werden. Die stattfindenden Gewalthandlungen greifen gezielt Menschen und andere Objekte an, führen zu Toten und Verletzten sowie zu gewaltigen Schäden. Jede Art des Krieges zerstört auch die Infrastruktur und schadet den Lebensgrundlagen der Beteiligten. Deshalb sind die abgeleiteten Erklärungen kritisch zu betrachten. In jedem Fall ist die bewaffnete Gewalt so weit wie irgend möglich einzugrenzen. Dazu helfen internationale Vereinbarungen.[27] Allerdings sind diese durch ethische und moralische Grundsätze sowie Verantwortung zu ergänzen. Militärische Ziele sind rational zu werten und Einsicht und Besonnenheit zu wahren. Mit anderen Worten: Nicht nur im Extremfall des besonderen Vernichtungs- oder Destruktionspotenzials der Gattung Mensch, sondern bereits mit Beginn der Planung der Kampfhandlungen sind die geistigen Mechanismen, nämlich Sinn und Verstand, zu bedienen.

Das operative Denken ist ein schöpferischer Prozess, der Rückschlüsse auf das militärische Denken einer bestimmten Periode erlaubt. Die militärische Sprache muss dazu beitragen, Gedanken auszudrücken und unmissverständliche Befehle zu geben. Dies setzt die Verwendung einheitlicher Begriffe voraus. Wenngleich Begriffe oft gleichberechtigt verwendet werden, möchte ich zumindest auf einige wenige Zuordnungen hinweisen.

Bisher gelang es nicht, den Begriff *Art* zu definieren. Vielmehr existieren unterschiedliche Klassifizierungen. Charakteristisch sind allerdings gemeinsame Merkmale, mithilfe derer die Zugehörigkeit zu einer Art abzugrenzen ist. Zum Beispiel kategorisieren wir in Arten

---

[27] „Die Genfer-Fünf-Mächte-Vereinbarung vom 12.12.1932 ersetzte den unspezifischen Ausdruck ‚Krieg' durch den Begriff ‚Anwendung bewaffneter Gewalt' (Artikel III). Die Charta der Vereinten Nationen verbot die Anwendung von oder Drohung mit Gewalt in internationalen Beziehungen grundsätzlich (Artikel 2, Ziffer 4) und erlaubte sie nur als vom Sicherheitsrat beschlossene Sanktionsmaßnahme (Artikel 42) oder als Akt der Selbstverteidigung (Artikel 51)." Zit. nach: https://de.wikipedia.org/wiki/Krieg (abgerufen am 12.04.2017). Vgl. Monazahian, Daniel, Vergleich der UNO-Charta mit den Grundsätzen Immanuel Kants ‚Zum ewigen Frieden' sowie John Rawls ‚Das Recht der Völker', http://www.diplom.de/e-book/225810/vergleich-der-uno-charta-mit-den-grundsaetzen-immanuel-kants-zum-ewigen-Frieden (abgerufen am 04.06.2017).

des militärischen Handelns, nämlich in die Gefechtsarten Angriff und Verteidigung, aber auch in die Art der Durchführung oder in Arten von Hindernissen. Im militärischen Bereich kann man unter *Form* die Art und Weise, wie etwas gestaltet und durchgeführt wird oder welche Anforderungen an bestimmte Handlungen gestellt werden, bezeichnen. Beispiele dafür sind Formen der Kampfhandlungen, Operationen, Schlachten, Gefechte und Schläge. Ferner kennen wir Formen des Einsatzes, wie sie auftreten beim taktischen und operativen Einsatz oder bei Handlungen zur Lösung taktischer oder operativer Aufgaben. Im militärischen Sinne kann die *Methode* einen Weg, ein Verfahren, eine Vorgehensweise oder eine logische Abfolge von Schritten charakterisieren. Beispielhaft sprechen wir von der Vorbereitung und Durchführung des Gefechts oder von Methoden der Anwendung von Mitteln, nämlich mit oder ohne Einsatz von Kernwaffen. Außerdem verwenden wir den Begriff *Methoden der Kriegführung*. Eine Kategorisierung anhand von Merkmalen hängt stets davon ab, wie genau sich die „Verschiedenheit" der Kriterien interpretieren lassen. Je genauer die Untersuchung, desto mehr Unterschiede werden auffällig. Hier wird eine Variation zur Systematik skizziert, wobei eine erschöpfende Abgrenzung nicht Gegenstand dieser Untersuchung ist.

Um die Thematik in ihrem Gesamtumfang zu erfassen, ist es notwendig, traditionelle militärische Bestimmungen heranzuziehen und diese zu erklären. Ich stütze mich vor allem auf die FM 100-5 vom 5. Mai 1986 und die HDv 100/100 vom 7. September 1987.[28] Im Bereich des militärischen Erkennens und Handelns gibt es Unterschiede in den empirischen Erfahrungen der Mitgliedstaaten der NATO und der WVO. Militärische Begriffsbestimmungen beziehen sich grundsätzlich auf traditionelle Kategorien. Der Ursprung liegt in der Erscheinung der zugrunde liegenden Prinzipien, die sich teilweise in der Wortwahl, nicht aber im Wesen unterscheiden. Insofern beschreiben die Begriffe das Eigentümliche, das Wesen der Sache.

---

[28] In Teilen, insbesondere zu Fragen der Truppenführung, beziehe ich mich auf den Entwurf der HDv 100/100 vom Juni 1997. Das Jahr der Herausgabe ist insoweit unbedeutend, als sich die Prinzipien die Truppenführung in der operativen und taktischen Ebene in den 1980er- und 1990er-Jahren nicht voneinander unterschieden.

Begriffliches Erkennen übersteigt das Individuelle, indem es allgemein erfasst, was Eigenart und Zweck des Ganzen betrifft. Diese Erkenntnis drückt sich in der Sprache aus. Traditionell sind die meisten Begriffe analog, andere werden durch sprachliche Einflüsse relativiert. So gibt es unterschiedliche Begriffe, beispielsweise *Truppengattung* in der NATO und *Waffengattung* in der WVO. Hinsichtlich ihrer Bedeutung sind sie gleich. Insofern besteht in der Ausdrucksweise zwar ein Unterschied, inhaltlich jedoch nicht. Deshalb werden Unterschiede in der Militärterminologie der Bundeswehr, die vornehmlich dem Sprachgebrauch in der NATO entsprechen, gegenüber dem der NVA, die jene der WVO kennzeichnen, in einer Übersicht im Anhang (Dokument 6) dargestellt. Prinzipiell beruhen die Begriffe auf Erfahrungen, die erkenntnistheoretische Formen voraussetzen (Grundsätze und Ideen) und Anschauungen verständlich machen.

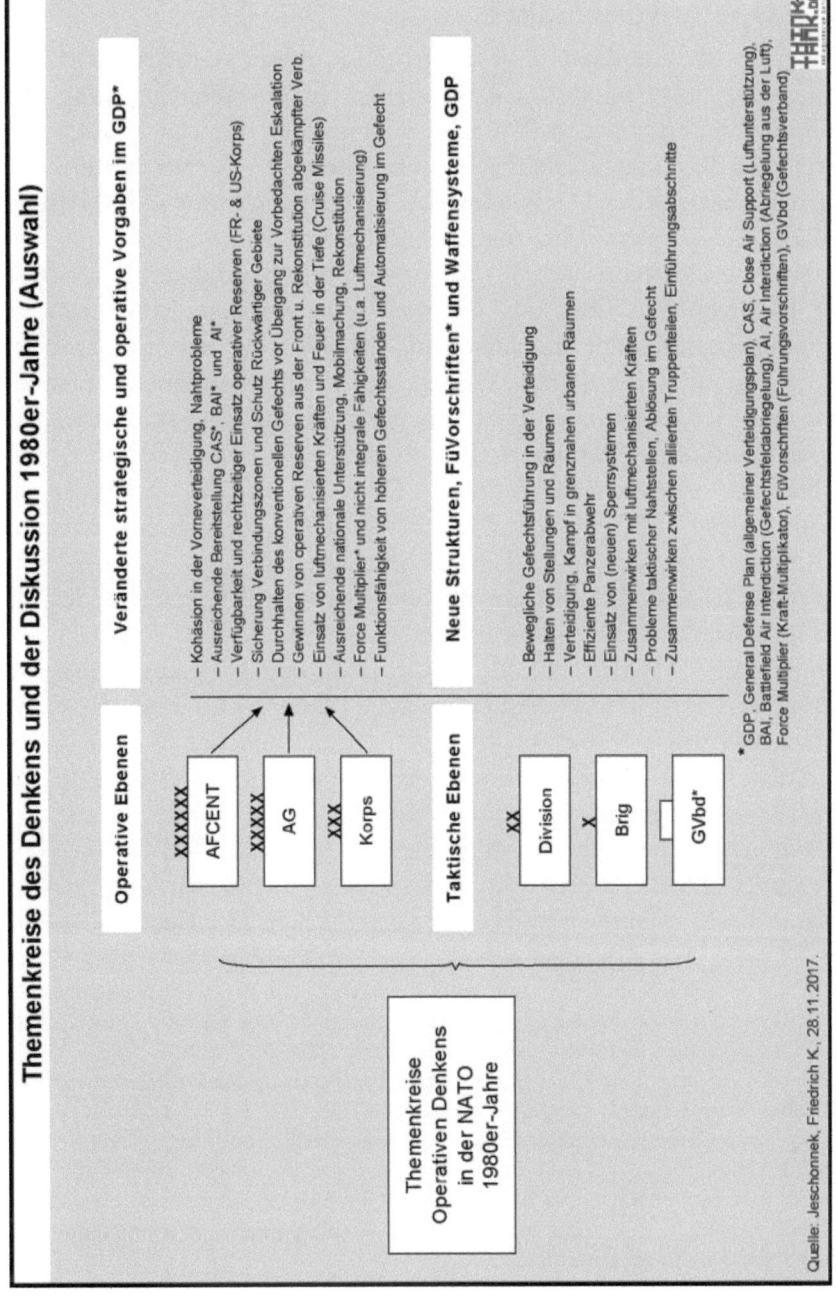

3. Operatives Denken

Krieg ist die denkbar raueste Irritation einer Gesellschaft.[29] In Anlehnung an Carl von Clausewitz ist er die Weiterführung der Politik mit erheblichen Mitteln militärischer Gewalt.[30] Ziel der beteiligten Konfliktparteien ist es, ihre Interessen durchzusetzen. Die Vernunft weicht der Denkweise, den Gegner nicht nur militärisch zu schlagen[31], sondern ihn handlungsunfähig zu machen und zu besiegen[32]. Der Konflikt soll nunmehr durch Kampf und Erreichen der Überlegenheit über den Gegner gelöst werden. Das operative Denken basiert auf militärischem Wissen und ist fundamental verknüpft mit technischem Wissen, der gesellschaftlichen Entwicklung und der naturwissenschaftlichen Forschung. Die stattfindenden Gewalthandlungen basieren auf Regeln, die sich wiederum auf militärische Grundsätze stützen. Das Wesen des militärischen Denkens lässt sich vor allem von jenen erfassen, die sich ernsthaft mit der Einheit von Theorie und Praxis beschäftigen.

Operatives Denken war nicht nur eine geistige Tätigkeit, bei der die Verantwortlichen über komplex vernetzte Handlungen nachdachten, sondern auch ein Prozess, der sich in Beratungen, Diskussionen und Konzepten sowohl in geheimen als auch offenen Dokumenten sowie Fachzeitschriften fortsetzte. In dieser Studie soll das Wesen dieses Denkens in der Theorie und anhand von praktischen Beispielen aus den 1980er-Jahren beschrieben werden.

Das Potenzial bei der Führungskunst ist weitgehend abhängig vom operativen Denken, Handeln und Führen. Je präziser der Prozess abläuft, desto effektiver ist das Ziel zu erreichen. Der Begriff *operatives*

---

[29] Er ist entsetzlich und darf nur geführt werden, um noch Entsetzlicheres zu verhindern oder zu beenden, nämlich nicht mehr oder länger Töten. Vgl. Wolffsohn, Michael, Du sollst nicht morden, FAZ 27.11.2017, S. 6.

[30] Zitat Clausewitz: „Der Krieg ist eine bloße **Fortsetzung der Politik** mit anderen **Mitteln**" (Vom Kriege I, 1, 24). Zit. nach: https://www.clausewitz.com/readings/VomKriege1832/Book1.htm (abgerufen am 19.07.2017).

[31] *Schlagen* bzw. *zerschlagen*: Die Kampfkraft des Feindes so herabsetzen, dass dieser für eine begrenzte Zeit nicht mehr am Kampf teilnehmen oder zumindest seine Absicht nicht mehr ausführen kann.

[32] *Besiegen* bzw. *vernichten*. Dem Feind solche Verluste zufügen, dass dieser für den weiteren Kampf ausfällt.

Denken umfasst viele verschiedene Elemente. Er schließt geopolitische Kenntnisse des Kriegsschauplatzes, der operativen Richtungen und andere Merkmale[33] genauso ein wie das Verständnis über moderne Formen des militärischen Handelns. Operatives Denken im Sinne von ‚operativ denken' findet sich in den Bereichen der Politik, der Wirtschaft und des Militärs wieder. Die Definition des Begriffs variiert in Abhängigkeit vom jeweiligen Erkenntnisinteresse. Für das Militär stellt sich die Frage: Welche der Führungsmethoden sind notwendig, wie müssen sie eingesetzt und welche Wirkung soll damit erzielt werden? Ein möglicher Orientierungsrahmen sind vier Ebenen des Handelns, um die richtigen Prioritäten zu setzen, Entscheidungen vorzubereiten und deren Folgewirkungen zu beurteilen. Entscheidungen werden auf einer Ebene getroffen und haben Auswirkungen auf die nachfolgenden Ebenen. Zu den allgemeinen Bestandteilen der Kriegskunst[34] gehören die strategische, operative und taktische Ebene. Grundlage für alle Ebenen ist die geistige Ebene.[35] Sie wird durch militärische Grundsätze definiert, die sich historisch entwickeln. Die Prinzipien ändern sich sowohl im Inhalt als auch in der Form, sobald sich die Bedingungen und der Charakter des bewaffneten Kampfes ändern. Zu den Prinzipien gehören:

– hohe Bereitschaft der Verbände, Truppenteile und Einheiten,

– besondere Aktivität, Entschlossenheit und ununterbrochene Führung,

– Anwenden der Überraschung, Erringen und Behaupten der Initiative,

---

[33] Beispielsweise Politik, Geostrategie, Weltanschauung, Religion, nationale Besonderheiten, Kultur, Recht, Kriegskunst, Gliederung, Bewaffnung, Ausrüstung, Einsatzgrundsätze, Ausbildung und Übungstätigkeit. Vgl. Merkmale des operativ-strategischen Denkens. In: Lautsch, Kriegsschauplatz, S. 13.

[34] Vgl. FM 100-5, Preface.

[35] In diesem Zusammenhang sind kognitive Fähigkeiten des Menschen gemeint. Dazu gehören das Wahrnehmen und Lernen ebenso wie das Erinnern, Vorstellen sowie die Intuition, aber auch Formen des Denkens wie Überlegen, Auswählen, Entscheiden und Planen, Strategien verfolgen, Prognostizieren, Einschätzen, Bewerten, Kontrollieren, Beobachten, Überwachen sowie nicht zuletzt die nötige Wachsamkeit und Achtsamkeit sowie Konzentration. Vgl. https://www.google.de/#q=geistige+ebene+wikipedia (abgerufen am16.04.2017).

- abgestimmtes gemeinsames Handeln der Truppen und Aufrechterhalten eines ständigen Zusammenwirkens,
- entschlossene Konzentrierung der Hauptanstrengung der Truppen in der Hauptrichtung und zum richtigen Zeitpunkt,
- zweckmäßige Bewegung (Manövrieren) mit Kräften und Mitteln,
- Berücksichtigen des moralischen und psychologischen Faktors,
- allseitige Sicherstellung der Kampfhandlungen,
- Aufrechterhalten der Kampffähigkeit,
- straffe Truppenführung, Unbeugsamkeit bei der Durchsetzung der Ziele, Entschlüsse und Aufgaben.

Die Theorie und Praxis auf der geistigen Ebene „vervollkommnen" sich in dem Maße, wie sich die Bewaffnung und Kampftechnik, die Struktur der Truppen und die Methoden der Kampfführung verändern. Idealerweise durchläuft die Truppenführung ein zielgerichteter Prozess. Darin werden die Bereitschaft und Kampffähigkeit der Truppen gewährleistet und diese auf die Operation oder das Gefecht vorbereitet und bei der Erfüllung ihrer Aufgaben sicher geführt. Der Erfolg der Kampfhandlungen ist stets abhängig von der Qualität der Führung der Truppen. Eine geschickte Truppenführung begünstigt die Zerschlagung des Gegners mit geringen Eigenverlusten und der Erringung des Sieges in möglichst kurzer Zeit. Dabei ist es wichtig, dass die Absicht der übergeordneten Führung durch alle Akteure mitgetragen wird. Der Prozess der geistigen Ebene wird durch die Phasen Lagefeststellung, Planung, Befehlsgebung und Kontrolle bestimmt. Zu diesem sogenannten Führungsvorgang komme ich später nochmals zurück. Grundlegende Bestandteile in der geistigen Ebene sind:

- das Einbringen, Sammeln, Auswerten der Lageangaben,
- die Entschlussfassung,
- die Planung der Operation bzw. des Gefechts,
- die Aufgabenstellung an die unterstellten Truppen,

- die Organisation und Aufrechterhaltung des Zusammenwirkens,
- die Gewährleistung der Bereitschaft und Kampffähigkeit der Truppen,
- die Organisation des Führungssystems,
- die Leitung der Vorbereitung der Truppen auf die Kampfhandlungen,
- die ständige Kontrolle über die Erfüllung der Aufgaben,
- die notwendige Hilfestellung für die Unterstellten.

Die strategische, operative und taktische Ebene schließt im Ganzen ein, wie die vorhandenen Kräfte und Mittel zur Erreichung eines langfristigen oder übergeordneten Zieles optimal einzusetzen sind. Dies bedeutet, alle Kräfte sind auf einen Punkt zu konzentrieren, um allgemein den Gegner an seiner schwächsten Stelle zu treffen. Das militärische Erfolgsprinzip ist abhängig von der Fähigkeit, sich auf die eigenen Stärken zu konzentrieren. Die besondere Herausforderung sind die komplexe Verflechtung und das Zusammenwirken unterschiedlicher Akteure, vor allem aber die Kenntnis der Fähigkeiten des Gegners und die frühzeitige Einflussnahme auf ihn. Deshalb sind die Fähigkeiten der militärischen Führer und der für die Truppenführung zuständigen Verantwortungsträger, ihre Stärken, Talente und Möglichkeiten zur Planung, zum Einsatz und zur Führung von Kräften und Mitteln von besonderer Bedeutung.[36] Der lebendige Gedankenfluss des militärischen Geistes[37] ist relativ unbeeinflusst von der politischen Ordnung. Unabhängig davon, welchem militärischen Bündnis ein Truppenführer angehört, können wir deshalb von einer

---

[36] Resnitschenko (Hrsg.), Taktik, S. 58, 79 f.
[37] Der militärische Geist spiegelt sich im soldatischen Wesen und Denken wider. Dieser Geist entsteht nicht von selbst, er muss durch äußere und innere Mittel geweckt, der Krieg im Frieden vorbereitet werden. Es genügt nicht das Wollen, es muss auch das Können vorhanden sein. Dies verlangt, das Handwerk zu kennen, um Schwierigkeiten mit geringer Mühe überwinden zu können, und Bewusstsein. Vgl. Allgemeine schweizerische Militärzeitung, Band 56=76, Heft 5, Basel 29.01.1910, S. 36 f., www.e-periodica.ch/cntmng?pid=asm-003:1910:56=76::656 (abgerufen am 14.04.2017).

vergleichbaren Logik und einem weitgehend gleichen operativen Denken sprechen.

Gegenstand des operativen Denkens ist in erster Linie die Operation. Als Teil des Feldzuges wurde sie üblicherweise von Heeresgruppen *(Army Groups)* oder Armeen *(Armies)* geplant. Sie sollten in der Regel von Korps und Divisionen durchgeführt werden. Dieses Denken erfordert Weitblick, Voraussicht, Verständnis für das Verhältnis von Mittel und Zweck sowie eine wirksame Zusammenarbeit der Teilstreitkräfte und der alliierten Truppenkontingente.[38] Die operative Ebene[39] befasste sich über die wesentlichen Inhalte der taktischen Ebene[40] hinaus mit der Einschätzung der militärischen Ziele des wahrscheinlichen Gegners und der eigenen Absichten im Krieg sowie mit dem Charakter der Kampfhandlungen. Dies betraf vor allem das Kriegsbild, die Hauptmittel des bewaffneten Kampfes, den Beginn, das Ausmaß und die Dauer des Krieges. Des Weiteren die Struktur, die Führung und den Einsatz der Kräfte und Mittel sowie die Vorbereitung der Streitkräfte der Bundesrepublik Deutschland und des Nordatlantischen Bündnisses auf den Krieg. Überdies hatte die operative Ebene die geografischen Bedingungen sowie die nationalen Besonderheiten für den Einsatz der Streitkräfte und der nationalen Kontingente auf dem Kriegsschauplatz einzuschätzen. Die Führungsmacht USA und die NATO-Mitgliedstaaten beurteilten, wie die Streitkräfte des Nordatlantischen Bündnisses zur Erreichung der

---

[38] FM 100-5, Chapter 2, page 10.

[39] Die operative Ebene befasst sich mit der Operation. Sie ist durch miteinander verbundene Gefechte verschiedener Truppen und Kräfte gekennzeichnet, die gleichzeitig und nacheinander nach einer einheitlichen Idee und nach einem einheitlichen Plan zur Lösung operativer Aufgaben auf dem Kriegsschauplatz in einem festgelegten Zeitraum durchgeführt werden. Vgl. DV 046/0/001, S. 9, auch FM 100-5, Chapter 2, pages 1-3.

[40] Das Gefecht ist die grundlegende Form der taktischen Handlungen der Truppen, der Flieger- und Flottenkräfte, das Aufeinandertreffen von Verbänden, Truppenteilen und Einheiten der kämpfenden Seiten, mit dem Ziel der Vernichtung (Zerschlagung) des Gegners und der Erfüllung anderer taktischer Aufgaben in einem bestimmten Raum in kurzer Zeit. Vgl. DV 046/0/001 S. 10. Siehe auch: Resnitschenko (Hrsg.), Taktik, S. 19.

strategischen und operativen Zielsetzung beitragen konnten.[41] Deshalb beschäftigte sich die operative Ebene auch mit der Frage, wie gegenüber dem Gegner unter frühzeitigem Einsatz von „Kräftemultiplikatoren"[42] im Verbund mit konventionellen Kräften und Mitteln ein hoher Wirkungsgrad erzielt werden könnte. Das verlangte umfangreiche Kenntnisse über den Gegner, über seine militärischen Konzepte, Absichten und Möglichkeiten seines Handelns sowie über seine Stärken und Schwächen. Dabei kam es besonders darauf an, die Lage des Gegners zu analysieren und seine Handlungen vorauszusehen. Durch Vorausschau oder Erkenntnis feindlicher Handlungsabsichten kann die operative Führungsebene Maßnahmen veranlassen, um dem Gegner rechtzeitig entgegenzuwirken.[43] Desgleichen beinhaltete das operative Denken die Fähigkeit und den Weitblick, Einfluss auf neue technologische Entwicklungen im Interesse der Kriegführung zu nehmen. Dazu gehörten die Beurteilungen der Auswirkungen von Nuklearwaffen, von Präzisionswaffen, modernen land-, luft-, see- und weltraumgestützten Waffensystemen auf die Kriegführung. Neben Projekten wie der Entwicklung von Laser- und endphasengelenkten Waffen sowie unbemannter Luftaufklärungsmittel betraf dies auch Abwehrsysteme wie weltraumgestützte Antiraketensysteme, land-, luft- und seegestützte Flugabwehrsysteme, einschließlich automatischer Feuerleit-, Führungs- und Kommunikationssysteme.[44] Operatives Denken ist somit ein ‚Denken im Ganzen'. Es ist ein systematischer Prozess, der zumeist dort Anwendung findet, wo es sich um einen komplexen Entscheidungsprozess

---

[41] Poser, Günter, NATO-Beurteilung der Militärischen Ostlage 1978. In: Wehrpolitische Informationen, 23.06.1978, S. 1-6. Am 18.05.1978 fasste der Vorsitzende des NATO-Militärausschuss *(Military Committee)*, Herman F. Zeiner Gunderson, auf der Sitzung des Verteidigungs-Planungsausschusses die Beurteilung der Entwicklung des Warschauer Pakts zusammen. Poser hat in seinen Bänden *Militärmacht Sowjetunion von 1977 und 1980* ein wirklichkeitsnahes Bild der UdSSR vermittelt.
[42] HDv 100/100, 1987, Ziff. 422.
[43] Lautsch, Kriegsschauplatz Deutschland, S. 11 f.
[44] Vgl. *NATO Strategy Documents* 1949-1969, *North Atlantic Military Committee, Comite Militaire de l'Atlantique Nord, MC 14/3 (Final) 16 January 1968, Final Decision on MC 14/3, A Report by the Military Committee, to the Defence Planning Committee (…). S. 345-373; MC 14/3 (Mil Dec) - pages 1-22.* Das Dokument enthält 33 Paragrafen und eine Anlage mit sieben Definitionen zu grundsätzlichen Arten von Kampfhandlungen.

handelt, bei dem eine Vielzahl von Einsatzoptionen möglich ist. Grundsätzlich bedeutet das eine umfassende und erschöpfende Vorbereitung eines vernetzten militärischen Projektes. Dabei geht es einerseits um ein ganzheitliches Konzept zur Vorbereitung und Durchführung von Operationen und Gefechten, anderseits um den Umgang mit Informationen, Führungsverfahren, den Waffeneinsatz,[45] die Regelung des Zusammenwirkens von Teilstreitkräften und Truppengattungen, aber auch um eine Vielzahl von Folgerungen, die sich davon ableiten lassen. Ein weiteres Kennzeichen des operativen Denkens besteht vor allem im netzwerkartigen Denken und Handeln,[46] um dadurch auf der operativen und taktischen Ebene Effizienz, Effektivität und Agilität zu steigern. Neben Erfahrung, Wissen und Können nutzt der militärische Führer unter anderem historisch gewachsene Konzepte und Verfahren, die den Planungs- und Entscheidungsprozess sinnvoll unterstützen.

---

[45] Beim *Gefecht der Verbundenen Waffen* wirken Kräfte verschiedener Truppengattungen und Teilstreitkräfte in den Gefechtsarten, in den *Allgemeinen Aufgaben im Einsatz* und in den *besonderen Gefechtshandlungen* unter einheitlicher Führung zeitlich und räumlich zusammen. Beim *Einsatz der Verbundenen Kräfte* wirken unterschiedliche Truppengattungen und Teilstreitkräfte im Rahmen zeitlich und räumlich zusammenhängender Einsatzhandlungen unter einheitlicher Führung zusammen. Vgl. Entwurf HDv 100/100, 1997, Ziff. 411 f.

[46] Gemeint ist das engmaschige gemeinsame Denken aller beteiligten Akteure (Organisations- und Strukturelemente) nach Ziel, Raum und Zeit zur zweckmäßigsten Lösung einer komplexen Aufgabe. Die arbeitsteilige Kooperation und Zusammenarbeit der Akteure untereinander wird durch die Absicht des militärischen Führers bestimmt, den Grad des Vertrauens, der Wechselseitigkeit und die Motivation der Akteure. Die engmaschige Struktur wird durch den freimütigen Austausch von Informationen und Wissen gekennzeichnet. Je komplexer die Lage, desto wichtiger ist das Zusammenwirken der Akteure, des Wissens- und Informationsmanagements als Voraussetzung für die Innovation des Netzwerkes und damit für die erfolgreiche Umsetzung des Entschlusses des militärischen Führers.

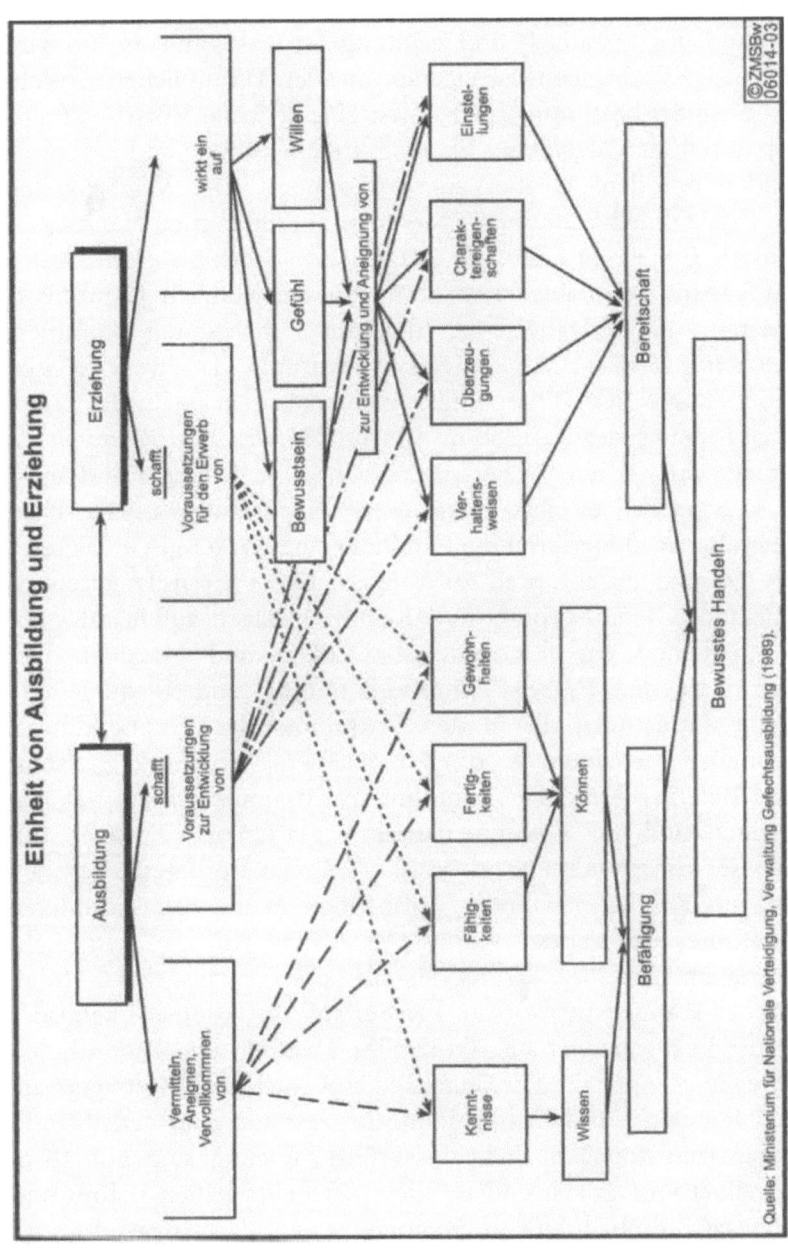

Die Fähigkeit, im Ganzen zu denken, geht weit über Einzelelemente und Phasen des Planungs- und Führungsprozesses hinaus, sie wird durch ständiges Abwägen der eigenen mit den vermutlichen Absichten des Gegners bestimmt. Deshalb ist eine schnelle Entscheidungsfindung und hohe Qualität der Planung, Befehlsgebung und Kontrolle notwendig, um dem Gegner zuvorzukommen. Die Möglichkeiten stützen sich auf den konkreten operativen und taktischen Handlungsrahmen zur Erstellung eines Planes und seine Umsetzung in Befehle und Aufgaben. Die Fähigkeiten umfassen vornehmlich Kenntnisse, Fertigkeiten und Erfahrungen, die zur Anwendung kommen. Desgleichen gehört ein ausgeprägtes militärisches Handwerk, Wissen und Können, das dem Truppenführer zu eigen sein muss, dazu. Der Führungsvorgang, der ab 1988 in der Bundeswehr als *Führungsprozess* bezeichnet wird, ist ein solcher strukturierter Denk- und Handlungsablauf, welcher der jeweiligen Lage angepasst, auf allen militärischen Führungsebenen abläuft, um die Erfüllung eines Auftrages erfolgreich vorbereiten und durchführen zu können. Die Phasen Lagefeststellung, Planung, Befehlsgebung und Kontrolle bauen aufeinander auf und ermöglichen ein folgerichtiges Denken und Handeln. Der Prozess dient der Entscheidungsvorbereitung und Planung von Handlungsalternativen, die in den Entschluss des Truppenführers münden. Der Entschluss ist das Kernelement der Planung, darauf folgt die Befehlsgebung, das koordinierte Zusammenwirken mit den unterstellten und auf Zusammenarbeit angewiesenen Truppen. Im Rahmen der Entscheidungsvorbereitung können Vorbefehle gegeben werden, um Zeit zu gewinnen, Teilaufträge an die nachgeordneten Truppenführer zu geben oder sie auf den Auftrag zeitgerecht vorzubereiten. Mit der Kontrolle, die der Befehlsgebung folgt, schließt der Planungsprozess ab. Im Verlauf der Kontrolle kann der Entschluss korrigiert werden. Trotz aller Theorien und Algorithmen kommt es immer auf die Persönlichkeit des Entscheidungsträgers an, der dem Planungs- und Entscheidungsprozess Gewicht verleiht und damit zum individuellen Entschluss führt. Wichtig sind vor allem Beweglichkeit im Denken und Handeln der militärischen Führer und nicht die starre Einhaltung von Dogmen.[47]

---

[47] Kleinschmidt, Helmut und Rückheim, Steffen, Beiträge aus dem Fachbereich

Die Struktur des Führungsprozesses und die ihm innewohnende Logik wurden prinzipiell in allen modernen Streitkräften angewendet. Voraussetzung für eine zeitgerechte Aufgabenstellung waren eine schnelle Informationsverarbeitung und -weitergabe durch die jeweiligen Führungsebenen. Der nachfolgend skizzierte Planungs- und Entscheidungsprozess ist ein normatives Entscheidungsmodell. Dabei handelt es sich um eine optimierte Methode, die aufgrund der vorhandenen Zeit, der Fähigkeiten des Truppenführers und seines Stabes verändert werden kann. Der militärische Führungsprozess gliedert sich in vier grundsätzliche Phasen, nämlich in Lagefeststellung, Planung, Befehlsgebung und Kontrolle. Die HDv 100/100[48] beschreibt ihn sehr allgemein, die HDv 100/200[49] ausführlicher, speziell den Planungs- und Entscheidungsprozess. Die Kommentierung beider Vorschriften ist Ergebnis meiner langjährigen Tätigkeit in der taktischen, operativen und strategischen Ebene und als Mitautor des Entwurfs der HDv 100/100 vom Juni 1997.

---

[48] HDv 100/100, 1987, Ziff. 301-304, 321-322, 501-503.
[49] HDv 100/200, 1972, Kap. 6.

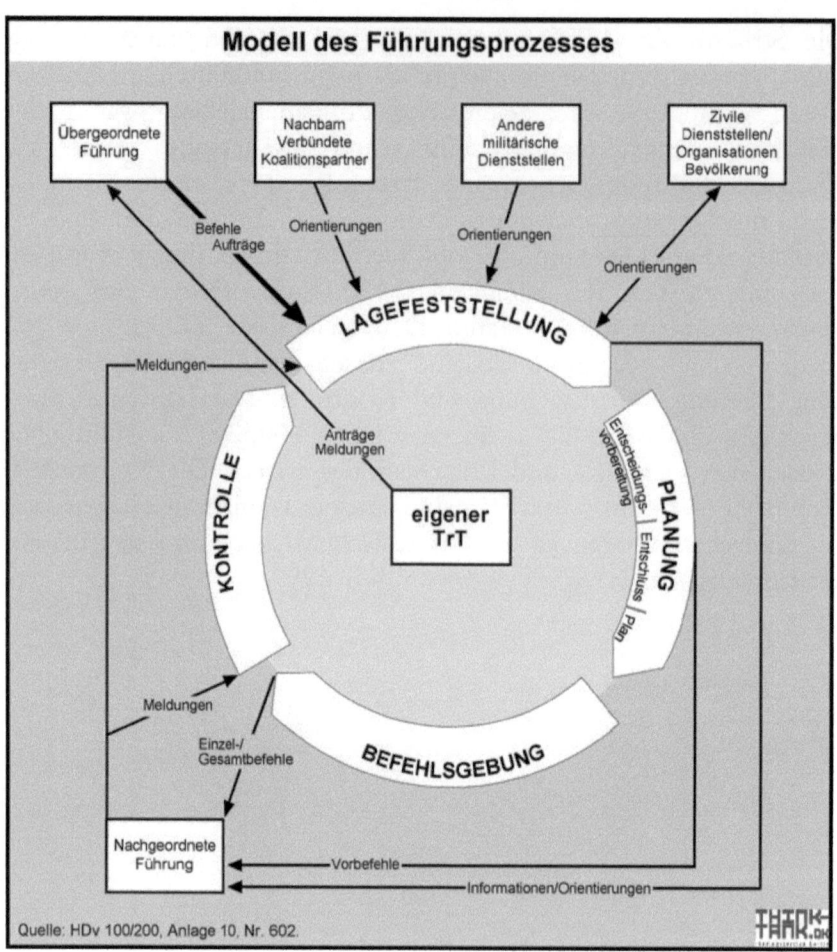

4. Führungsprozess

Der Planungs- und Entscheidungsprozess wird in der Bundeswehr im Rahmen des *Führungsprozesses* umgesetzt. Er strukturiert *Denk- und Handlungsabläufe* und regelt das *Zusammenwirken*. Das Modell wurde auf allen Führungsebenen gleichermaßen angewendet und der Zeit, dem Inhalt, Umfang, Ablauf sowie der Lage und dem Auftrag entsprechend angepasst. Der militärische Führungsprozess bedarf fundierter Informationen als Voraussetzung für zielgerichtete Entscheidungen. In Anbetracht dessen war die kontinuierliche Lagefeststellung der Ausgangspunkt für die systematische Vorgehensweise. Dabei handelt es sich um einen beständigen dynamischen Vorgang, der dazu diente, jederzeit „in der Lage zu leben". Die Phasen Lagefeststellung, Planung, Befehlsgebung und Kontrolle bauten aufeinander auf, waren miteinander verwoben und ergänzten sich einander. Die Lage wurde ständig beurteilt, Entscheidungen getroffen, Befehle gegeben, Abläufe koordiniert und überwacht. Durch frühzeitige Vorbefehle konnte sich die Truppe auf den neuen Auftrag vorbereiten. In den Vorbefehlen konnte unter anderem informiert und festgelegt werden:

– kurze Schlussfolgerungen aus der Beurteilung des Gegners,
– die Aufgaben, die im Interesse des übergeordneten Truppenführers zu erfüllen sind,
– die wesentliche Aufgabe des eigenen Truppenteils,
– die Zeiten der Bereitschaft,
– die Hauptmaßnahmen zur Vorbereitung und Durchführung der Aufgabe sowie die Zeiten und Methoden der Übermittlung der Aufgaben.

Wenn nötig konnte über die Aufgaben der Nachbarn und über andere spezielle Aufgaben informiert werden.[50] Für die Umsetzung der Methodik waren Erfahrung, Wissen und Können erforderlich. Zudem war der Planungsprozess organisatorisch und personell optimal vorzubereiten. Bereits im Vorfeld war er straff zu strukturieren und die Ergebnisse im notwendigen Umfang weiterzuleiten. Dazu waren

---

[50] DV 046/0/001, S. 55.

eine solide Informationsgewinnung, koordinierte Informationsverarbeitung und -weitergabe innerhalb des Stabes und zu den Unterstellten sowie den Nachbarn unerlässlich.[51]

Der Führungsprozess hatte sich im fachlich-taktischen Dialog in der NATO mit deutlichen deutschen Impulsen entwickelt. Freilich gab es im Bündnis auch Unterschiede im Verständnis dieses Führungsprozesses, der in seiner grundsätzlichen Systematik ebenso in der operative Ebene Anwendung fand. In beiden Ebenen waren zeitliche Vorgaben bestimmend. In der operativen Ebene differierte der Führungsprozess in Vielfalt und Umfang sowie in der Qualität der Entscheidungsvorbereitung, Entschlussfassung, Umsetzung und Kontrolle. Auf dieser Ebene war der Entscheidungsprozess komplexer. Bei den operativen Truppen, etwa bei den Luftlandebrigaden, die in der Regel unter besonderem Zeitdruck standen, wurde der Führungsprozess besonders strikt durchgesetzt, um die knappen Verlegezeiten einzuhalten. Dieses ständige Training traf in der WVO für alle Armeen und für die nachgeordneten Ebenen gleichermaßen zu.[52] Die Entscheidungsvorbereitung in der NATO verlief in den 1980er-Jahren bereits mit Unterstützung einfacher amerikanischer IT-Systeme (WMICS).[53] Die Befehlsgebung war umfangreich, weil die

---

[51] Als Leiter der operativen Abteilung im Kommando des Militärbezirks V (Neubrandenburg) hatte ich zur Unterstützung des Planungsprozesses ein Zyklogramm erarbeitet, in dem die Zeiten und die Reihenfolge der Vortragenden beim Befehlshaber fixiert wurden. Nacheinander hatte der Führungszirkel (Chefs und Leiter) im „15-Minuten-Takt" dem Befehlshaber seine Einsatzvorschläge vorzutragen. Durch die systematische Ausbildung, das ständige Training und die Durchsetzung des reglementierten Ablaufs konnten eine hohe Effektivität in der Planung und eine frühzeitige Befehlsgebung erreicht werden. Der Gefechtsbefehl der 5. Arme war **nach 12 Stunden** erarbeitet worden. **Nach 16 Stunden** begannen der Befehlshaber, die Chefs und Leiter mit der Kontrolle der Erfüllung der Befehle und Anordnungen in den ihnen nachgeordneten Verbänden und Truppenteilen. Mit dem „Plan der Operation", dem abschließenden Dokument der Truppenführung, den Plänen der Chefs und Leiter der Waffengattungen und Dienste war **nach 24 Stunden** der Planungsprozess im Militärbezirk V (5. Armee) abgeschlossen. Vgl. Lautsch, Kriegsschauplatz, S. 29. f.
[52] Ebd., S. 25-30.
[53] Jeschonnek, Friedrich K., Brief an den Autor vom 27.11.2017 (Archiv des Autors).

verschiedensten Fachbereiche der taktischen Ebene angewiesen und deren Zusammenarbeit koordiniert werden mussten. Die Synchronisation mit der Luftwaffe, den nationalen Korps und den Korpstruppenteilen waren abzustimmen, um eine optimale Kampfkraft zu erreichen und den Erfolg sicherzustellen.

4.1 Lagefeststellung

Die *Lagefeststellung*, in den Ländern der WVO als *Beurteilung der Lage* bezeichnet, war die Voraussetzung für den Beginn des *Planungsprozesses*. Dazu waren vorhandene, eingehende und zusätzlich beschaffte Informationen zu erfassen, zu ordnen, auszuwerten und darzustellen. Ihr Wert war vom Inhalt, dem Wahrheitsgehalt, von der Aktualität und Vollständigkeit abhängig. Die Datenmenge und Datenvielfalt musste von Fachleuten analysiert und aufbereitet werden. Hierzu diente zunächst die gründliche Auswertung des Auftrages, ferner die Beurteilung der eigenen und der Feindlage, der Umweltbedingungen, des Kräftevergleichs und das Feststellen sowie Abwägen des möglichen eigenen Handelns.

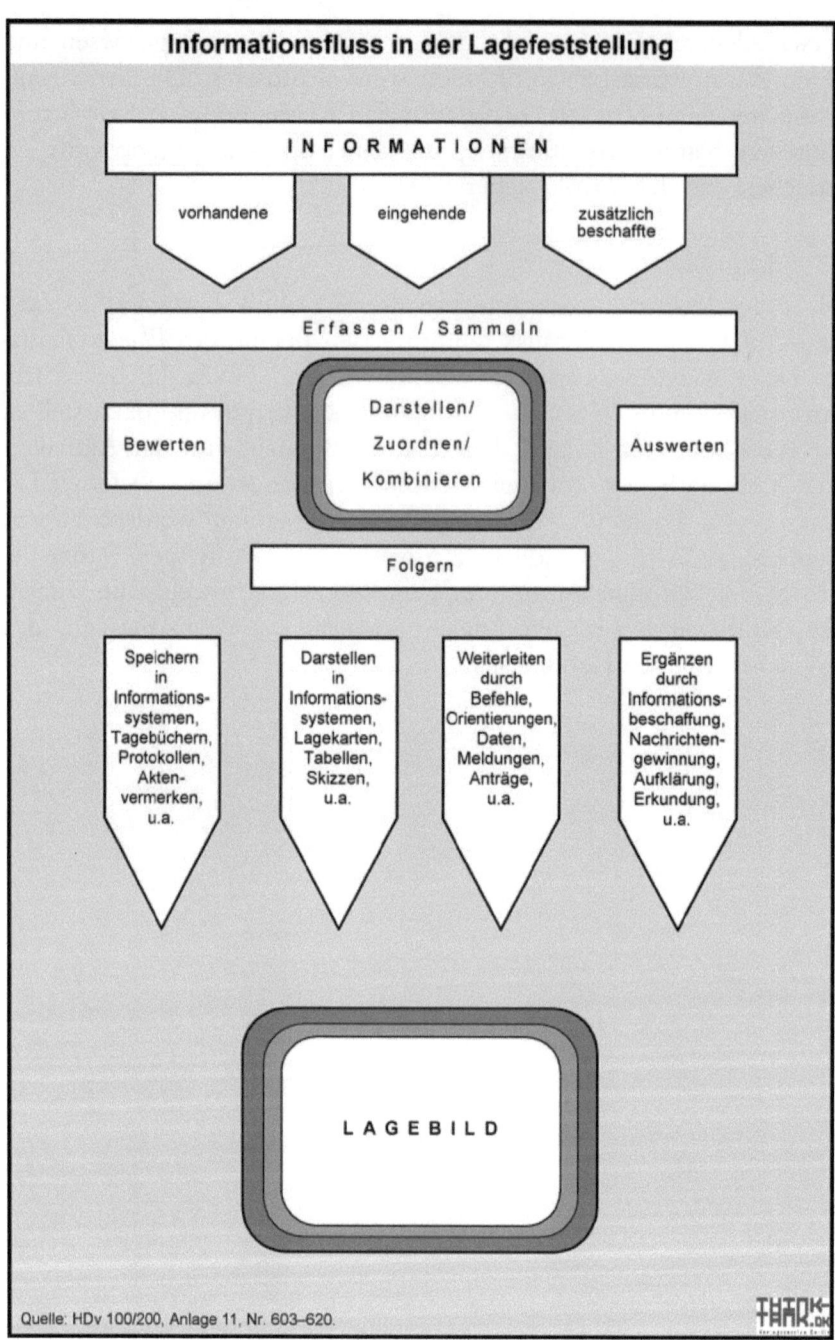

Der Qualität der Lagemeldungen kam besondere Bedeutung zu. Vorschnelle oder ungeprüfte Meldungen konnten häufig Ursache für unnötige Kraftanstrengungen oder auch für Fehleinschätzungen sein. Zudem können eine klare, ausführliche und rechtzeitige Informationsweitergabe sowie möglichst kurze und sichere Übertragungswege die Gefahr von Informationsverlusten reduzieren. Das systematische Zusammentragen von Fakten und deren Beurteilung erforderte eine ständige Überprüfung der Informationen auf deren Zuverlässigkeit. Die Zuverlässigkeit der Informationen über den Gegner bestand in der Gewinnung solcher Erkenntnisse, die der tatsächlichen Lage in vollem Umfang entsprachen und in der Trennung von politisch-ideologisch geprägten Stimmungs- und Meinungsbildern. Das Lagebild durfte sich nicht nur auf den konkreten Anlass beschränken, sondern musste darüber hinaus auch zusammenhängende Aspekte außerhalb des Operationsraumes miteinbeziehen. Das Lagebild war jederzeit zu aktualisieren, neue Aspekte zu erkennen, auf Veränderungen der Lage einzugehen, um zeitnah reagieren zu können. Zudem waren die Ergebnisse der Lagefeststellung beständig mit den Entscheidungsträgern der über- und untergeordneten Führungsebene abzustimmen. Um dem Informationsbedarf, der Informationsgeschwindigkeit, -genauigkeit und -vollständigkeit zu genügen, war Wesentliches von Unwesentlichem und Wahrscheinliches von Unwahrscheinlichem zu trennen. Zeitnot darf nicht dazu führen, dass der Truppenführer wegen eines unvollständigen Lagebildes durch Intuition oder nur aufgrund seiner Erfahrung Entscheidungen trifft. Zudem ist zu berücksichtigen, dass die militärische Lage oft durch Unübersichtlichkeit und Dynamik gekennzeichnet ist, die Ursache für wenige, unvollständige und zum Teil widersprechende Informationen sein können. Grundsätzlich ist zu beachten, dass jede Lage einen Einzelfall darstellt und selten mit anderen Lagen vergleichbar ist. Deshalb muss sich der Truppenführer stets seinen Auftrag vergegenwärtigen und gegebenenfalls durch kurzfristige Korrekturen reagieren, wenn es dem Auftrag nicht entgegensteht.

Hauptanliegen der Lagefeststellung ist die Schaffung einer sachgerechten Entscheidungsgrundlage. Für die Form und Methodik der Lagefeststellung gibt es keine verbindlichen Festlegungen. Als ratsam haben sich jedoch ebenengerechte Arbeitsmethoden[54] bzw. Zeitpläne erwiesen, um Systematik, Vollständigkeit und Transparenz zu garantieren. Die Lagefeststellung hat stets Priorität und sollte adäquat auf jeder Führungsebene erfolgen. Dabei sind Denkmodelle[55] zur Anwendung zu bringen, die in Theorie und Praxis gleichermaßen erfolgreich sind.[56]

4.2 Planung

Die Planung gliedert sich in die *Entscheidungsvorbereitung*, den *Entschluss* und in den *Plan*. Sie stützt sich auf die militärische Lagefeststellung und verfolgt den Zweck, Voraussetzungen für ein zielgerichtetes Handeln zu schaffen.

---

[54] Unter ebenengerechter Arbeitsmethode wird ein Zielsystem verstanden, das ausgehend von der strategischen Ebene die nachgeordnete operative Ebene und danach die taktische Ebene erfasst. Ausgangspunkt ist das strategische Ziel, aus dem die Ziele für die nachgeordneten Führungsebenen abgeleitet und auf diesen umgesetzt werden. Truppenführer und ihre Stäbe nutzen auf allen Ebenen das grundlegende Prinzip *Führen mit Auftrag*, um entsprechend der Lage erfolgreich handeln zu können. Die Fähigkeit, im Sinne der übergeordneten Führung zu handeln, ist Voraussetzung für die Planung und den Einsatz der Kräfte. Dazu dienen Führungsverfahren, die Führungsorganisation sowie das Informationsmanagement. Die ebenengerechte Arbeitsmethode wird durch die Fähigkeit aller Akteure (militärische Organisationsbereiche) bestimmt, deshalb ist die auftrags-, lage- und ebenengerechte Lagefeststellung, Planung, Befehlsgebung und Kontrolle ständig zu gewährleisten.
[55] Entwicklung von erfolgreichen Strategien, Techniken und Methoden zum Erreichen eines Ziels. Diese Denkmodelle formulieren eine rationale Vorgehensweise zur Erfüllung von militärischen Aufgaben, Fragestellungen, Vorgehensweisen, Lösungsvorschlägen und Arbeitsmethoden.
[56] HDv 100/200, 1972, Ziff. 603-604.

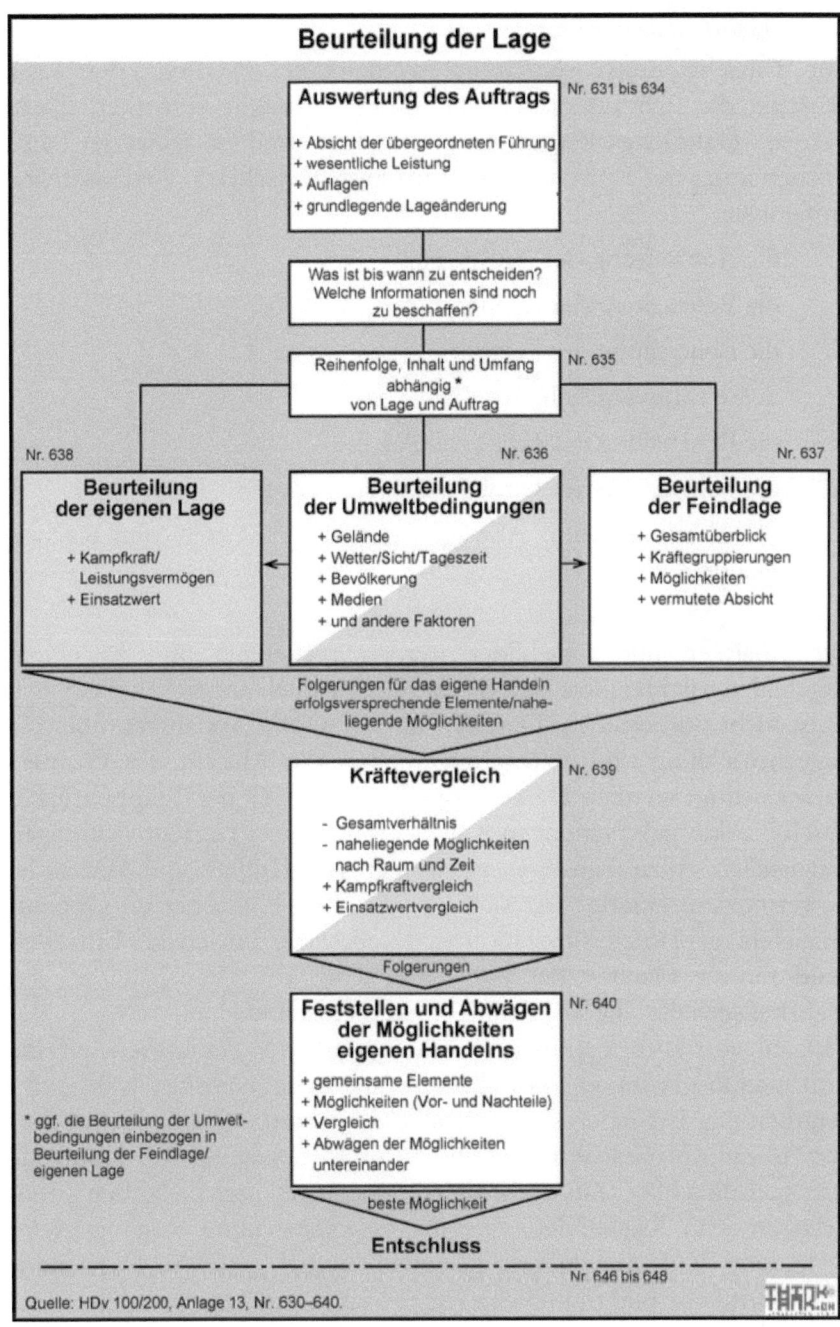

4.2.1 Entscheidungsvorbereitung

Zur Entscheidungsvorbereitung werden die Faktoren der Lage beurteilt, die sich auf die Erfüllung des Auftrages auswirken. Dazu werden Handlungsalternativen entwickelt und ausgewertet. Die Vorbereitung der Entscheidung führt zum Entschluss. Grundsätzlich umfasst sie:

- die Auswertung des Auftrages,
- die Beurteilung der eigenen Lage,
- die Beurteilung der Feindlage,
- den Kräftevergleich,
- die Beurteilung des Kräftevergleichs,
- die Beurteilung der Umweltbedingungen und
- das Feststellen und Abwägen der Möglichkeiten zum eigenen Handeln.

Die Analysen und Lagebilder werden aufbereitet und zu einem Lagebild verdichtet. Wie sich die Lage tatsächlich entwickelt, lässt sich meist nicht vorhersehen. Deshalb müssen häufig Annahmen über die Lageentwicklung und Vermutungen über die Absicht des Gegners berücksichtigt werden. Dementsprechend hat sich der Truppenführer durch Alternativplanungen auf mögliche Lageentwicklungen einzustellen. Allzu frühzeitiges Festlegen von Kräften und Mitteln ist zu vermeiden. Häufig lässt sich nur die erste Phase der im Operationsbefehl geplanten Operation ungeschmälert umsetzen. Entscheidend für die Qualität der Lagebilder sind, wie oben genannt, der Wahrheitsgehalt, die Aktualität und Vollständigkeit. Wegen der Vielzahl von Informationen ist im Prozess der Stabsarbeit auf die Informationsgewinnung, vor allem auf die Informationsauswahl und -verarbeitung, besonderes Augenmerk zu richten. Dies bedeutet, dass der Führungsprozess von Beginn an durch Abwägung und Kontrolle der gedanklichen Zusammenhänge begleitet wird. Neben dem Erfassen von Lagebildern ist die Lagedarstellung von zentraler Bedeutung. Zur Anwendung kommen hierbei grafische Darstellungen, schriftliche und mündliche Lageberichte und Lagevorträge.

Lagevorträge zur Vorbereitung der Entscheidung haben sich bei komplexer Lagebeurteilung vor allem durch die Leiter der Zentralen bewährt, die in der Ausbildung und bei Übungen regelmäßig zur Anwendung kamen. Für die verschiedenen Führungsebenen ergaben sich aus den Faktoren *Kräfte*, *Zeit* und *Raum* unterschiedliche Planungszeitansätze, für

- das Korps bis zu 72 Stunden,
- die Division bis zu 48 Stunden und
- die Brigade bis zu 24 Stunden.

Freilich konnten diese Planungshorizonte lageabhängig unter- oder überschritten werden.[57]
Nach Einschätzung der NVA wurde von den Stäben der NATO-Streitkräfte die weitere Qualifizierung des Personals und Nutzung automatisierter Mittel gefordert, um die Prozesse der Beurteilung der Lage, der Entschlussfassung und der Führung der Truppen weiter zeitlich zu verkürzen. Der Planungszyklus für die Operation bzw. das Gefecht war im Korps bis auf 16 und in der Division bis auf 11 Stunden zu reduzieren. Er sollte im Korps weiter auf 6 und in der Division auf 4 Stunden verkürzt werden. Die Präzisierung des Entschlusses hingegen sollte im Verlauf der Operation bzw. des Gefechts, je nach den Bedingungen der Lage, auf 3 bis 5 Stunden vermindert werden.[58] Der Truppenführer trug die Verantwortung dafür, dass die unterstellten Führer die notwendige Zeit für ihre Planung erhielten, die für ihre Vorbereitung auf das Gefecht unentbehrlich war. Dies geschah durch die frühzeitige Orientierung auf die sich abzeichnende Lageentwicklung, durch Vor- und Einzelbefehle. Zeitgewinn war immer dann möglich, wenn der Rückgriff auf Eventualfall- oder Alternativpläne gegeben war. Grundsätzlich war der nachgeordnete Bereich so frühzeitig wie möglich an der Planung zu beteiligen.[59]

---

[57] HDv 100/200, 1972, Entwurf 1997, Ziff. 626.
[58] Anleitung 043/1/010, S. 17 f.
[59] HDv 100/200, 1972. Entwurf 1997, Ziff. 621-628.

4.2.2 Entschluss

Das Ergebnis der *Beurteilung der Lage* führt in der Regel zu mehreren *Entschlussmöglichkeiten*, innerhalb derer die jeweiligen Vor- und Nachteile aufgezeigt und *abgewogen* werden müssen. Die gewählte Alternative bildet dann die Grundlage für den Entschluss, den der Truppenführer persönlich trifft und von dem er nicht ohne zwingenden Grund abweichen sollte. Der Entschluss ist möglichst kurz und prägnant zu formulieren. Trotz der Kürze sollte er das operative oder taktische Gesamtkonzept deutlich wiedergeben.

Der Entschluss bestand prinzipiell aus der Bestimmung der Elemente:

– Handlungen des Verbandes oder Truppenteils in seiner Gesamtheit,

– Tätigkeit der Truppe, Gefechtsart oder Einsatzart,

– Kräfteansatz, Schwerpunkt und Durchführung in großen Zügen,

– Zeit der Durchführung,

– Raum, Richtung oder örtliches Ziel des Einsatzes,

– Zweck des Handelns.

Der *Entschluss mit Begründung* stellt die Absicht des Truppenführers dar. Darüber unterrichtet er seinen Stab sowie den übergeordneten und die unterstellten Führer.[60] Außerdem werden Sofortmaßnahmen, organisatorische, technische und andere Regelungen getroffen und *Vorbefehle*[61] zeitnah gegeben, die den Planungsprozess im Stab und in der nachgeordneten Führungsebene zu beschleunigen haben. Blinder Aktionismus war und ist zu vermeiden, er kann zur Überforderung des Personals, Diskrepanzen und im Extremfall zum Misslingen des militärischen Einsatzes führen. Damit wird deutlich, welchen Stellenwert ein gründlicher Planungsprozess hat. Kleinere Lageände-

---

[60] HDv 100/200, 1972, Entwurf 1997, Ziff. 646-648.

[61] *Vorbefehle* sollen die Truppen frühzeitig auf neue Aufgaben vorbereiten, noch ehe die eigene Planung und Befehlsgebung abgeschlossen sind. Sie enthalten Angaben und Aufträge, mit denen der nachgeordnete Bereich sich auf die Entwicklungen einstellt und notwendige Maßnahmen rechtzeitig einleitet. Vgl. HDv 100/200, 1972, Ziff. 660.

rungen müssen im Rahmen des gefassten Entschlusses ausgeglichen werden können. Andernfalls hätte das zur Konsequenz, dass die Lageänderung nicht nur einen neuen Entschluss nach sich ziehen, sondern auch der darauf erlassene Befehl geändert werden müsste. Dagegen war insbesondere Starrheit des Entschlusses des Truppenführers zu vermeiden, der letztlich der Auftragstaktik zuwiderlaufen würde. Die Flexibilität und Umsetzung eines Entschlusses mithilfe der Auftragstaktik sollte es ermöglichen, ohne übermäßigen Aufwand Lageänderungen aufzufangen und zum Erfolg zu führen. Bei entscheidenden Lageänderungen mit weitreichenden Auswirkungen war vom gefassten Entschluss abzuweichen.

Entscheidungsträger tragen besondere Verantwortung, weil die unterstellten Truppen die Entschlüsse der Vorgesetzten im militärischen Einsatz mit ihren Soldaten umsetzen müssen. Wie eine militärische Entscheidung grundsätzlich getroffen werden kann, dafür gibt es allgemeingültige Regeln, die hier skizziert werden. Doch muss man als Verantwortungsträger auch die Möglichkeit haben, fähige Mitarbeiter auszuwählen. Führungsfähigkeit verlangt Einfallsreichtum bei der Entschlussfassung und Planung sowie Organisationsvermögen bei der Durchführung. Sie sind im Rahmen einer Gesamtoperation im Operationsplan sorgfältig und zeitlich zu koordinieren. Wichtige Voraussetzungen für den Erfolg sind gleichsam eine sorgfältige Aufklärung und Geheimhaltung der eigenen Absichten sowohl bei der Planung als auch Vorbereitung der Kampfhandlungen.[62]

Hier erlaube ich mir, ein persönliches Beispiel einzufügen. Die operative Planung der 5. Armee der NVA von 1983 war unter militärischem Gesichtspunkt zweckmäßig gelöst. Auch in der Retrospektive beruhte sie auf der findigen Idee des damaligen Befehlshabers, Generalleutnant Manfred Gehmert. Glücklicherweise ist es zu dieser Eventualplanung nicht gekommen. Aber ich weiß, dass er bei der Suche nach einer zweckdienlichen Entscheidung ausnehmend einfallsreich war. General Gehmert hatte damals die Verteidigungs- und die nachfolgende Gegenangriffsoperation aus gleichen Räumen ohne Umgruppierung geplant. Er war also in der Lage, mit den Verbänden und Truppenteilen zwischen beiden Operationsarten

---

[62] HDv 100/200, 1972, Entwurf 1997, Ziff. 1309-1310.

zu wählen, je nach Auftrag des Oberbefehlshabers der 1. Front, Armeegeneral Michail M. Saizew. Die Besonderheit bestand nun darin, dass General Gehmert in beiden Fällen die Initiative in der Operation übernehmen und dem Gegner seinen Willen aufzwingen konnte. Er hatte die Absicht, an der rechten Flanke der 5. Armee, in der Jütländischen Operationsrichtung, also in Richtung Schleswig-Holstein, zu verteidigen, mit dem Ziel, überlegene gegnerische Kräfte abzuwehren und ihnen beträchtliche Verluste zuzufügen. Dabei sollte ein Geländeabschnitt solange standhaft gehalten werden, bis die nachfolgende Polnische Armee aus diesem Abschnitt heraus ihre Angriffsoperation in die Jütländische Operationsrichtung beginnen konnte. Indessen hätte an der linken Flanke der Armee, in der Küstenrichtung, nördlich Uelzen-Ahaus, die Angriffsoperation begonnen werden können, um bei nachfolgender Verstärkung seiner Kräfte die taktische und operative Tiefe zu durchbrechen und das Niederländische Korps möglichst vollständig zu zerschlagen.[63] Die Verteidigung war also Anfang der 1980er-Jahre in vielen Belangen den Interessen des Angriffs untergeordnet. Die Planungen für den Angriff waren nur den Entscheidungsträgern bis zur Ebene der Divisionskommandeure bekannt. Insofern wäre das Prinzip der Überraschung voll zum Tragen gekommen, denn auch die Übungen des Militärbezirks V, im Verteidigungsfall der 5. Armee, wurden allein in der Jütländischen Operationsrichtung durchgeführt. Mit dem Operationsplan der 5. Armee von 1983 hätte die Armee dort angegriffen, wo sie die NATO höchstwahrscheinlich nicht erwartet hätte. Das Zusammenwirken der Kräfte und Mittel der 5. Armee sollte dazu dienen, deutliche militärische Akzente im gesamten Operationsraum zu setzen: ein Geist, der von Befehlshabern und Kommandeuren gefordert wurde. Im Rückblick sollten manche Kritiker einsehen, dass auch Gegner über kluge Köpfe verfügen. Gerade deshalb erscheint es notwendig, die Fähigkeiten des Gegners zu kennen und sich Übernehmenswertes anzueignen. Streitkräfte entwickeln sich stets weiter. Es liegt also nahe, sich darauf zu konzentrieren, welche Entwicklungstendenzen sich beim vermeintlichen Gegner abzeichnen.

---

[63] Vgl. Lautsch, Kriegsschauplatz, S. 133-138.

4.2.3 Plan

Der *Entschluss* des Truppenführers ist die Grundlage für den *Operationsplan*. Dieser dient seiner Veranschaulichung und der nachfolgenden detaillierten Ausplanung.

Im *grafischen Operationsplan* wird das Zusammenwirken der Kräfte im Einsatz räumlich und zeitlich auf das im Auftrag vorgegebene Ziel hin koordiniert. Er stellt die Kräfte und Mittel, alle notwendigen operativ-taktischen, technischen und organisatorischen Maßnahmen mit den entsprechenden Zeiten, Abschnitten und Räumen sowie die Grundsätze der Führung dar. Der Operationsplan ermöglicht jederzeit einen Überblick über das Gesamtkonzept der Operation oder des Gefechts.

Der *grafische Operationsplan* war einerseits Bindeglied zwischen Entschluss und Befehl. Anderseits war er das Produkt der Planung, mit dessen Hilfe Ziele und Kräfte koordiniert und zugleich die Operation oder das Gefecht räumlich und zeitlich geplant wurden. Dabei handelte es sich um die grafische Illustration der wesentlich geplanten Maßnahmen, dargestellt durch taktische Zeichen, die durch schriftliche Dokumente ergänzt werden konnten. Der Operationsplan gewährleistete die schnelle und übersichtliche Darstellung des Gesamtkonzepts und musste allen Erfordernissen der Operation und des Gefechts gerecht werden. Für die Planung wurden ebenso Planungshilfen verwendet. Dazu gehörten Zeit-, Ablauf- und Organisationspläne, Tabellen und Grafiken.

Die Ausarbeitung der *Eventualpläne*, hier sind die tatsächlichen Einsatzplanungen für den Kriegsfall gemeint, erfolgte durch die nationalen Korps und durch das Jütländische bi-nationale Korps nach vornehmlich gleichen Prinzipien. Sie wurden entsprechend der politischen Lage und der militärischen Entwicklung überprüft und periodisch geändert. Die Eventualpläne bildeten das Grundkonzept für die Befehlsgebung und dienten der zeitnahen Reaktionsfähigkeit in der Krise und im Krieg.[64]

---

[64] HDv 100/200, 1972, Ziff. 649-653.

4.3 Befehlsgebung

Der Truppenführer befiehlt durch *Richtlinien*,[65] *Befehle*[66] und *Weisungen*[67]. Sie werden vom Stab erarbeitet, durch den Truppenführer genehmigt und herausgegeben. Die Befehlsgebung ist Bestandteil des Führungsprozesses und das letzte Glied vor der Ausführung von Maßnahmen. Dabei gilt es, den Befehl der übergeordneten Führungsebene auf der eigenen Ebene umzusetzen. Die Befehlsgebung erfolgt mündlich und schriftlich. Operationsbefehle wurden schriftlich und grafisch verfasst und dokumentiert. Bei der Bekanntgabe der Absicht hebt der Truppenführer die Grundzüge und die wichtigsten Elemente der geplanten Operationsführung hervor, beispielsweise welches Ziel zu erreichen ist, welche Ergebnisse angestrebt werden und wie die Operation bis zum Erreichen des beabsichtigten Endzustandes prinzipiell verlaufen soll.[68]

---

[65] Mit Richtlinien räumt der Truppenführer Ermessensfreiheit ein. Sie geben die allgemeine Richtung vor, ohne den Einsatzfall zu beschreiben. Vgl. HDv 100/200, 1972, Ziff. 655.

[66] Durch Befehle geben militärische Führer den Untergebenen Anweisungen zu einem bestimmten Verhalten. Diese sind zeitlich begrenzt und werden nach Art, Form, Inhalt und Gliederung von ihrem Zweck und von der Lage bestimmt. Vgl. Ebd., Ziff. 656.

[67] Auf höheren Führungsebenen werden Befehle auch als Weisungen herausgegeben. Mit ihnen setzt die Führung weit gesteckte Ziele. Weisungen gelten meist für längere Zeit. Vgl. Ebd., Ziff. 657.

[68] Ebd., Ziff. 665.

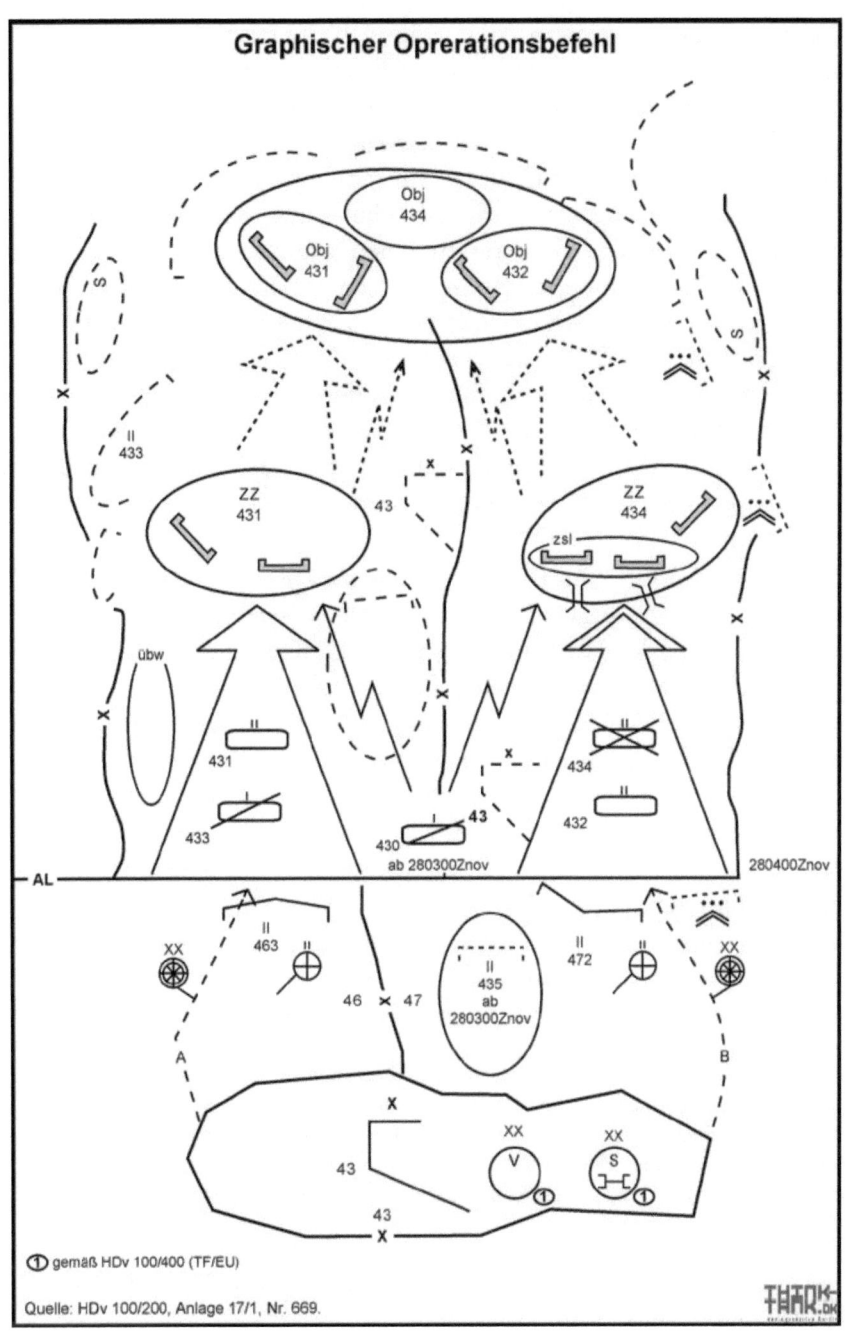

Wie zuvor genannt, wurden gewöhnlich Vorbefehle gegeben. Sie fanden vor allem Anwendung, um Zeit zu gewinnen, dem Stab und der nachgeordneten Ebene frühzeitig Informationen zur Verfügung zu stellen. Damit wurde das Ziel verfolgt, die nachfolgenden Ebenen vorweg über organisatorische, technische und andere Maßnahmen frühzeitig zu informieren. Schriftliche bzw. mündliche Befehle wurden bei Notwendigkeit durch einen grafischen Befehl ergänzt. Dabei war zu beachten, dass ein grafischer Befehl den schriftlichen Befehl lediglich veranschaulichen kann. Er diente der Visualisierung des eigentlichen Befehls, erleichterte die Kommunikation und sollte vor allem räumliche Abweichungen von der tatsächlichen Planung des Truppenführers verhindern. Der grafische Befehl erhob nicht den Anspruch auf Vollständigkeit, sondern musste in erster Linie die Übersichtlichkeit und Verständlichkeit relevanter Informationen gewährleisten.

Der eigentliche Befehl erfolgte als *Operationsbefehl*, der als *Einzelbefehl*[69] oder *Gesamtbefehl*[70] erlassen werden konnte. Wesentlicher Unterschied zwischen diesen beiden Formen war der Umfang und Detaillierungsgrad, der letztendlich die Grundlage für das Handeln der nachgeordneten Truppe bildete. Die Gliederung des schriftlichen Operationsbefehls war bindend, um eine ebenengerechte Zusammenarbeit und ein einheitliches Handeln zu erreichen. Bestandteile eines jeden Befehls waren die Elemente Lage und Auftrag bzw. Absicht des Truppenführers.

Die Befehlsgebung in der Bundeswehr stützt sich auf die Auftragstaktik[71] und damit auf unabdingbare Koordinierungsmaßnahmen, um

---

[69] *Einzelbefehle* richten sich an einen oder mehrere unterstellte Führer. Sie erhalten nur deren Auftrag und weitere Angaben, die dazu unbedingt benötigt werden. Sie ermöglichen ein rasches Befehlen in der Reihenfolge der Dringlichkeit. Vgl. HDv 100/200 Führungsunterstützung im Heer, Bonn 31.08.1972, Ziff. 661.

[70] Gesamtbefehle unterrichten unterstellte Führer in gleicher Weise und zur gleichen Zeit. Sie verschaffen ihnen durch die Bekanntgabe aller Aufträge, einschließlich bereits erteilter *Vor-* und *Einzelbefehle*, eine gemeinsame Grundlage für ihr Handeln. Vgl. Ebd., Ziff. 662.

[71] Im militärischen Sprachgebrauch wird das *Führen mit Auftrag* oft als *Auftragstaktik* bezeichnet. Es beschreibt eine Art und Weise, Menschen zu führen. Der militärische Führer gibt seinen Unterstellten das Ziel, meist auch den Zeitansatz und die benötigten Kräfte vor. Gestützt auf diese Rahmenbedingungen verfolgt und

Eigeninitiative und Verantwortungsbereitschaft zu unterstützen. Adressat von Befehlen ist die nachgeordnete Führungsebene. Ein Überspringen von Führungsebenen sollte nur als Ausnahme bei Gefährdung des Einsatzes gelten. Der Befehlsempfänger ist grundsätzlich verpflichtet, diesen auszuführen, sofern er rechtlichen Bestimmungen nicht widerspricht. Ein eigenverantwortliches Abweichen kommt dann in Betracht, wenn eine Lageveränderung vorliegt, das Abweichen vom Befehl zwingend erforderlich ist und die Zustimmung des Befehls nicht mehr rechtzeitig eingeholt werden kann. Insofern muss das Abweichen vom Befehl die Ausnahme bleiben. Kommt es allerdings zu einer solchen Abweichung, ist der jeweilige militärische Führer unverzüglich in Kenntnis zu setzen, um ihm die Möglichkeit zur Nachregulierung zu geben. Die Ausführung des Befehls und das Ergebnis ist dem Befehlsgeber zu melden. Somit werden das ständige Zusammenwirken und eine lagegerechte Weiterentwicklung der Prozesse gewährleistet.[72]

4.4 Kontrolle

Der Führungsprozess verfolgt das Ziel, so schnell wie möglich zu einem zweckmäßigen Entschluss zu gelangen und damit eine solide Grundlage für militärische Handlungen zu schaffen. In aller Regel verschafft sich der Truppenführer nach der Befehlsgebung ein Bild vom Grad der Verwirklichung seiner Befehle und vom Zustand der Truppe. Allerdings können Zeitpunkt, Art und Umfang der Kontrolle bei Notwendigkeit lagebezogen im Verlauf der Planung oder des Einsatzes durchgeführt werden. Die Kontrolle ist in der Regel ein Soll-Ist-Vergleich im Zuge der Lagefeststellung hinsichtlich der Kontinuität, Problemlösung, des Verständnisses der Absicht, der Ziele und der beabsichtigten Reihenfolge des Handelns des Truppenführers im unterstellten Bereich. Mithilfe der Kontrolle und der Beseitigung möglicher Schwachstellen in der Einsatzvorbereitung waren die erforderlichen Voraussetzungen für ein zielgerichtetes

---

erreicht der Geführte das Ziel selbstständig. Dies sichert Flexibilität in der Auftragsdurchführung und trägt zur Entlastung höherer Führungsebenen bei.
[72] Kleinschmidt, Rückheim, Polizei und Sicherheitsmanagement, Nr. 01/2009, S. 30-33.

Handeln zu schaffen. Der Zweck der Kontrolle war ferner die Transparenz der Führungsentscheidung im Sinne einer kooperativen Führung, Umsetzung und Analyse des Auftrages im nachgeordneten Bereich sowie der Überprüfung des Bereitschaftsgrades der Truppen zur Erfüllung des Auftrages. Die Kontrolle ist an die Befugnis des Truppenführers gebunden. Freilich kann er ebenso Kontrollbefugnisse auf seine Stellvertreter und den Stab übertragen. Der Stab ist verpflichtet, dem Truppenführer die Ergebnisse zu melden und für die Abstellung der Mängel zu sorgen. Im Rahmen der Dienstaufsicht überzeugt sich der Truppenführer persönlich davon:

- wie seine Befehle ausgeführt wurden und sie sich auswirkten,
- in welchem Zustand sich Personal, Material und Infrastruktur befinden,
- wie sich die Truppe auf die Einsatzaufträge vorbereitet,
- wie das Zusammenwirken koordiniert ist,
- ob die Führung und die Unterstützungsleistungen sichergestellt sind.

Im Ergebnis der Kontrolle verschafft sich der Truppenführer einen umfassenden Überblick über die Lage in seinem Verantwortungsbereich, stellt die Mängel ab, leistet Hilfe und Anleitung.[73]

4.5 Bewertung

Wie geschildert, war der militärische Führungsvorgang der NATO mit den militärischen Führungsprinzipien der WVO grundsätzlich identisch.[74] Trotz aller Entscheidungstheorien und Methoden kommt es vor allem auf die Persönlichkeit des Entscheidungsträgers an, die den einzelnen Überlegungen ihr Gewicht verleihen und damit zum jeweils individuellen Entschluss führen. Die Beweglichkeit des Geistes und nicht die Einhaltung von Dogmen sind zielführend, um Kampfhandlungen erfolgreich durchzuführen. Die Verfügbarkeit von Zeit

---

[73] HDv 100/200, 1972, Ziff. 676-686.
[74] Militärlexikon, Berlin (Ost) 1973, S. 238-241. DV 046/0/001, S. 41-52. Resnitschenko (Hrsg.), Taktik, S. 79-111.

spielt im Rahmen der Entscheidungsfindung eine wichtige Rolle. Sie beeinflusst oft Erfolg oder Misserfolg von Planungen und Handlungen. Deshalb müssen alle Beteiligten dazu befähigt sein, Entscheidungen unter Zeitdruck und erheblichen Schwierigkeiten zu treffen. Das bedeutet ständiges Üben und die Bewältigung von Aufgaben innerhalb eines zeitlich begrenzten Rahmens. Während für die Ausbildung und Übungen je nach Führungsebene der Zeitanspruch relativ kurz ist, beanspruchen die operativen Planungen (Eventualplanungen für den Krieg), allein wegen des zur Verfügung stehenden Personals, einen längeren Zeitraum. Die Planungen unter Einsatzbedingungen hingegen benötigen nur wenige Stunden. Da sich die Lageentwicklung im Verlauf der Planung verändert, ist es wichtig, Flexibilität und kreative Bereitschaft zur Optimierung des Führungsprozesses aufzubringen. Das heißt nicht, dass sich der Planungsablauf unbedingt ändern muss. Immer sind Wege zu suchen, ihn zu optimieren. Veränderungen sind vor allem im Zusammenwirken, in einer verbesserten Koordination und Kooperation, im Planungsprozess sowie in der unverzüglichen Information innerhalb des Stabes, zwischen den Führungsebenen und den Nachbarn zu suchen. Differenzen im Detaillierungsgrad des Operationsbefehls mag es aufgrund der *Auftragstaktik* der Bundeswehr und der *Befehlstaktik* in der NVA geben. Dies ist insoweit von Bedeutung, als die Stringenz der Kampfhandlungen in der WVO wegen des engen Zusammenwirkens der verbundenen Waffen und der Teilstreitkräfte detaillierter geplant und abgestimmt werden mussten und der Kommandeur im Interesse der rechtzeitigen, äußerst komplizierten und dynamischen Gefechtshandlungen auf breiter Front und in der Tiefe die Befehle unverzüglich einzuhalten hatte. Befehlstaktik war ein Begriff, der in der WVO nicht verwendet wurde. Die nicht selten behauptete mangelnde „geistige Beweglichkeit" der Truppenführung in den Vereinten Streitkräften der WVO erscheint aber befremdlich. Eine solche Behauptung ist unbegründet und wirkt nebulös. Diese bedenkliche Argumentation[75] vor allem seitens des bundesdeutschen

---

[75] „Durch Drill und Enge der allgemeinen und militärischen Erziehung lassen sich nur schwer die intellektuellen und charakterlichen Voraussetzungen für kreative Führung und Auftragstaktik schaffen. Die Tatsache, dass ein Teil der Generalität und Admiralität sich durch intellektuelle Glanzlosigkeit und begrenzte Beweglich-

Heeres deutet eher darauf hin, dass der größere „Handlungsspielraum" der Truppenführer in der Durchführung operativer und taktischer Kampfhandlungen durch die eingeschränkte Verfügbarkeit von Kräften und Mitteln gegenüber dem Feind begründet war.

Der Begriff Beweglichkeit im Denken lässt unterschiedliche Interpretationen zu. In meiner Argumentation stütze ich mich auf die Fähigkeit des militärischen Führers, Veränderungen der Lage zu erkennen, unterschiedliche Perspektiven zu erfassen und zweckmäßige Lösungen zu durchdenken. Die Planung der Handlungen erfordert eben diese geistige Beweglichkeit. Jeder militärische Führer muss in der Lage sein, seine Handlungsoptionen den wandelnden Bedingungen anzupassen, wenn nötig, seinen Entschluss zu korrigieren, um auf einem veränderten Weg zum Ziel zu gelangen. Anderseits bedeutet Beweglichkeit im Denken und Handeln auch, dass militärische Führer über Vorstellungsvermögen und Kreativität verfügen. Sie müssen unter Belastungen zu eigenständigen, klaren Urteilen, zu zweckmäßigen Entscheidungen und zu entschlossenem Handeln befähigt sein. Gleichsam müssen sie Entwicklungen vorausschauend erkennen, Handlungsalternativen abwägen, ohne sich vorzeitig oder unnötig zu binden.[76]

Gerade dann, wenn Truppenführer im Einsatz an Kräften und Mitteln im Verhältnis zum Gegner eingeschränkt sind und der Verlauf der Kampfhandlungen nur schwer einzuschätzen ist, müssen dem nachgeordneten Truppenführer naturgemäß mehr „Freiheiten" gewährt werden. Die beschworene „Freiheit" in der militärischen Truppenführung als Vorteil zu postulieren, ist dann problematisch, wenn ein enges nach Kräften, Raum und Zeit abgestimmtes Zusammenwirken zur schnellen Vernichtung des Gegners notwendig ist. Die operativen Planungen der Vereinten Streitkräfte waren nach meiner

---

keit ‚auszeichnet', ist – wie auch in westlichen Ländern – für sich kein Argument gegen die Tüchtigkeit einer Armee." Vgl. Poser, Günter, Militärmacht Sowjetunion, München 1977, S. 94 f. Günter Poser war zuletzt Konteradmiral der Bundeswehr. U. a. war er Militärattaché der Bundesrepublik Deutschland in Japan und Südkorea und bis 1973 in Funktionen des Militärischen Nachrichtenwesens im BMVg in Bonn sowie für Aufklärung *(Intelligence)* im Internationalen Militärstab der NATO in Brüssel tätig.

[76] HDv 100/100, Bonn 7.09.1987, Entwurf Juni 1997, Ziff. 322.

Auffassung, gestützt auf die Teilnahme an den Planungen der 1. Front, detailliert ausgearbeitet worden. Bis auf die oberste militärische Ebene gab es ein abgestimmtes militärisches Vorgehen auf der strategischen, operativen und taktischen Führungsebene. Die Fähigkeiten der Truppe im Einsatz hängen vor allem von der Zweckmäßigkeit der Einsatzgrundsätze, der Quantität und Qualität der Waffen, der Qualität von Führung und Führungsmitteln, der Kampfmoral und dem Ausbildungstand der Truppe ab. Die eigene Überbewertung ist meist Ausdruck intellektueller Schwäche und eine fatale Fehleinschätzung, die im Ernstfall zu erheblichen Opfern führen kann. Als ein Indiz dafür können meine 2013 publizierte Studie *Kriegsschauplatz Deutschland*[77] und weitere zahlreiche Veröffentlichungen dienen, in denen detailliert die Besonderheiten des operativen Denkens der WVO aufgeführt sind. Wie die Zusammenarbeit in der Planung zwischen den nationalen Korps auf dem Territorium der Bundesrepublik durchgeführt worden wäre, inwieweit sie auch untereinander synchronisiert gewesen wären, wird die spätere Analyse der tatsächlichen Operationspläne von nationalen Korps der NATO ergeben. In meiner Analyse hinsichtlich des operativen Denkens im militärischen Führungsprozess als strukturierten Denk- und Handlungsablauf komme ich zu dem Schluss, dass er prinzipiell im Inhalt, Umfang und Ablauf demjenigen in der WVO entsprach, unabhängig von den sicherheitspolitischen Ansichten beider Bündnissysteme.

Im weiteren Verlauf der Untersuchung werde ich die militärischen Grundsätze der NATO und der WVO vergleichend betrachten. Grundsätze zeichnen sich durch Einfachheit und Sachlichkeit aus. Deshalb werden die Erklärungen auch in sehr allgemeiner Form gehalten. Im Interesse der Kürze wird auf historische Ableitungen weitgehend verzichtet werden, jedoch sind sie in der Untersuchung berücksichtigt worden. Der systematische Aufbau soll der Klarheit der Aussage und damit auch dem Gebrauch der Studie als Kompendium dienen.

Der Prozess des operativen Denkens beschreibt einen stetig wiederkehrenden Regelkreis, der es gestattet, einen kontinuierlichen Soll-Ist-Vergleich zu ziehen und auf eine veränderte Lage zeitnah zu reagie-

---

[77] Lautsch, Kriegsschauplatz.

ren. Dabei förderte die chronologische Abarbeitung der einzelnen Elemente eine wirkungs- und ergebnisorientierte Aufgabenwahrnehmung und erlaubt damit den Einsatzerfolg.

Gegenwärtig sind militärische Entscheidungen in immer kürzerer Zeit möglich. Durch die Weiterentwicklung der technischen Möglichkeiten wird der Prozess der Entscheidungsfindung weiter in Richtung Echtzeit tendieren. Unabhängig davon werden sich die Regeln bzw. die Vorgehensweise zur Lösung eines Auftrages kaum ändern. Trotz aller technischer Raffinessen, die den Führungszyklus der Zukunft ausmachen werden, bleibt der Mensch die letzte Instanz für die Entscheidung. Der Prozess der militärischen Entschlussfassung entspricht einem universellen Entscheidungs- und Planungsprozess, der in seiner prinzipiellen Struktur auch für andere Bereiche, beispielsweise in der Politik, im Zivilschutz, in der Katastrophenhilfe oder für Einsatzoptionen der Polizei, Anwendung finden kann.

5. Verwendung von Vorschriften

5.1 US-Heeresdienstvorschrift (FM100-5)

In Anbetracht der Führungsrolle der USA in der NATO berufe ich mich vor allem auf den Kriegseinsatz der US-Streitkräfte und ihren grundlegenden Erklärungen in den Dienstvorschriften. Darin ist ein Muster zu erkennen. Dieses Denken war richtungsweisend für Planung, Organisation und Führung von Operationen und Gefechten im Zusammenwirken mit den Streitkräften der Bündnispartner. Außerdem hatte es Einfluss auf die Grundlagen für Führungs- und Einsatzgrundsätze der Führungsebenen der Streitkräfte, der Kräftestruktur, der Beschaffung von Wehrmaterial, der fachlichen Schulung und Ausbildung der Truppen. Die Kriegführung der *US-Army* war innerhalb des NATO-Bündnisses allgemein gültig, musste aber den besonderen strategischen und operativen Anforderungen des jeweiligen Operationsgebietes angepasst werden. Die Schilderung militärischer Begriffe aus Sicht der *US-Army* wird belegen, dass die Begriffsbestimmungen der NATO grundsätzlich nicht im Widerspruch zu denen der WVO standen.[78] Außerdem wird deutlich werden, dass die ideologische Unterfütterung von militärischen Sachverhalten im Gegensatz zu den Doktrinen der Militärblöcke zumindest in den Vorschriften auf beiden Seiten weitgehend unterblieb. Auffällig ist auch, dass die Komplexität militärischer Grundsätze durch die US-Militärs sehr ausführlich vermittelt wurde und ein klares Bild ergab.

Grundsätze sollen sich durch Sachlichkeit und Einfachheit auszeichnen. Das richtig verstandene Wesen und die Kenntnis der Grundsätze können am sichersten zum Ziel führen, wenn deren praktische Umsetzung durch die Truppenführer auf einer sorgfältigen Planung, Vorbereitung und Durchführung der Aufträge beruht. Es wird festzustellen sein, dass die Verfasser von Vorschriften im *United States*

---

[78] Begriffsbestimmungen bezogen sich auf Tatsachen, rationale Sachverhalte und Merkmale, welche die militärische Wirklichkeit abbildeten. Ferner stützten sie sich auf analytische Urteile und Erfahrung. Unterschiede bestanden teilweise in der Verwendung von einzelnen Wörtern, die aber an dem Wesen und an der Bedeutung des Begriffs nichts änderten.

Army Training and Doctrine Command (TRADOC)[79] eine umfangreiche, tiefgründige und präzise Grundlagenarbeit leisteten. Um die Übersetzung der US-Heeresdienstvorschrift in die deutsche Sprache zu bewältigen und diese im Vergleich zur Terminologie der WVO zu erörtern, sind Fachkompetenz und Fachwissen notwendig. Die erforderlichen Fertigkeiten und Kenntnisse stützen sich hauptsächlich auf Erfahrung und Verständnis, auf das Erfassen des Wesens der Begriffsbestimmung, auf fachspezifische Fragen und auf militärische Zusammenhänge. Die US-Heeresdienstvorschrift vermittelt umfangreiche Erklärungen militärischer Grundsätze, was dem US-amerikanischen Berufsbild der *Army* entgegenkommt. Militärische Begründungen werden durch historische Beispiele illustriert, die für die Lernenden einprägsam sind und sie zum Studium der Militärgeschichte anregen können. Zudem ist hervorzuheben, dass vielfältige Betrachtungen durch eindeutige Schaubilder unterstützt werden. Da die Erklärungen der *US-Army* generell aussagekräftig und detailliert sind, werde ich mich vornehmlich mit dem Standpunkt der *US-Army* auseinandersetzen. Wenn sich Differenzen zu Grundsatzvorschriften der WVO[80] ergeben, werde ich diese erörtern. Art und Umfang der US-amerikanischen Darstellungen im Vergleich zur NVA-Vorschrift unterscheiden sich insofern, als Aussagen der FM 100-5 durch umfangreiche Hintergrundinformationen begründet sind. Signifikante ideologische und machtpolitische Faktoren sind nicht abzuleiten.

Das Wissen über das operative Denken ist historisch geprägt. Alle Darstellungen, angefangen bei denen des französischen Marschalls

---

[79] *TRADOC* („Heereskommando für Ausbildung, Einsatz und Entwicklung') ist ein Kommando auf Armeeebene und ein *Major Command* der *United States Army*. Die Behörde ist für die Ausbildung, die Entwicklung neuer Strategien der Gefechtsführung und für deren Umsetzung innerhalb der militärischen Aus- und Weiterbildung sowie deren Standardisierung verantwortlich. Außerdem ist *TRADOC* für die Bedarfsanalyse, Entwicklung, Beschaffung und Erprobung neuer Waffensysteme der *US-Army* zuständig. Das Hauptquartier des *TRADOC* befindet sich in Fort Monroe im US-Bundesstaat Virginia.

[80] Die Vorschriften in der WVO stützten sich grundsätzlich auf sowjetische Vorschriften. Deshalb kann die Gefechtsvorschrift der Landstreitkräfte, Division, Brigade und Regiment [DV 046/0/001, Berlin (Ost) 1983] mit der gleichnamigen sowjetischen Vorschrift verglichen werden.

Maurice de Saxe (1696-1750)[81] über die des preußischen Generals Gerhard Johann David von Scharnhorst (1755-1813)[82], von Carl von Clausewitz (1780-1831)[83] oder die des Feldmarschalls Helmuth von Moltke d. Ä. (1800-1891)[84] bis hin zu Vorschriften der 1980er-Jahre und anderen Publikationen, beschreiben das operative Denken in ähnlicher Weise. Ich beziehe mich vor allem auf die US-Heeresdienstvorschrift (FM 100-5), Einsatzgrundsätze *(Operations)*, veröffentlicht am 5. Mai 1986, und stelle ihr die Gefechtsvorschrift der Landstreitkräfte, Division, Brigade und Regiment (DV 046/0/001) der NVA vom 27. Juli 1983 gegenüber. Letztere entspricht der Übersetzung der gleichnamigen Gefechtsvorschrift der sowjetischen Landstreitkräfte.

5. 2 Heeresdienstvorschrift (HDv 100/100)

Bei der Untersuchung des militärischen Denkens in der NATO sind die Heeresdienstvorschrift und die Anweisung für Führung und Einsatz der Bundeswehr wesentliche Dokumente der Zeitgeschichte. Obwohl das Interesse an diesen unter Analysten bedauerlich gering ist, bilden sie einerseits die Basis für eine auftragsorientierte und sachgerechte Ausbildung der Soldaten. Anderseits erheben diese Vorschriften den Anspruch, Führungs- und Einsatzgrundsätze und damit das taktische Denken zeitgeschichtlich authentisch wiederzugeben.

---

[81] Saxe, Maurice de, My Reveries Upon the Art of War, edited by Thomas R. Phillips, in Roots of Strategy (Harrisburg, PA: Stackpole Books, 1985), S. 5. In: Vego, Operatives Denken, ÖMZ, S. 131-146.

[82] Kielmansegg, Johann von, zit. in: Hanisch, Norbert, Untersuchen Sie die operativen Ideen Mansteins hinsichtlich Schwerpunktbildung, Überraschung, Initiative und Handlungsfreiheit an den Beispielen Westfeldzug 1940 (Sichelschnitt Plan) und Operation Zitadelle. Führungsakademie der Bundeswehr, Hamburg 15.1.1988, S. 4. In: Vego, Operatives Denken, ÖMZ, S. 131-146.

[83] Clausewitz, Carl von, Vom Kriege, Hahlweg, Werner (Hrsg.), Bonn 1952, S. 874. In: Vego, Operatives Denken, ÖMZ, S. 131-146.

[84] Hughes, Daniel J., Moltke on the Art of War: Selected Writings (Novato, CA: Presidio, 1993), S. 184. In: Vego, Operatives Denken, ÖMZ, S. 131-146.

Allgemein übte die Bundeswehr Zurückhaltung bei der Neuauflage von Vorschriften. Kürze und Knappheit[85] bestimmen deren Umfang. Man muss dieser Verbindlichkeit nicht bedingungslos folgen, weil in diesen Texten aktuelle Kenntnisse, Fähigkeiten, Fertigkeiten und Gewohnheiten theoretisch verarbeitet werden, die dem Wissen und Können und letztlich zur Befähigung der Soldaten dienen.[86] Außerdem sind diese Ausarbeitungen eine chronologische Bestandsaufnahme für den aktuellen Wissensstand, deren Beschaffenheit den militärischen Zeitgeist widerspiegelt. Natürlich waren angesichts der deutlichen Materialfülle eingrenzende Entscheidungen nötig: Warum werden bundesdeutsche und US-amerikanische Grundsatzvorschriften betrachtet, wo es doch *in summa* acht verschiedene Grundsatzvorschriften der nationalen Korps von Norden nach Süden (dänisch, deutsch, niederländisch, britisch, belgisch, amerikanisch, kanadisch, französisch) gab? Doch in einem bisher kaum analysierten Terrain des operativen Denkens auf Basis militärischer Vorschriften sind derlei Bedenken unbegründet. So stellen die Übersicht und Einschätzung der Grundsatzvorschriften einen wichtigen Beitrag dar, zumal sie einen Bereich in den Blick nehmen, der im vergangenen Jahrhundert und darüber hinaus von zentraler Bedeutung für das Wissen und Können des Militärs gewesen ist. Lesen sollte man das, was zum Verständnis der komplexen Thematik erforderlich ist. Immerhin ist das operative Denken ein konzeptionelles Denken, und deshalb ist es notwendig, die Grundsätze militärischen Handelns zu kennen. Das Wissen um die Grundlagen gilt erst recht in Zeiten, in denen die militärische Ausbildung und Erziehung der Truppen nicht selten der Kritik ausgesetzt sind. Ein Grund für die mangelnde Berücksichtigung der zeitgeschichtlichen Dokumente in der Militärgeschichte liegt wohl an der Kürze der Beschreibung, an den Fachausdrücken und an der „knappen Sprache". Militärische Grundsätze sind an die Zeit gebunden, die sie hervorgebracht hat. Die sehr ähnlichen Denkmodelle in Ost und West erforderten nicht nur Vorausdenken bei denjenigen, die sie verfasst haben, sondern auch bei jenen, die sie zur

---

[85] Handbuch für Dienstvorschriftenbearbeiter, Heeresamt Köln 12.05.2000, Ziff. 205.
[86] Lautsch, Kriegsschauplatz, S. 13 f.

Geltung brachten, bei den Truppenführern und den verantwortlichen Vorgesetzten aller Führungsebenen. Mit der technischen Weiterentwicklung der Bewaffnung und Ausrüstung veränderten sich die Führungs- und Einsatzgrundsätze, was wiederum die Herausforderungen an die militärischen Führer erhöhte. Damit ist nicht einfach die Auslegungsbedürftigkeit gemeint, sondern vor allem das elementare Verständnis der Grundsätze. Diese Vorgaben wirkten je sperriger, je knapper sie formuliert waren. In der Bundeswehr ging man davon aus, je weniger Einzelheiten geregelt würden, desto mehr Handlungsspielraum bleibe bei der Ausführung und desto seltener seien die Dienstvorschriften zu ändern.

Die Auftragstaktik ist oberstes Führungsprinzip im Heer. Es schlägt sich in der Gestaltung einer Dienstvorschrift nieder, indem es Freiräume lässt, Selbstständigkeit und eigenständiges Gestalten des militärischen Dienstes einräumt.[87] Diese Aussagen stützen sich einerseits auf die Handlungsfreiheit des bundesdeutschen Vorgesetzten, anderseits mag es ein gefälliger Rückzug fachlich verantwortlicher Stellen sein, sich nicht grundsätzlich festzulegen. Dem ungeachtet bilden die Vorschriften eine besondere archivalische Referenz, für die sich Analysten bisher kaum interessiert haben. Die unbequeme Wahrheit in der Bundeswehr liegt anscheinend in dem mangelnden Interesse daran und Personal dafür, Vorschriften vor allem für die taktische und operative Ebene zu verfassen.[88] Für diese Ebenen galt die Leitlinie für die operative Führung von Landstreitkräften in Mitteleuropa *(Operative Leitlinie)*[89] des Inspekteurs des Heeres von 1987. Sie berücksichtigte die militärischen Führer und Stäbe der taktischen und operativen Führungsebene und den Einsatz des

---

[87] Handbuch für Dienstvorschriftenbearbeiter, Heeresamt Köln 12.05.2000.
[88] Verglichen mit dem Aufwand der Militärs der *US-Army* und der Streitkräfte der WVO zur Erarbeitung von Vorschriften war der Organisationsbereich der Bundeswehr personell gering besetzt. Ausgehend vom Auftrag der Bundeswehr bestand zu Zeiten des Ost-West-Konflikts die Hauptaufgabe der Bundeswehr in der klassischen Landesverteidigung und damit in der Abwehr eines Angriffs. Resultierend aus diesem Auftrag unterlagen offenbar auch die konzeptionellen Tätigkeiten der Führungsstäbe Einschränkungen, was sich aufgrund des Wandels der geopolitischen Sicherheitslage ändern wird.
[89] Sandrart, Hans Henning von, Operative Leitlinie.

Heeres im Verbund mit anderen Teilstreitkräften sowie mit den Streitkräften verbündeter und anderer Nationen. Ein Versuch, die erklärte Vorsicht und Zurückhaltung vor Neuschöpfungen zu durchbrechen, war der Entwurf der HDv 100/100 vom Juni 1997 zur 2. verbesserten Auflage vom 7. September 1987. Hier wurden die längst überfälligen Grundsätze für die Truppenführung erstmalig aufgenommen. So enthielt der Entwurf dieser Dienstvorschrift im Teil B das Kapitel 4 mit „Grundsätzen über die Truppenführung im gesamten Aufgabenbereich", im Teil C das Kapitel 23 „Truppenführung im Kampf" und das Kapitel 29 „Überwachung von Räumen". Begleitet von der Analyse der FM 100-5 wird die HDv 100/100, insbesondere die Kapitel 4 und 23, im Weiteren besprochen. Dabei geht es mir nicht darum, den gesamten Inhalt der konzeptionellen Überlegungen zu erörtern, oder darum, eine detaillierte Einschätzung und Bewertung der genannten Kapitel der HDv 100/100 nachzuerzählen. Aus Sicht des operativen Denkens ist es sachdienlicher, den Sinn und die Bedeutsamkeit dieser Grundsätze und die Folgen ihrer Aussagen zu bewerten sowie Schlussfolgerungen für das operative Denken zu ziehen. Dabei soll die Aufmerksamkeit auf wesentliche Inhalte und auf Schlüsselgedanken der Grundsätze gerichtet werden.

6. Militärische Herausforderungen

6.1 Erkennen der Herausforderungen

Die grundsätzliche Aufgabe der NATO bestand darin, die äußere Sicherheit im Rahmen der Satzung der Vereinten Nationen zu gewährleisten. Auch die Gewähr der inneren Sicherheit, wie die Abwehr innerstaatlicher Bedrohungen, konnte Aufgabe der Streitkräfte sein. Zum Erreichen dieser Ziele setzte das Bündnis sowohl seinen politischen Einfluss als auch sein militärisches Potenzial ein. Im Rahmen der Landes- und Bündnisverteidigung reagierte die Nordatlantische Allianz in erster Linie durch Abschreckung. Die Landstreitkräfte unterstützten diesen Auftrag durch die Bereitstellung von Truppen, deren vornehmliche Aufgabe es war, die Militärpolitik des Bündnisses durchzusetzen sowie einen Krieg zu verhindern oder zu führen, falls die Strategie der Abschreckung versagen sollte. Alle militärischen Optionen dienten der Verfolgung politischer Ziele und wurden von diesen bestimmt. Der angestrebten politischen Zielsetzung und Umsetzung militärischer Aufgaben waren wegen der Gefahr eines Nuklearkrieges Grenzen gesetzt. Es wurde davon ausgegangen, dass sich ein konventionell begonnener Krieg zum nuklearen Schlagabtausch ausgeweitet hätte. Ausschlaggebend für die Anwendung der militärischen Fähigkeiten der Streitkräfte war letztlich der Erhalt der Zivilisation. Die Landstreitkräfte mussten den Herausforderungen des Bedrohungsspektrums gewachsen sein, das von Konflikten geringer Intensität[90] bis zum Einsatz von Nuklearwaffen reichte. Auf dem Westlichen Kriegsschauplatz[91] mussten die Streit-

---

[90] Konflikte am unteren Ende des Konfliktpotenzials. Diese Art der Kampfführung befasst sich mit dem Einsatz irregulärer oder unkonventioneller Kräfte, der Abwehr feindlicher Spezialeinheiten, von Terroristen, Guerillas und Saboteuren. Diese Bedrohung ist jederzeit vorhanden, nicht nur in Perioden aktiver Feindseligkeit. Die Koordinierung bedarf in der Regel der strategischen, operativen und taktischen Ebene, die gewöhnlich ökonomische und politische Maßnahmen einschließen. Vgl. FM 100-5, Chapter 1, pages 4 f.
[91] Nach dem Verständnis der WVO schloss der Westliche Kriegsschauplatz im Wesentlichen das Territorium der DDR und der Bundesrepublik Deutschland als zentrales Kriegsgebiet ein. Hier sollte die Entscheidung über den Ausgang des Krieges fallen. Der Kriegsschauplatz war in sechs Strategische Richtungen

kräfte darauf vorbereitet sein, Schlachten zu führen, deren Ausmaß alles bis dahin Bekannte übertraf. Die damit einhergehenden Operationen bedingten die Zusammenarbeit mit den Teilstreitkräften und den verbündeten Streitkräften, allenfalls unter Einsatz nuklearer- oder chemische Waffen. Wenngleich von Beginn des Krieges an die Forderung bestand, erfolgreich zu kämpfen, wurde der Fähigkeit zur Durchführung länger andauernder Feldzüge im Hinblick auf die Aufrechterhaltung der Abschreckung und Beendigung des Krieges besondere Bedeutung beigemessen. Aus diesem Grund musste eine kontinuierliche und realistische Ausbildung für den Kriegseinsatz erfolgen.[92] Für die multinationalen Landstreitkräfte war es zwingend erforderlich, gemeinsam mit anderen Teilstreitkräften, Truppengattungen und Zivilbehörden zu agieren. Besonders wichtig war es, dass sich Truppenführer darauf vorbereiteten, im Sinne der Vorneverteidigung zusammen mit den Verbündeten zu kämpfen. Dabei benötigten Operationen umfangreiche Luft- und logistische Unterstützung sowie zivilmilitärische Zusammenarbeit.

6.2 Doktrin

Die grundlegende Doktrin[93] einer Armee ist der in gedrängter Form dargestellte Ausdruck von Verfahren zum Führen von Feldzügen, groß angelegten Operationen, Schlachten und Gefechten. Die Taktik, Technik, Verfahren, Gliederung, Unterstützungsstrukturen, Ausrüstung und Ausbildung waren von dieser Doktrin abzuleiten. Theorien und Grundsätze mussten gegenüber sich ändernden Technologien, Bedrohungen und Aufgaben offen sein. Die Doktrin musste hinlänglich begründet sein, um als Richtlinie für die Operationsführung zu dienen. Schließlich musste sie, um überhaupt von Nutzen zu sein, allgemein bekannt sein und verstanden werden.[94]

---

aufgeteilt: Jütländische-, Küsten-Operationsrichtung, Operationsrichtung Ruhrgebiet, Luxemburgische-Operationsrichtung, Bayerische-Operationsrichtung und Alpenoperationsrichtung. Vgl. Lautsch, Kriegsschauplatz, S. 9, 111 f., 146.
[92] Vgl. FM 100-5, Chapter 1, pages 1 f.
[93] Der Begriff Doktrin wird hier im Sinne von militärischen Konzepten, Leitlinien (Ansichten und Aussagen) allgemeiner militärischer Gültigkeit gebraucht.
[94] Vgl. FM 100-5, Chapter 1, pages 5 f.

Die hier dargelegte Doktrin hatte zum Ziel, das Potenzial des US-Heeres zur Wirkung zu bringen. Sie berücksichtigte die militärischen Herausforderungen und hatte für gemeinsame, interalliierte und taktische Operationen weltweite Gültigkeit. Als grundlegende Einsatzkonzeption des US-Heeres wurde die *AirLand-Battle-Doktrin (ALB-Doktrin)* postuliert. In ihr spiegelt sich die Struktur der modernen Kriegführung, die Dynamik der Kampfkraft und die Anwendung der klassischen Grundsätze der Kriegführung unter den Bedingungen des modernen Gefechtsfeldes wider. Die Bezeichnung *AirLand Battle* ist auf das Erkennen des dreidimensionalen Inhalts[95] der modernen Kriegführung zurückzuführen. Daraus folgt, dass Kampfhandlungen am Boden in starkem Maße durch Unterstützungseinsätze der Luftstreitkräfte und anderer Teilstreitkräfte beeinflusst werden. Das US-Heer musste einem Bedrohungsspektrum gewachsen sein, das vom Terrorismus über Konflikte geringer,[96] mittlerer und hoher Intensität[97] bis zum Einsatz von Nuklearwaffen reichte. Wenn auch eingeschätzt wurde, dass das Ausmaß etwaiger Schlachten alles Bisherige übertreffen würde, bestand die Forderung, das Gefecht zu gewinnen und in Feldzügen den Sieg zu erringen. Wegen der geografischen Weite war die Fähigkeit des Zusammenwir-

---

[95] Das dreidimensionale Gefecht ist ein Synonym für die räumlich tiefe Durchführung von Kampfhandlungen. Man versteht darunter die gemeinsamen Anstrengungen der Truppengattungen (Waffengattungen) der Landstreitkräfte und der Dienstbereiche (Gattungen) der Fliegerkräfte zur Bekämpfung des Gegners mit Feuer bzw. Kernwaffen und Bewegung (Manöver) in die Tiefe seiner Gefechtsgliederung (Gefechtsordnung), mit dem Ziel, den Raum der Gefechtshandlungen zu isolieren, die 2. Staffel und die Reserven des Gegners zu desorganisieren und zu vernichten sowie den taktischen und operativen Erfolg zu erringen. Neben der herkömmlichen Bewegung (des Manövers), die frontal handelnde Verbände und Truppenteile anwenden, werden räumliche Gefechtshandlungen, im großen Umfang *vertikale Umfassungen*, durch den Einsatz von Luftlandungen und luftbeweglicher Truppen, Streifzugabteilungen beweglicher Kampftruppen sowie Überfälle von Formationen der Spezialtruppen angewendet. Vgl. Resnitschenko (Hrsg.), Taktik, S. 44.
[96] Konflikte mit wenig starken regulären und irregulären Kräften, Aufständische und Terroristengruppen.
[97] Konflikte mit modernen Panzer-, motorisierten und Luftlandetruppen des Warschauer Pakts (WP). Einsatz von Luft-, Land- und Seestreitkräften in einem großen Raum.

kens der *US-Army* mit Kräften der *Air Force* und der *Navy* zwingend erforderlich. Selbst konventionelle Gefechte und Operationen wurden durch Schnelligkeit, Zusammenfassen der Kräfte und Mittel sowie durch hohe Feuerdichte gekennzeichnet. Bereits mit Beginn der Schlacht[98] sollten die gegnerischen Truppen bis in das rückwärtige Gebiet hinein bekämpft werden. Für die Truppenteile bestand die Forderung, sowohl zum Einrichten einer Rundumverteidigung als auch zum selbstständigen Operieren bereit zu sein. Der erfolgreiche Angriff setzte einerseits voraus, das Gefechtsfeld in großer Tiefe abzuriegeln, anderseits die feindlichen Kräfte in tief gestaffelten Verteidigungsstellungen nachhaltig zu schlagen. Eine wirkungsvolle Verteidigung hingegen erforderte frühzeitiges Entdecken der angreifenden Kräfte, schnelles Feuerzusammenfassen, Abriegeln der Folgestaffeln, Umfassen und Zerschlagen gegnerischer Truppenkontingente durch Feuer und Bewegung. Die *US-Army* wurde auf einen starken Feind mit modernen Waffen, schlagkräftigen boden- und luftgestützten Systemen sowie auf den koordinierten Einsatz präzisionsgelenkter Kampfmittel eingestellt. Deshalb forderte das Heer weitreichende Überwachungs- und Zielerfassungssensoren sowie Fernmeldegeräte, die nahezu verzugslose Auskünfte zu liefern hatten. Sie boten den Truppenführern Informationen über Standorte des Feindes in der Tiefe und ermöglichten, nachfolgende Feindkräfte durch Flugkörper,[99] mittlere Artillerieraketensysteme (MLRS), Rohrartillerie, Flugzeuge und Kampfhubschrauber, *Special Operating Forces (SOF)* und Mittel der Elektronischen Kampfführung (EloKa) zu bekämpfen oder zu täuschen.

Nach Einschätzung der US-Militärs hingen überlegene Leistungen im Kampf von drei Komponenten ab. Erstens und vor allem sind überragende Soldaten und militärische Führer mit Charakter und

---

[98] Der Begriff *Schlacht* ist gemäß der US- und WVO-Vorschriften weitgehend identisch. „Die Schlacht ist Bestandteil der Operation und stellt die Gesamtheit der wichtigsten Gefechte dar, die durch eine gemeinsame Idee (Konzeption/Absicht) verbunden sind und von bestimmten Truppengruppierungen (Kräftegruppierungen) zur Erfüllung einer operativen Aufgabe durchgeführt werden. Es wird unterschieden in allgemeine Schlachten, Luft-, Luftverteidigungs- und Seeschlachten". Zit. in: DV 046/0/001, S. 9.

[99] Luft-/Boden- und Boden-/Boden-Flugkörper.

Entschlossenheit erforderlich, die siegen, weil sie eine Niederlage einfach nicht akzeptieren können. Zweitens muss eine vernünftige, gut verstandene Einsatzkonzeption vorliegen. Schließlich müssen genügend Waffen und Unterstützungsmittel für diese Aufgabe vorhanden sein. Die drei Komponenten waren in ausgewogener Weise zu schlagkräftigen Kampforganisationen zu vereinen, was mithilfe gut durchdachter Gliederungskonzeptionen und wirksamer Ausbildungsprogramme erreicht wurde.[100] Dass diese Einlassungen im militärischen Denken und Handeln die verantwortlichen Politiker und Militärs auf beiden Seiten beschäftigten, steht außer Frage.

Zur Präzisierung der Herausforderungen ist es unvermeidlich, bestimmte Begriffe zu definieren, weil sie für das Verständnis und die wechselseitigen Zusammenhänge zwischen Politik und Strategie einerseits, Strategie, Operation und Taktik anderseits notwendig sind. Nachfolgend werden ausgewählte Grundsätze der US-Heerdienstvorschrift analysiert, die auf militärischen Erfahrungen und Erkenntnissen aufbauen und der Weiterentwicklung der Fähigkeiten des US-Heeres dienten. Im ausgehenden 20. Jahrhundert bildeten sie die Basis für die Erziehung und Ausbildung der militärischen Führer, für Lehrpläne an Truppenschulen und für den militärischen Einsatz.

6.3 Luftraum

Die Operation schloss den Luftraum ein. Dieser Raum sollte für verschiedene Zwecke genutzt werden, u. a. für Bewegungen, Feuereinsatz, Aufklärung, Überwachung, Transport und Führung. Die Kontrolle und Benutzung des von beiden Seiten umkämpften Luftraums konnten Auswirkungen auf die Operationen haben. Einsätze aus der Luft waren ausschlaggebend für den Ausgang von Feldzügen und Schlachten. Deshalb nutzen die Truppenführer den Luftraum, einschließlich der Zuteilung von Teilen der Luftstreitkräfte, bei der Planung und Unterstützung ihrer Operationen. Zudem hatten sie die eigenen Kräfte gegen Beobachtung, Angriffe und Einsätze des Gegners aus der Luft zu schützen.[101]

---

[100] Vgl. FM 100-5, Chapter 1, page 5.
[101] Ebd., page 4.

6.4 Menschenführung

Nach den Grundsätzen der US-Heeresdienstvorschrift waren leistungsfähige und selbstsichere Truppenführer das wichtigste Element der Kampfkraft. Menschenführung hatte für Zielsetzung, Kooperation, Koordination und Motivation im Gefecht zu sorgen. Der militärische Führer bestimmte, wie Bewegung, Feuer und Schutz optimal zur Wirkung kommen sollten. Für die Handhabung dieses Prozesses gab es zwar keine feste Formel, jedoch war es dem militärischen Führer durch Kenntnis der Kriegskunst und -wissenschaft besser möglich, Kampfkraft mit Erfolg zu generieren. Folglich gab es für den militärischen Führer im Frieden keine wichtigere Aufgabe als die, sein Handwerk zu lernen und sich für den Einsatz im Krieg vorzubereiten. Dafür war das Studium der Militärgeschichte vor allem für das Offizierkorps von unschätzbarem Wert. Der persönliche Einfluss der militärischen Führer hätte sich im Ernstfall in erheblichem Maße auf den Ausgang der Kampfhandlungen ausgewirkt. Leistungsfähigkeit und Persönlichkeit der Truppenführer waren ein wesentlicher Teil der Kampfkraft des Truppenteils. Die Hauptaufgabe der militärischen Führer war es, gemeinsam mit ihren Soldaten und der Truppe schwierige Aufgaben unter gefährlichen und kritischen Bedingungen zu erfüllen. Die Vorbereitung der Truppe, deren Ausbildung und Motivation trugen zum Erfolg der Kampfhandlungen bei. Letzten Endes waren der Leistungsstand der Soldaten, das Niveau der Ausbildung, das Leistungsvermögen der Ausrüstung, die Entwicklung der Führungs- und Einsatzgrundsätze und vor allem die Qualität der Führung für eine überlegene Kampfkraft unverzichtbar.[102]

6.5 Kampfkraft

Die Fähigkeit zum Kämpfen drückt sich in der Kampfkraft aus. Sie ist ein Maß für die Zusammenfassung der Elemente Bewegung, Feuer, Schutz und Menschenführung. Die Qualität des militärischen Führers besteht unter anderem darin, dieses Potenzial optimal zur Wirkung zu bringen und damit die Aktivitäten des Gegners zu beeinträchtigen

---

[102] Ebd., Chapter 2, pages 13-15.

oder zu durchkreuzen. Dies kann als Erklärung dafür dienen, warum nicht immer die größere und stärkere Truppe den Sieg davonträgt. Im Verlauf von Feldzügen, groß angelegten Operationen, Schlachten und Gefechten, im Weiteren als Kampfhandlungen bezeichnet, kann die Kampfkraft der Seiten zeitweilig über annähernd gleiches Potenzial verfügen. Wenn die physische Stärke nahezu ausgeglichen ist, erhalten moralische Qualitäten wie Geschicklichkeit, Mut, Charakter, Ausdauer, Aufgeschlossenheit und Willensstärke sowohl auf Seiten der Soldaten als auch der militärischen Führer eine entscheidende Bedeutung. Geschicklichkeit der Führer, die Nutzung der Umweltbedingungen, die Motivation der Truppe und die Anwendung vernünftiger, taktischer und operativer Verfahren können ebenso ausschlaggebend für den Erfolg sein. Wichtig ist, dass Kampfkraft mit Entschlossenheit in gut koordinierten Aktionen zur entscheidenden Zeit und am entscheidenden Ort konzentriert zur Wirkung kommt. Durch die geschickte Kombination von Bewegung, Feuer, Schutz und Menschenführung nach einem flexiblen und energisch durchgeführten Plan sorgt der Truppenführer für überlegene Kampfkraft.[103]

6.6 Ausbildung und Einsatzbereitschaft

Die US-Heeresdienstvorschrift zitiert Clausewitz. Er bezieht alle kriegerische Tätigkeit auf das Gefecht, entweder unmittelbar oder mittelbar.[104] Abhängig von der Lage, Dislozierung und den Einsatzoptionen müssen Kräfte innerhalb weniger Stunden tage- und wochenlang für den Einsatz zur Verfügung stehen. Dementsprechend müssen Truppenführer durch Pläne und Ausbildung sicherstellen, dass die Unterstellten auf diesen Einsatz vorbereitet und gerüstet sind, um ihre Aufgaben als Truppenteil erfüllen zu können.

Die Ausbildung ist Voraussetzung für den Erfolg. Sie muss im Frieden unter gefechtsnahen Bedingungen durchgeführt werden, um die Angehörigen der Truppenteile in die Lage zu versetzen, im Rahmen größerer Truppenkörper zu kämpfen und das Zusammenwirken der Waffen optimal zu gewährleisten. Die Einsatzbereitschaft des Truppenteils wird vor allem durch Verfügbarkeit betriebsbereiten

---

[103] Ebd., page 11.
[104] Ebd., Chapter 1, page 6. Vgl. Carl von Clausewitz, Vom Kriege, Kapitel 3.

Materials, von Ressourcen und Systemen verwirklicht.[105] Die Grundsätze der Vorschriften zur Ausbildung und Einsatzbereitschaft der Truppen spiegeln bewährte Praktiken und militärtheoretische Überlegungen der Vergangenheit und Gegenwart wider. Sie werden durch Studien, Übungen und Erkenntnisse in Auswertung von Konflikten weiterentwickelt. Selbstverständlich muss der militärische Führer mit Initiative und Flexibilität den Richtlinien im Rahmen der Ausbildung und bei der Operationsführung nachkommen.

Die grundlegende Einsatzkonzeption des US-Heeres war in den 1980er-Jahren die *AirLand-Battle-Doktrin*. Sie spiegelte die Struktur des modernen Gefechtsfeldes und die Dynamik der Kampfkraft der dreidimensionalen Kriegführung wider. Das bedeutet, dass Kampfhandlungen am Boden in starkem Maße durch Luftstreitkräfte beeinflusst werden sollten.

---

[105] FM 100-5, Chapter 1, pages 6 f.

7. Krieg und Kriegsarten

Herkunft und Entwicklung der militärischen Grundsätze sind nicht systemimmanent, sondern historisch gewachsen. Ihr Ausprägungsgrad wird von der technischen Entwicklung, der Gesellschaft, den Fähigkeiten des Militärs und der Kriegskunst bestimmt. In einer hochangespannten politischen Lage sind politische und militärische Funktionsträger diejenigen, die über Krieg und Frieden entscheiden. Zur Zeit des Kalten Krieges lag das Schicksal darüber vor allem in den Händen der beiden Führungsmächte – den Vereinigten Staaten von Amerika und der Sowjetunion. Obwohl die Militärs am besten wussten, welche Gefahrenpotenziale und Vernichtungskraft die Anwendung militärischer Gewalt barg, speziell im Einsatz von Massenvernichtungswaffen (MVW), planten militärische Führungsspitzen unterschiedliche militärische Optionen, um in einem Krieg den Gegner zu besiegen. Der Krieg zwischen den Supermächten und ihren Verbündeten blieb „kalt", weil bei einem Einsatz militärischer Mittel, namentlich von MVW, der Untergang der Menschheit drohte.

Der Begriff Krieg wird kontrovers verwendet. Während im Ostblock der Krieg als Fortsetzung der Politik von Klassen, Völkern, Nationen, Staaten und Koalitionen mittels organisierter Gewalt zur Durchsetzung ökonomischer Interessen und politischer Ziele charakterisiert wurde,[106] sprach die Heeresdienstvorschrift Truppenführung (HDv 100/100) eher von der Art und Weise der Durchführung des Krieges.

In Anlehnung an das militärische Ziel, im Kampf dem Feind das Gesetz des Handelns aufzuzwingen, seinen Kampfeswillen und seine Kampfkraft zu brechen, finden der Krieg und andere bewaffnete Konflikte auf mehreren Kriegsschauplätzen statt. Er besteht aus einem oder mehreren Feldzügen, die von der militärstrategischen Führung auf einem Kriegsschauplatz koordiniert werden. Dazu befiehlt die militärstrategische Führung die Ziele und Auflagen und stellt die Kräfte und Mittel zur Verfügung.[107] Der Kriegsschauplatz wird in Zonen und Gebiete eingeteilt. In ihnen werden einer Truppe Räume zugewiesen.

---

[106] Militärlexikon, Berlin (Ost) 1973, S. 182.
[107] Vgl. Entwurf HDv 100/100, 1997, Ziff. 419-428.

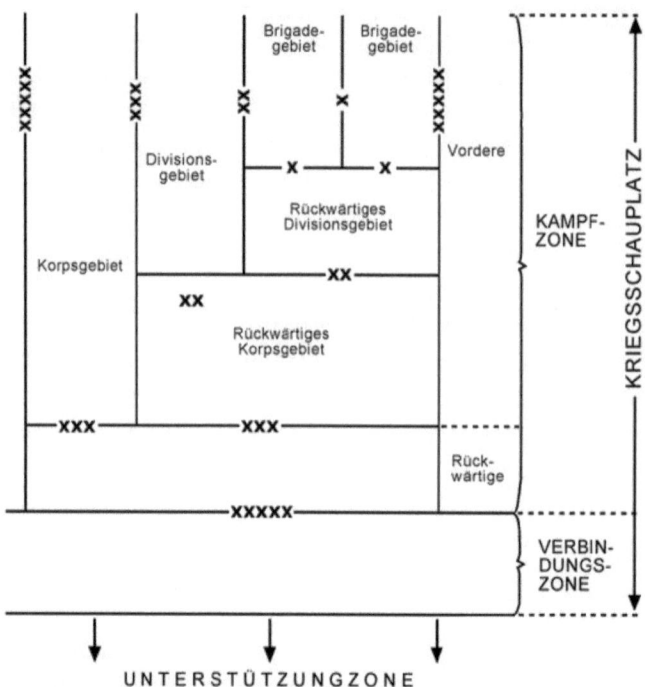

- Deutschland kann je nach Auftrag und Lage Kampfzone, Verbindungszone oder Unterstützungszone sein.
- Die Abgrenzung der Verantwortung für die Operationsführung zwischen NATO-Befehlshaber und Nationalem Befehlshaber richtet sich nach den NATO-Dokumenten (MC 36/2 und Folgedokumenten bzw. jeweiligem Operationsplan). Räume, in denen Operationen überwiegend oder ausschließlich in nationaler bzw. NATO-Verantwortung geführt werden, können zusammenfassend auch als Nationales Operationsgebiet bzw. NATO-Operationsgebiet bezeichnet werden.
- Bei Einsätzen unter anderen internationalen Organisationen (z.B. VN oder WEU) gilt diese Einteilung sinngemäß als Anhalt.

Quelle: HDv 100/100, Anlage 3, Nr. 2302.

Während des Ost-West-Konflikts wurde unterschieden zwischen einem konventionellen Krieg,[108] einem nuklearen, einem chemischen oder einem bakteriologischen Krieg.[109]

7.1 Konventionelle Kriegführung

Konventionelle Kriegführung war die Bezeichnung für die Bekämpfung des Gegners ausschließlich mit herkömmlichen Waffen. Dies bedeutete den klassischen Einsatz von Teilstreitkräften (Heer, Luftwaffe, Marine), Verbänden und Truppenteilen unterschiedlicher Größenordnung und verschiedener Waffengattungen (Panzer, Artillerie, Infanterie etc.) mit dem Ziel, den Gegner zu vernichten. Als grundlegende Methoden der Durchführung des konventionellen Krieges galten:

- die Bekämpfung der unmittelbar gegenüberstehenden Gruppierung des Gegners durch Feuer bei gleichzeitiger Einwirkung auf die Reserven und wichtiger Objekte in der Tiefe,

- die entschlossene Konzentrierung der Truppe und die aufeinanderfolgende Erhöhung ihrer Anstrengungen zur Entwicklung des Erfolges in der Hauptrichtung (im Raum),

- die Gewährleistung der ständigen Bereitschaft der Truppen zu unverzüglichen Handlungen mit Einsatz von Kernwaffen.[110]

Die Zerstörungskraft moderner konventioneller Waffen würde in einem so dichtbesiedelten und hochindustrialisierten Gebiet wie Mitteleuropa bei Ausbruch eines konventionellen Krieges die dort lebende Bevölkerung vor Fragen ihrer Existenz stellen.[111] Das Vorhandensein von Nuklearwaffen sowie von biologischen und chemischen Kampfmitteln zwang dazu, sich jederzeit auf ihre Anwendung einzustellen. So paradox es auch klingen mag: Diese Waffen waren in erster Linie Machtmittel der politisch-strategischen

---

[108] Als Synonyme wurden die Bezeichnungen ‚herkömmlicher' oder ‚nichtatomarer Krieg' verwendet.
[109] Militärlexikon, Berlin (Ost) 1973, S. 188.
[110] Vgl. DV 046/0/001, S. 12 f.
[111] Vgl. Biehle, Alfred, Alternative Strategien, Koblenz 1986, S. 23.

Ebene zur Kriegsverhinderung. Wären die Mittel tatsächlich zum Einsatz gekommen, hätte sich das Kriegsbild grundlegend geändert.

7.2 Nukleare Kriegführung

Nuklearwaffen waren und sind das mächtigste Mittel zur Vernichtung des Gegners. Mit ihnen lassen sich sehr wirkungsvoll und in kürzester Zeit die Kernwaffen und andere MVW des Gegners vernichten, ihm hohe Verluste an Menschen und Material zufügen, das Kräfteverhältnis wesentlich verändern und Voraussetzungen schaffen, den Gegner zu zerschlagen. Diese Aussage galt für zahlreiche Militärexperten noch bis zum Ende des Ost-West-Konflikts, wenn es auch im Hinblick auf die zu erwartenden Massenverluste, großflächigen Verwüstungen und Kontaminierungen keine hinreichenden Belege für den „Sieg" der einen oder anderen Seite in einem Kernwaffenkrieg gab. Kernwaffen waren in der Lage, in kurzer Zeit Anlagen und Objekte zu zerstören, aktivierte und zerstörte Zonen zu schaffen und umfangreiche Brände, Zerstörungen und Überschwemmungen hervorzurufen. Außerdem hatten sie einen starken physischen, negativen moralischen und psychologischen Einfluss auf die Truppen.[112] Neben allen bekannten politischen Ambitionen für die Abrüstung gab es keinen wirklichen Grund, auf den Nichteinsatz von Nuklearwaffen im Krieg zu hoffen. Hinzu kam, dass zwar eine gewisse Stabilität durch die wechselseitige Abschreckung vorhanden war. Allerdings blieb die allgemeine Aufrüstung erhalten. Selbst wenn der Hauptzweck der Nuklearwaffen darin bestand, beide Seiten vor ihrem Einsatz abzuschrecken, beeinflusste die atomare Bedrohung alle militärischen Operationen.

Nuklearwaffen durften erst nach besonderer Anweisung durch die Nationale Führung *(National Command Authorities, NCA)* und nach Konsultierung der Bündnisstaaten eingesetzt werden. Auch wenn die Genehmigung für einen solchen Waffeneinsatz erteilt worden wäre, hätte dieser sich zunächst an politischen und strategischen Zielsetzungen orientieren müssen, weniger an einer generellen taktischen Wirkung.[113] Dieser Argumentation kann ich nicht folgen, denn sie

---

[112] Resnitschenko (Hrsg.), Taktik, S. 20.
[113] FM 100-5, Chapter 1, page 3.

erscheint eher als eine Verharmlosung, weil jedweder Nukleareinsatz, gleich von welcher Führungsebene ausgeführt, eine Eskalationsspirale erwarten ließ. Den Streitkräften beider Seiten waren die zerstörerische Auswirkung des Nuklearwaffeneinsatzes auf dem Gefechtsfeld, die materiellen Schäden und der psychologische Einfluss auf die Truppe und Zivilbevölkerung bekannt. Demzufolge durften Schlachten oder Feldzüge unter Einsatz von Nuklearwaffen nur Stunden anstelle von Tagen und Wochen dauern, so die Auffassung der US-Militärs.[114]

Im Kommando des Militärbezirks V (5. Armee) der NVA in Neubrandenburg wurde bei einer Stabsdienstausbildung im Jahr 1985 der 1. Kernwaffenschlag auf den Gegner theoretisch geplant und ausgewertet, der nur wenige Minuten vor dem geplanten Ersteinsatz der NATO durchgeführt wurde. Unmittelbar danach mussten die Kampfhandlungen eingestellt werden, weil bei dem Schlagabtausch etwa 50 Prozent der eigenen Kampfkraft verloren gegangen wäre. Auf Basis der Analyse des Stabes der 5. Armee der NVA hätte das im Ernstfall das Ende des Krieges bedeutet, weil Opfer geborgen, Schäden beseitigt und Verluste hätten ersetzt werden müssen. Das Ausmaß an Schäden der Infrastruktur des Landes und die Verluste unter der Zivilbevölkerung sowie die militärischen Verluste waren so groß, dass keine weiteren Untersuchungen durchgeführt wurden.

Die Führung eines globalen Atomkriegs war bis zum Ende des Ost-West-Konflikts eine militärische Option. Neben dem Ersteinsatz von Atomwaffen war auch der Zweitschlag auf beiden Seiten geplant. Dieser war nach den Planungen der 1. Front bereits nach 1:10 bis 1:30 Stunden theoretisch möglich gewesen.[115] Die Absicht der US-Administration, durch die Strategische Verteidigungsinitiative *(Strategic Defense Initiative, SDI)* das Gleichgewicht des Schreckens zugunsten der USA zu verschieben, um die Fähigkeit zu besitzen, sich vor einem Gegenschlag zu schützen und zugleich die Sowjetunion zu vernichten, war eine Version des amerikanischen Kriegsbildes. Anderseits trugen Gegenmaßnahmen der Sowjetunion zur *SDI* dazu bei, das

---

[114] Ebd., pages 3 f.
[115] Vgl. Lautsch, Kriegsschauplatz, S. 95.

Land technisch und wirtschaftlich immens zu schwächten.[116] Diese Konstellation brachte allerdings Abrüstungsverhandlungen auf den Weg und bewirkte eine Reihe von Abrüstungsverträgen.[117]

Wäre es im Industriezeitalter tatsächlich zum zunächst begrenzten Einsatz von Nuklearwaffen gekommen, dann wäre ein kurzer und schneller Krieg eine letzte Möglichkeit gewesen, um die Dimensionen des allgemeinen Nuklearkrieges zu begrenzen. Wie die Realität ausgesehen hätte, ist nicht einzuschätzen. Für den Fall eines atomaren Angriffs auf die NATO-Mitgliedstaaten war die nukleare Vergeltung durch die USA angedroht worden. Diese Drohung war uneingeschränkt glaubhaft. Auch die Gefahr einer gegenseitigen Vernichtung durch Fehleinschätzungen oder wegen zufälliger Ereignisse war keineswegs ausgeschlossen.

7.3 Chemische Kriegführung

NATO und WVO beabsichtigten, auf den Einsatz dieser Waffen zu verzichten. Da die Potenziale als Mittel der Kriegführung zur Verfügung standen, stellten sich die Truppen beider Militärblöcke auch auf die Möglichkeit ihres Einsatzes ein. Die NATO unterstellte in der Tat der WVO, diese Waffen einzusetzen, um den Vorwand zum Nuklearwaffeneinsatz zu begründen. Großübungen wie *Return of Forces to Germany (REFORGER)* bezeugen, wie mächtig die Angst davor gewesen ist. Es wird voraussichtlich noch lange unklar bleiben, inwieweit diese militärischen Optionen im Rahmen von NATO-Übungen Zweckmeldungen waren, um selbst Nuklearwaffen einsetzen zu können. Wie sind alle diese Optionen einer rationalen Sicherheitspolitik und im Sinne vernünftigen Strategie zu bewerten?

---

[116] Das SDI-Programm erforderte immense technische und wirtschaftliche Ressourcen. Bis 1988 investierte die US-Regierung rund 29 Milliarden US-Dollar in das Vorhaben. Wegen des Krieges in Afghanistan und der wirtschaftlichen Schwierigkeiten in der Sowjetunion war das Land nicht mehr in der Lage, auch ein Wettrüsten im Weltraum wirtschaftlich durchzuhalten. Außerdem wurde der strategische Nutzen in Frage gestellt.
[117] Arbess, Daniel, *Bulletin of the Atomic Scientists, Volume 41, 1985. Star wars and outer space law, published online, 15 Sep 2015,* http://www.tandfonline.com/doi/abs/10.1080/00963402.1985.11456048 (abgerufen am 23.12.2016).

Es bleibt die Angst vor der Ungewissheit des Einsatzes von MVW in einem militärischen Konflikt. Zu dieser Bedrohung haben freilich auch „Fortschritte" in anderen Entwicklungsbereichen beigetragen. Dazu gehörten die beiderseitigen Weiterentwicklungen zum Kampf gegen und zur Abwehr von Mitteln der strategischen Streitkräfte von Aufklärung-Schlag-Komplexen[118] sowie Mitteln des elektronischen Kampfes.

7.4 Biologische Kriegführung

Beide Militärblöcke hatten nicht vor, diese Waffen einzusetzen. Da die Waffen aber existierten, sahen sich die Streitkräfte genötigt, mit dem Einsatz dieser Mittel zu drohen.[119] Ob, wie zuvor geschildert, die Unbestimmbarkeit oder Reichweite genügen würde, die Verwendung von chemischen und biologischen Kampfmitteln durch den Gegner auszuschließen, bleibt offen. Bei den Großübungen *REFORGER*, die die NATO jährlich vor allem auf dem Territorium der Bundesrepublik durchführte, wurde die militärische Einsatzbereitschaft von Heer, Luftwaffe, Marine und Spezialtruppen unter realen Kriegsbedingungen geübt. Dabei war der Einsatz chemischer Waffen Bestandteil der NATO-Regieanweisung. Geht man davon aus, dass es das Ziel eines Gegners ist, seine Waffen so effektiv wie möglich einzusetzen, so ist zwar nicht anzunehmen, dass in erster Linie Ballungsgebiete Zielobjekt gewesen wären. Allerdings wären die Schäden und Verluste unter der Zivilbevölkerung exorbitant gewesen, und beide deutsche Staaten

---

[118] Aufklärungs-Schlag- bzw. Aufklärungs-Feuer-Komplexe (ASK, AFK) waren präzise arbeitende Aufklärungs- und Vernichtungsmittel, die zusammengefasst und zentral geführt wurden. Dadurch ließen sich Aufgaben der Aufklärung und Bekämpfung in kürzester Zeit lösen. Die Komplexe umfassten in der Regel miteinander gekoppelte Elemente, wie das automatisierte Aufklärungs- und Lenksystem (Feuerleitsystem), die bewegliche Leitzentrale (Feuerleitstelle), Präzisionsvernichtungsmittel (-waffen) und ein System zur exakten Lagebestimmung. Die Elemente der ASK bzw. AFK konnten in Luftfahrzeugen und in beweglichen Spezialfahrzeugen untergebracht werden. Vgl. Resnitschenko (Hrsg.), Taktik, S. 25.
[119] FM 100-5, Chapter 1, pages 3 f.

wären dabei völlig zerstört, ihre Bevölkerung physisch vernichtet worden.[120]

Für die vier oben genannten Kriegsarten wie auch für Mischformen waren die Abwehr bzw. der Einsatz zumindest gleicher Abschreckungsmittel durch beide Seiten zu erwarten gewesen. Die hohe Eskalationswahrscheinlichkeit bis zur gegenseitigen Vernichtung der Supermächte verringerte die Glaubhaftigkeit des massiven Einsatzes von MVW. Insofern war das „unkalkulierbare Risiko" das einzige Mittel für eine gewisse Stabilität und letztendlich für den Erhalt des Friedens zumindest in Europa.[121] Kalt blieb der Krieg zwischen NATO und WVO, weil beide Seiten wussten, was ihnen andernfalls gedroht hätte. So paradox es klingen mag, unter den MVW waren es vornehmlich Atomwaffen, welche die Welt vor dem Untergang retteten. Zu der häufig zu lesenden Aussage, ein großer Krieg zwischen den Weltmächten sei durch das „Gleichgewicht des Schreckens" praktisch unmöglich geworden, tritt der Faktor hinzu, dass ein solcher Krieg schon aufgrund seiner politischen und militärischen Unführbarkeit sinnlos gewesen wäre.[122] Sowohl die USA als auch die UdSSR verfügten über breite Arsenale chemischer und bakteriologischer Kampfmittel. Der Umfang meiner Informationen reicht jedoch nicht aus, die Folgen des Einsatzes im Vergleich gegenüber Kernwaffen einschätzen zu können. Nach allem, was Wissenschaftler darüber wissen, gab es keine theoretischen Programme, welche die Schadensreichweite dieser Kampfmittel bestimmen konnten. Diese Unbestimmbarkeit des Wirkungskreises stellte die wohl effektivste Schranke gegen den Einsatz solcher Mittel dar. Als „Verteidigungsinstrument" waren diese Kampfmittel in Europa nicht zu verwenden. Und trotzdem war ihre Verwendung durch jedweden Gegner nicht auszuschließen.[123] Die Logik eines Krieges, der mit Massenvernichtungswaffen ausgefochten wird, unterscheidet sich

---

[120] Vgl. Afheldt, Horst, Analyse der Sicherheitspolitik durch Untersuchung der kritischen Parameter. In: Weizsäcker, Carl Friedrich von, Kriegsfolgen und Kriegsverhütung, München 1971, S. 45.
[121] Vgl. Afheldt, Horst und Roth, Hellmuth, Verteidigung und Abschreckung in Europa. In: Ebd., S. 301 f.
[122] Ebd., S. 26.
[123] Ebd., S. 51.

nicht von den „Prinzipien", die jeden Krieg zwischen Staaten kennzeichnen. Diese Prinzipien resultieren aus dem Ziel des Krieges, den Feind unter Anwendung aller zur Verfügung stehenden Gewalt in den Zustand der Wehrlosigkeit zu versetzen, letztlich, ihn zu besiegen. Die Vernichtung von Menschenleben und materiellem Reichtum ist das Mittel, den Willen des feindlichen Souveräns, des Staates oder der Staatengemeinschaft zu brechen.[124]

ABC-Waffen galten als strategische Waffen, auch wenn sie im Verbund mit taktischen oder operativen Waffensystemen zur Wirkung gebracht werden sollten. Ohne die politische Freigabe im Bündnis und durch den US-Präsidenten durften diese Waffen nicht eingesetzt werden. Freilich war deren tatsächlicher Einsatz von den Verantwortlichen nicht beabsichtigt. Aber wie sich die Nuklearmächte USA, Großbritannien und Frankreich als eine Allianz von maritimen Nationen im Kriegsfall tatsächlich verhalten hätten, muss offenbleiben. Trotz gemeinsamer Kommandos, guter Zusammenarbeit und gemeinsamer Übungen besaßen die Westmächte weder ein einheitliches Konzept noch eine langfristige gemeinsame Planung, um einem eventuellen Gegner koordiniert entgegenzutreten.

Der Einsatz der Landstreitkräfte erforderte die Koordinierung mit den nationalen Korps, um auf operativer Ebene politisch, militärisch und ökonomisch effektiv zusammenzuwirken. Die NATO-Landstreitkräfte wurden dazu ausgebildet, konventionell erfolgreich zu kämpfen, um nicht auf ABC-Waffen zurückgreifen zu müssen. Die unkonventionelle Kriegführung, wie der Einsatz von Diversions- und Spezialkräften in der Tiefe des Territoriums der WVO, war sowohl eine strategische als auch eine operative Aufgabe – für beides standen Fernspähkräfte und andere Truppen zur Verfügung. Diese Kräfte hatten durch aktive und passive Maßnahmen die Absichten des Gegners zu stören. Auf den Einsatz irregulärer oder unkonventioneller Kräfte soll an dieser Stelle nicht weiter eingegangen werden.

---

[124] Die USA als Militärmacht, Kriegslogik im Atomzeitalter – SALT, http://www.gegenstandpunkt.com/vlg/imp/i2_3.htm (abgerufen am 14.04.2017).

8. Struktur der Kriegführung

Militärstrategie, operative Kunst und Taktik sind eine Unterteilung der Aktivitäten zur Vorbereitung und Durchführung einer bewaffneten Auseinandersetzung – eines Krieges. Durch die Strategie können nationale und bündnisweite politische Ziele mit geringstmöglichen Kosten an Menschenleben und Sachwerten erreicht werden. Die operative Kunst setzt diese Zielsetzungen in wirkungsvolle militärische Operationen und Feldzüge um. Mit einer klugen Taktik können Schlachten und Gefechte gewonnen werden. Zwar haben die Grundsätze der Kriegführung für die Strategie, operative Kunst und Taktik gleichermaßen Gültigkeit, ihre Anwendung ist jedoch für jede Ebene der Kriegführung unterschiedlich.

8.1 Strategie

Militärstrategie ist die Kunst und Wissenschaft[125] des Einsatzes von Streitkräften einer Nation oder eines Bündnisses, politische Ziele durch Gewaltanwendung oder Gewaltandrohung zu erreichen. Die aus der Politik abgeleitete Strategie bestimmt die Ziele auf den Kriegsschauplätzen und in den Operationsgebieten. Sie ist ausschlaggebend für die Zuteilung der Streitkräfte, Bereitstellung von Kräften und Mitteln sowie für die Festlegung der Rahmenbedingungen der Gewaltanwendung.[126]

---

[125] Bemerkenswert ist, dass die FM 100-5 die Begriffe ‚Kriegskunst' und ‚Wissenschaft' verwendet und damit ein stabiles Fundament für operative und taktische Grundsätze schafft, die sich auf militärische Erfahrungen stützen und als langfristige Grundlage für die Entwicklung von Taktiken, Techniken und Verfahren dienen können. Vgl. FM 100-5, Chapter i, page i. f. (Vorwort). So wie bei den Experten von *TRADOC* setzt sich die Kriegskunst auch nach Ansicht der Frunse-Akademie aus den drei Bestandteilen, Strategie, operative Kunst und Taktik zusammen. Vgl. Resnitschenko (Hrsg.), Taktik, S. 11.
[126] FM 100-5, Chapter 2, page 9.

8.2 Operative Kunst (Operation)[127]

Operative Kunst ist der Einsatz von Streitkräften zu dem Zweck, strategische Ziele auf einem Kriegsschauplatz oder in einem Operationsgebiet durch Konzipierung, Organisierung und Durchführung von Feldzügen und groß angelegten Operationen zu erreichen. Dabei ist der Feldzug eine Serie gemeinsamer Aktionen zur Erreichung eines strategischen Ziels auf einem Kriegsschauplatz. Es können mehrere Feldzüge gleichzeitig oder aufeinanderfolgend stattfinden, wenn sich der Kriegsschauplatz aus mehreren Operationsgebieten zusammensetzt. Einem defensiven Feldzug kann ein offensiver Feldzug folgen. Eine groß angelegte Operation setzt sich aus aufeinander abgestimmten Aktionen großer Truppenkörper zusammen. Die operative Kunst legt letztlich fest, wann und wo zu kämpfen ist. Der wesentliche Inhalt ist das Erkennen des operativen Schwerpunktes des Feindes und das Zusammenfassen überlegener Kampfkraft gegen diesen Punkt, um den entscheidenden Erfolg zu erzielen.

Feldzüge wurden in der Regel vom Oberbefehlshaber des Kriegsschauplatzes bzw. Operationsgebietes *(Theater Commander)* und seinen nachgeordneten Führern geplant und geleitet. Demzufolge waren groß angelegte Operationen des Feldzugs vorwiegend von Heeresgruppen *(Army Groups)* und Armeen *(Armies)* geplant und wären in der Regel von Korps und Divisionen durchgeführt worden. Die operative Kunst forderte Weitblick, Voraussicht, Verständnis der Truppenführer über den Zweck und Einsatz der Mittel sowie die Zusammenarbeit der Teilstreitkräfte und alliierten Truppenkontingente.[128] Die

---

[127] Terminus in der Bundeswehr.

[128] Die theoretischen und praktischen Aspekte zwischen US-amerikanischer und sowjetischer Kriegskunst decken sich grundsätzlich. Mit der Ausnahme, dass bei den Analysten der *US-Army* die operative Kunst in seiner Dimension weitergefasst ist und eher als operative Führungskunst verstanden wird. Nach sowjetischer Auffassung umfasst die operative Kunst die Theorie und Praxis der Vorbereitung und Durchführung von Operationen (Kampfhandlungen) operativer Verbände der Streitkräfte (das bedeutet die Ebene Armee, mindestens 5 Divisionen). Ausgehend von den Forderungen der Strategie untersucht die operative Kunst den Charakter moderner Operationen, die Prinzipien ihrer Vorbereitung und Durchführung, die Struktur, die Möglichkeiten und Einsatzprinzipien operativer Verbände, die Probleme der operativen Sicherstellung sowie die Grundlagen der Truppenführung

operative Kunst verlangte vom Truppenführer vor allem die Beantwortung von drei Fragen:
1. Welche militärischen Voraussetzungen müssen geschaffen werden, um das strategische Ziel auf dem Kriegsschauplatz oder im Operationsgebiet zu erreichen?
2. Durch welche Reihenfolge von Handlungen werden diese Voraussetzungen am ehesten geschaffen?
3. Wie sind die Kräfte und Mittel der Truppen einzusetzen, um diese Handlungsfolge zu verwirklichen? [129]

8.3 Taktik

Während die operative Kunst die Ziele militärischer Aktivitäten bestimmt, stellt die Taktik die Fertigkeiten dar, mit der die Kommandierenden Generale der Korps und die Kommandeure der Truppenteile Kampfkraft in siegreiche Schlachten und Gefechte umsetzen. Gefechte sind Kampfhandlungen zwischen Divisionen und kleineren Truppenteilen, die nur einige Stunden bis Tage dauern, sich aber zu Schlachten entwickeln können. Bei einer vernünftigen Taktik kommen Kampf-, Kampfunterstützungs- und Logistiktruppen dort zum Einsatz, wo sie den größten Beitrag zur Erringung des Sieges leisten können.[130]

---

und rückwärtigen Sicherstellung in Operationen. Vgl. Resnitschenko (Hrsg.), Taktik, S. 11.
[129] FM 100-5, Chapter 2, pages 9 f.
[130] Ebd., pages 10 f.

Bestandteile der Kriegskunst

Strategie

Grundlagen des Einsatzes der Streitkräfte (SK) eines Landes oder eines Bündnisses zur Erreichung politischer Ziele und der Vorbereitung der SK auf den Krieg.

Untersuchung der Bedingungen für Handlungen der SK vor dem Krieg und während des Krieges.

Bestimmung der Ziele der strategischen Operationen der SK und der Voraussetzungen für deren Führung und Sicherstellung.

Operative Kunst (Operation)

Bestimmung des Einsatzes der SK zur Erreichung der strategischen Ziele auf dem Kriegsschauplatz (KSP) oder in einem strategischen Raum.

Festlegung der Ziele, Anlage und des Aufbaus von Operationen.

Herausarbeiten der Grundsätze zur Führung, Sicherstellung und zum Einsatz operativer und operativ-strategischer Vereinigungen.

Taktik

Bestimmungen zur Vorbereitung, Führung und Sicherstellung des Gefechts.

Festlegungen zu den Fähigkeiten der Kommandeure und Stäbe, die Kampfkraft der Truppen voll zur Wirkung zu bringen.

Quelle: Anleitung 043/1/010, 1987, S. 7. Zu den Hauptarten von Kampfhandlungen der NATO-Streitkräfte gehören *strategische Operationen*, *Operationen* und *Gefechte*. In der NATO-Terminologie werden teilweise unterschiedliche Begriffe wie *Feldzug*, *(Groß-)Operationen*, *Schlacht* und *Gefecht* verwendet.

Terminologie und Zuordnung			
Hauptarten	NATO-Bezeichnung	Führungsebene	Raum der Kampfhandlungen
Strategische Operation	Feldzug	NATO-OKdo NATO-Kdo NATO-AG	Kriegsschauplatz Strategischer Raum
Operation	(Groß-) Operation Entscheidungsschlacht Schlacht	Feldarmee Korps	Operationsgebiet Schlachtfeld
Gefecht	Gefecht	Division Brigade Regiment Bataillon	Gefechtsfeld

Quelle: Anleitung 043/1/010, 1987, S. 8.

9. Bestandteile der Operation

9.1 Operation

Nach dem Entwurf der HDv 100/100 Ziff. 406 von 1997 werden Operationen als militärische Handlungen von Kräften einer Seite im Einsatz beschrieben, die zeitlich und räumlich zusammenhängen und auf ein gemeinsames Ziel gerichtet sind. Sie sind an keine Führungsebene gebunden. In der darauffolgenden Ziff. 407 wird geschildert, dass die operative Führung auf der Grundlage militärstrategischer Vorgaben ein operatives Konzept entwickelt und dies in Weisungen und Befehle für die taktische Führung umsetzt. Die operative Führung sei nicht an Führungsebenen gebunden und setzt keinen bestimmten Kräfteumfang voraus. Taktische Einsätze können dann operative Dimensionen erhalten, wenn ihr Charakter eine enge politische Anbindung notwendig macht. Die eingesetzten Truppenteile werden dann weiterhin taktisch geführt.[131] In der Anweisung für Führung und Einsatz (AnwFE 700/108) aus dem Jahr 1984 lesen wir unter dem Abschnitt „Vorläufige Einsatzgrundsätze der Truppengattungen des Heeres" folgende Definition: „Die Operation besteht aus militärischen Handlungen, die auf ein gemeinsames Ziel ausgerichtet sind und in einem zeitlichen und räumlichen Zusammenhang zueinander stehen. Operationen umfassen Bewegungen, Kampfhandlungen und sonstige Tätigkeiten jeder Art und jeden Umfangs. Im Rahmen der Operationen werden Gefechte geführt, finden besondere Gefechtshandlungen statt und werden allgemeine Aufgaben im Einsatz erfüllt."[132] Dem Leser gelingt es nicht wirklich, die Bedeutung des Operationsbegriffes zu erschließen, der Text bleibt im Ungefähren. Die Definition ist unverbindlich und vermisst die Zuordnung zur operativen Ebene, auf den Einsatz von Truppenkörpern, wie beispielsweise Kampfhandlungen von Armeen und Heeresgruppen. Denn beide Definitionen drücken aus, dass Handlungen, die auf ein gemeinsames Ziel gerichtet sind, als Operation bezeichnet werden können. Das würde bedeuten, dass die Kompanieebene nicht das Gefecht, sondern eine Operation durchführt, was den Begriff

---

[131] Entwurf HDv 100/100, 1997, S. 406, Ziff. 407.
[132] AnwFE 700/108), 1984, Ziff. 102.

Operation verzerrt und im eigentlichen Sinn auch abwegig ist. Um der Klarheit willen bietet sich eine verständliche Sprache als Definition an, auf die vor allem der Adressat angewiesen ist. Darüber hinaus ist für meine Untersuchung eine eher abgegrenzte Begriffsbestimmung sinnvoll, um das operative Denken von NATO und WVO ebenengerecht gegenüberzustellen.

Was kennzeichnet den Begriff Operation nach dem Verständnis der NATO? Sie umfasst eine oder mehrere militärische Handlungen von Großverbänden mit gemeinsamer operativer oder taktischer Zielsetzung. Im Rahmen von Operationen werden Schlachten und Gefechte geführt, finden besondere Gefechtshandlungen[133] statt und sind Allgemeine Aufgaben im Einsatz zu erfüllen.[134] Mit dieser Begriffsbestimmung wird die Operation der operativen Kunst zugeordnet, nämlich der Ebene zwischen Strategie und Taktik, was militärtheoretisch folgerichtig erscheint. Die Herausforderung der Untersuchung über das operative Denken in der NATO im Vergleich zur WVO ist die unklare Abgrenzung in der Nordatlantischen Allianz zwischen den Ebenen Strategie, operative Kunst und Taktik sowie die entsprechende Zuordnung der damit verbundenen Kampfhandlungen, nämlich Feldzüge oder strategische Operationen, sowie Operationen und Gefechte. Deshalb stütze ich mich weitestgehend auf die FM 100-5. Dort heißt es: „Durch eine erfolgreiche Strategie können nationale und bundesweite politische Ziele mit geringstmöglichen Kosten an Menschenleben und Sachwerten erreicht werden. Operative Kunst setzt diese Zielsetzung in wirkungsvolle militärische Operationen und Feldzüge um." An anderer Stelle heißt es: „Die großangelegten Operationen des Feldzuges werden normalerweise von Heeresgruppen *(Army Groups)* und Armeen *(Armies)* geplant. Durchgeführt

---

[133] Die besonderen Gefechtshandlungen *Begegnungsgefecht, Lösen vom Feind, Ablösung* und *Aufnahme* leiten zu einer *Gefechtsart*, zu *Allgemeinen Aufgaben im Einsatz* oder zu einer anderen besonderen Gefechtshandlung über. Vgl. AnwFE 700/108, 1984, Ziff. 104.

[134] Zu den *Allgemeinen Aufgaben im Einsatz* zählen vor allem Aufklärung, Erkundung, Sicherung, Verbindung, Elektronischer Kampf, Marsch, Bewegung über Gewässer, Ausnutzen der Luftbeweglichkeit, Verstärken und Gangbarmachung des Geländes, Militärische Lähmungen, Schutz Rückwärtiger Gebiete, Personalersatz, Logistik, Sanitätsdienst und Maßnahmen der Inneren Führung. Vgl. Ebd., Ziff. 105.

werden sie in der Regel von Korps und Divisionen."[135] Nach dem Verständnis der WVO ist die Operation:

- die Gesamtheit der nach Ziel, Aufgaben, Ort und Zeit abgestimmten und miteinander verbundenen Schlachten, Gefechte, Schläge und des Manövers verschiedenartiger Truppen (Kräfte),
- die gleichzeitig und nacheinander nach einer einheitlichen Idee und nach einem einheitlichen Plan zur Lösung strategischer, operativ-strategischer, operativer oder operativ-taktischer Aufgaben auf dem Kriegsschauplatz, in einer strategischen oder Operationsrichtung und in einem festgesetzten Zeitraum durchgeführt werden kann.[136]

Diese Begriffsbestimmung kommt dem Wesen der FM 100-5 am nächsten, sie bildet die Grundlage für meine weitere Untersuchung und ist Richtschnur für die Einschätzung des operativen Denkens der NATO in der Wahrnehmung der WVO.

Die HDv 100/100 determiniert, dass die Gesamtoperation aus unmittelbaren und Operationen in der Tiefe sowie Operationen im rückwärtigen Gebiet besteht. Diese sind in der gesamten Breite und Tiefe des Verantwortungsbereichs nacheinander, gleichzeitig oder zeitlich unabhängig voneinander zu führen. Ferner sind sie als gemeinsame taktische oder operative Aufgabe durch die Truppenführer auf allen Führungsebenen zu planen.[137] Dies bedeutet, dass die Begriffsbestimmungen zur Kennzeichnung der Operation in den ausschlaggebenden Überlegungen zwischen West und Ost prinzipiell übereinstimmen.

---

[135] FM 100-5, Chapter 2, pages 9 f.
[136] DV 046/0/001, S. 9.
[137] Vgl. Entwurf HDv 100/100, 1997, Ziff. 2306.

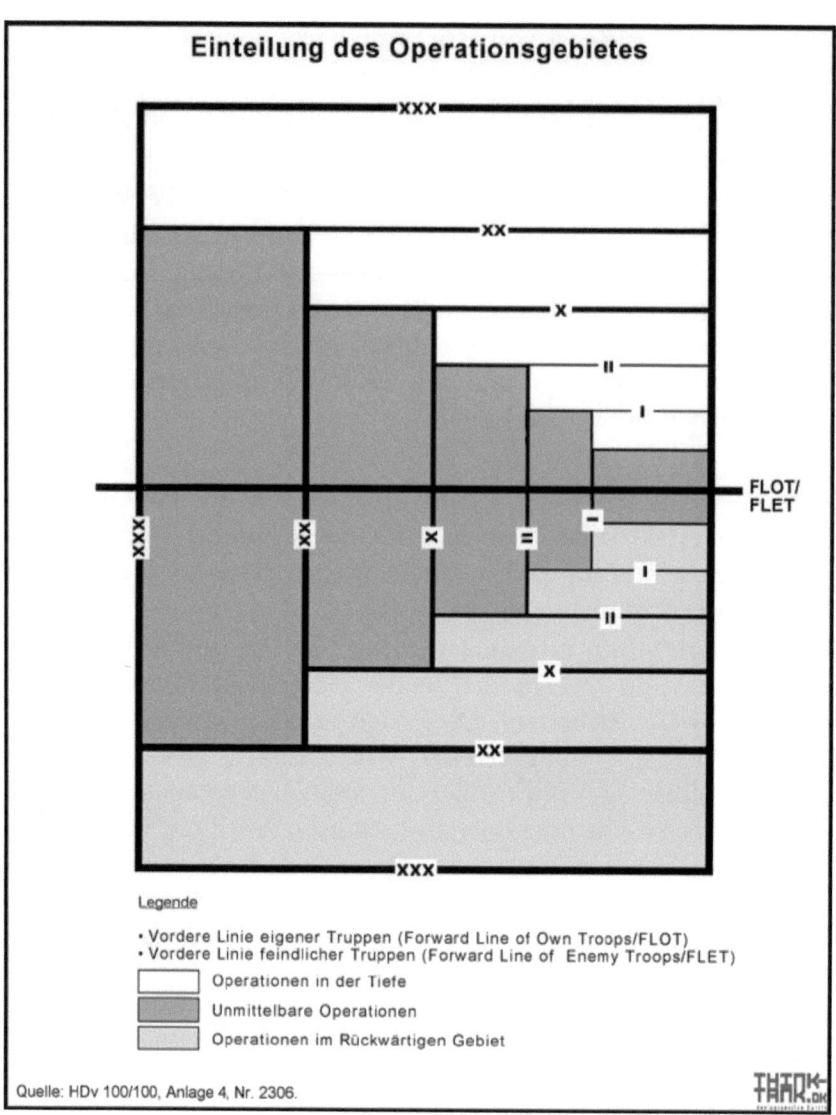

Die von den jeweiligen Militärkoalitionen ausgearbeiteten Militärtheorien konnten nicht erfolgreich sein, wenn die militärischen Führer aller Führungsebenen nicht ihren Willen und ihre Absicht im Kampf in eigenes Handeln umgesetzt hätten. Dies umfasste das Ausschöpfen aller Möglichkeiten der Wirkung und Nutzung der Ausdehnung des Raumes im Verantwortungsbereich. Die Absicht in der Operation war es vor allem, frühzeitig die Initiative zu erringen, sie dauerhaft zu behaupten und jederzeit selbst den Verlauf des Gefechts zu bestimmen. Dies drückt sich besonders durch folgende Elemente der Operationsführung aus:

- Kampf um Informationsüberlegenheit,
- Synchronisieren der Gesamtoperation,
- Nutzen des Raumes im gesamten Verantwortungsbereich,
- Wechsel der Gefechtsarten,
- Schwerpunktbildung,
- Beurteilung des Kulminationspunktes,
- Zusammenwirken.

Die zweckmäßige Anwendung dieser Elemente gab den Truppenführern die notwendigen Voraussetzungen an die Hand, ihre Absicht zu verwirklichen. Weitere Erklärungen dazu werden im Verlauf der Untersuchung gegeben.[138]

9.1.1 Kritische Aspekte des operativen Denkens im Bereich der Zentralregion
Mitglied des westlichen Bündnisses zu sein bedeutete für die Beitrittsstaaten nicht, schlicht militärische Grundsätze einer anderen Streitmacht, beispielsweise die FM 100-5 der *US-Army*, zu übernehmen, sondern ausdrücklich, ein eigenes politisches Selbstverständnis sowie die nationale Souveränität und Unabhängigkeit zu erhalten. Trotz der amerikanischen Führungsrolle in der Allianz wurden die Entscheidungen innerhalb der NATO nach dem Konsensprinzip getroffen. Die Allianz verstand sich nicht nur als Verteidigungsbünd-

---

[138] Entwurf HDv 100/100, 1997, Ziff. 2319.

nis, sondern auch als militärisch-politische Organisation von europäischen und nordamerikanischen Mitgliedstaaten mit dem Ziel, ihre Sicherheit im Rahmen der Landes- und Bündnisverteidigung zu gewährleisten. Die politischen und militärischen Eliten innerhalb der WVO waren allerdings skeptisch, ob das postulierte Konsensprinzip in der Allianz auch im Verteidigungsfall durchgesetzt werden könne.
Nach Einschätzung von General Helge Hansen gab es kein operatives Denken auf der Grundlage gemeinsamer, von allen militärisch in die NATO integrierten Nationen gebilligter Richtlinien im Sinne einer Doktrin. Operative Dokumente oder Grundsätze sind in der NATO erst nach 1995 durch die Agentur für Standardisierung und spezielle Studiengruppen erarbeitet und als *Allied Joint Publications (AJPs)* mit Zustimmung aller Bündnispartner erlassen worden. Die nationalen Korps waren in der Reihenfolge von Nord nach Süd – deutschdänisch, niederländisch, deutsch, britisch, belgisch, deutsch, zweimal amerikanisch (nacheinander) und wiederum deutsch sowie in der Reserve amerikanisch, kanadisch und französisch – nach den jeweiligen taktischen Grundsätzen bzw. Doktrinen der Korps eingesetzt. *In summa* acht verschiedene „Denkarten".
General Hansen zufolge lässt sich das Operative Denken in Zentraleuropa in der folgenden Formel zusammenfassen: „Organisation der unterschiedlichen nationalen Korps in ihren verschiedenen taktischen Planungen vor dem Hintergrund andersartiger Gliederung, Ausrüstung, Bewaffnung und taktischer Doktrinen mit dem Ziel des koordinierten Handelns im Einsatzfall."[139] Bei gleichem taktischen Auftrag stimmten die Alliierten im Rahmen der gemeinsamen Vorneverteidigung prinzipiell überein, besaßen aber unterschiedliche Konzepte. In den deutschen Korps sollte, ähnlich wie in den amerikanischen Korps, im Rahmen der Landes- und Bündnisverteidigung die Masse der Kräfte am vorderen Rand des Verteidigungsraumes (VRV), unter Bereitstellung geringer Reserven, die Verteidigung aufnehmen. Bei überlegenem Feinddruck war noch vor drohender Einschließung oder Vernichtung ein Ausweichen im „hinhaltenden Kampf" in die Tiefe des Verteidigungsraumes beabsichtigt und von

---

[139] Hansen, Helge, Brief an den Autor vom 16.10.2016 (Archiv des Autors).

Beginn an die Dursetzung einer standhaften und aktiven Verteidigung.

Die Verteidigung der britischen Streitkräfte unterschied sich in der Gefechtsgliederung und inhaltlich von anderen nationalen Korps. Hier sollte die Verteidigung zwar ebenfalls am VRV aufgenommen werden, jedoch mit vergleichsweise schwächeren Kräften als im deutschen Sektor. Im britischen Gefechtsstreifen war zunächst der feindliche Angriffsschwerpunkt aufzuklären und der Gegner zur Entfaltung zu zwingen. Abhängig vom Feinddruck war beabsichtigt, hinhaltend in die Tiefe des Raumes auszuweichen, im rückwärtigen Gebiet in Bereitschaft zu stehen und dann in einem tiefgestaffelten Verteidigungssystem mit der Masse der Kräfte *stand of no return den Feind zu schlagen*. Die beiden Nachbarn, die deutschen und belgischen Divisionskommandeure im Norden und Süden, hätten – angelehnt an den britischen Sektor – der Abstimmung der „asymmetrischen" britischen Ausweichmanöver besondere Aufmerksamkeit zu widmen gehabt.[140] Die Gefahr an dem britischen Verteidigungskonzept lag darin, dass es wegen fehlgehender Koordinierung des Zusammenwirkens an den Grenzen des Gefechtsstreifens des britischen Korps schnelle Durchbrüche in die Tiefe der Verteidigung ermöglicht hätte. Deshalb hätte bereits mit Beginn der Vorneverteidigung der Zusammenhalt in der Gesamtverteidigung der NATO unterbrochen werden können. Bei ihrer Verteidigung kam es den Briten darauf an, sich auf taktisches Denken zu konzentrieren. Darüber hinaus war besonderes Augenmerk auf das Zusammenwirken der Landstreitkräfte mit der 2. Taktischen Luftflotte *(Second Allied Tactical Air Force, 2 ATAF)* zur Vernichtung des Feindes bei der Heranführung an den VRV, während des hinhaltenden Kampfes und auf die Kampfhandlungen in Stellungsräumen zu legen. Außerdem galt es, die Pionierkräfte beim Anlegen von Sperren und Hindernissen zu unterstützen sowie das Zusammenwirken mit Kampf-, Einsatz- und Führungsunterstützungstruppen zu koordinieren.[141]

---

[140] Hansen, Helge, Brief an den Autor vom 22.11.2017 (Archiv des Autors).
[141] Die Form der taktischen Handlungen des britischen Korps erinnert stark an die Verteidigung einer Küste und von Inseln. Die Hauptkräfte der Truppen werden dabei in Richtung der Hauptanstrengung konzentriert, wobei schnelle Bewegungen

Hier liegt wegen unterschiedlicher „militärischer Kulturen" eine Differenz in der Bewertung zwischen General Hansen und mir vor. Nach meiner Beurteilung hatten die NATO-Landstreitkräfte gemeinsame Operationen geplant. Ebenso waren Luftwaffe und Marine mit gemeinsamen operativen Planungs- und Führungsstäben in die Verteidigung des Bündnisses integriert. Ferner beteiligte sich das deutsche Heer an Korps und Einsatzverbänden der NATO. Nicht zuletzt gab es auf Ebene der *Northern Army Group (NORTHAG), Central Army Group (CENTAG)* sowie *Allied Forces Central (AFCENT)* Planuntersuchungen und Stabsrahmenübungen, bei denen sich die Oberkommandos *(Headquarters, HQ)* mit Blick auf die Korps und ihrer Nahtstellen mit der jeweils optimalen Luftunterstützung und Relationen von Luftnahunterstützung *(CLOSE AIR SUPPORT, CAS)* zur Abriegelung aus der Luft *(AIR INTERDICTION, AI)* befassten. So jedenfalls war die Einschätzung in den Vereinten Streitkräften der WVO, bei denen die Planung, Durchführung und das Zusammenwirken eine zentrale Forderung der operativen und taktischen Truppenführung waren. Infolgedessen wäre nach Beurteilung der WVO ein koordinierter Einsatz ohne grundsätzliches Operatives Denken in den *Headquarters* nicht Erfolg versprechend gewesen. Außerdem ging die WVO davon aus, dass die Gesamtoperation der NATO hinsichtlich des Zusammenwirkens im Rahmen der 1. und 2. Schlacht strategisch geplant und operativ geführt werden müsse.

General Hansen erwiderte: „Es ist nachvollziehbar, dass aus der Sicht der sowjetisch geführten WVO mit gemeinsam verordneten operativen Grundlagen der Einsatz der unterschiedlichen nationalen NATO-Einsatzverbände ohne ein gemeinsames Operatives Denken nicht möglich gewesen wäre. Das ändert jedoch nichts an der Tatsache, dass es dieses ‚Denken' nicht gab und die Probe auf das Exempel nicht statuiert zu werden brauchte! Gott sei Dank!"[142] Zudem verdeutlichte der General, dass die US-Vorschrift FM 100-5 fast ausschließlich im amerikanisch geführten Kommandobereich

---

in andere Richtungen während des Gefechts gewährleistet sein müssen. Vgl. DV 046/0/001, S. 290-298.
[142] Hansen, Helge, Brief an den Autor vom 14.11.2017 (Archiv des Autors).

Anwendung fand. Im Kommandobereich der Heeresgruppe Mitte wurde sie auf das V. und VII. US-Korps angewandt, nicht aber auf das II. und III. GE-Korps. Die Gesamtplanung der Operationen der Heeresgruppe beschränkte sich auf die Koordinierung der taktischen Einsatzplanungen der vier Korps (II. und III. GE-Korps sowie V und VII. US-Korps). Darüber hinaus wurden die Einsatzoptionen eines aus den USA zuzuführenden Großverbandes als Heeresgruppenreserve planerisch mit den Korps koordiniert. Ebenso wenig waren die Operationen der unter deutschem Kommando geführten 4. Alliierten Taktischen Luftflotte auf Basis einer gemeinsamen operativen Einsatzdoktrin, sondern ausschließlich auf Grundlage der taktischen Erfordernisse der Korps und der übergeordneten Bedürfnisse der Heeresgruppe für die Operationen in der Tiefe koordiniert. In der Heeresgruppe Nord und der zugeordneten 2. Alliierten Taktischen Luftflotte, beide unter britischem Kommando, wurde ähnlich verfahren, nicht aber nach der US-amerikanischen Heeresdienstvorschrift FM 100-5.[143] Hinzu kommt, dass aufgrund des Mangels an Operationsraum und Kräften der Bedarf für eine operative Doktrin als gemeinsame Basis für operatives Denken und Handeln schlicht nicht existierte, im Unterschied zur WVO und deren strategischer Zielsetzung. Aus der personellen Besetzung des deutschen Oberbefehlshabers des NATO-Bereich Europa-Mitte *(Commander-in-Chief Allied Forces Central Europe, CINCENT)*, der britischen und amerikanischen Einsatzgrundsätze in der Heeresgruppen Nord und Mitte, ist ersichtlich, dass die FM 100-5 keine gemeinsame operative Grundlage sein konnte. Zudem entwickelten die dem *CINCENT* nachgeordneten Bereiche, zwei Armeegruppen und zwei Luftflotten, auf der Grundlage des *General Defense Plan* eigene Operationspläne.[144] Dessen ungeachtet hat das *Follow-on-Forces-Attack-Konzept (FOFA)*, dessen Ziel die Erweiterung des operativen Einsatzgebietes auf das Territorium des Angreifers war, als Teilkonzept Eingang in operative Planungen der NATO gefunden. Gegenüber General Hansen äußerte ich eine abweichende Auffassung, nämlich diejenige, dass das gemeinsame

---

[143] Ebd.
[144] Vgl. Millotat, Christian, Operatives Denken und Führen in der Bundeswehr auf dem Weg zur Einsatzarmee, ÖMZ 1/2006, S. 275-282.

Operieren der NATO-Land-, -Luft- und -Seestreitkräfte ohne gemeinsames operatives Denken auf der Grundlage einer entsprechenden Einsatzdoktrin nicht möglich gewesen wäre. Darauf erwiderte General Hansen, dies entspräche zwar der Logik, nicht aber der Realität.[145]

Nach Erkenntnissen der NVA-Aufklärung[146] haben die NATO-Streitkräfte in ihren militärischen Dienstvorschriften Grundlagen für die Ebenen der operativen Führung und der Taktik geschaffen. Die Übungstätigkeit der NATO-Kontingente bestätigte zudem, dass in den 1980er-Jahren die in ihren Dienstvorschriften niedergelegten Grundsätze in der praktischen Anwendung weitgehend identisch waren. In Anbetracht der damaligen Militärstrategie Flexible Reaktion *(Flexible Response)*, die in dem NATO-Dokument MC 14/3 beschrieben war, galt für die Verbündeten, bei einer Aggression des Warschauer Pakts die Verteidigung grenznah aufzunehmen, die Unversehrtheit des Bündnisses zu erhalten und bei Verlust des Territoriums dieses möglichst zurückzugewinnen. Das aus der Militärstrategie *Flexible Response* abgeleitete Konzept der Vorneverteidigung war in den *General Defense Plans* der multinationalen Korps umgesetzt worden und bildete somit die Grundlage für die Operationspläne der Verbände, die in den Gefechtsstreifen taktisch eingesetzt waren. Dies hatte zur Folge, dass die nationalen Korps der Zentralregion im verflochtenen Dispositiv auf einer Breite von mehr als 800 km zum Einsatz kommen sollten. Dabei war verlorenes Gelände in den Korpsgefechtsstreifen und den beiden Heeresgruppen Mitte *(Central Army Group, CENTAG,* Heidelberg*)* und Nord *(Northern Army Group, NORTHAG,* Mönchengladbach/Rheindahlen) zurückzugewinnen, und zwar „unter Führung der Alliierten Luftwaffe der Zentralregion" *(Allied Air Forces Central Europe, AAFCE,* Ramstein*)* und in engem Zusammenwirken mit den taktischen Luftflotten *(Second Allied Tactical Air Force, 2 ATAF,* Rheindahlen; *Fourth Allied Tactical Air Force, 4 ATAF,* Ramstein*)*. An operativen Reserven standen dem *CINCENT* unter anderem ein bis zwei amerikanische Korps, nach Entscheidung des französischen Staatspräsidenten die I. französische Armee oder

---

[145] Hansen, Helge, Brief an den Autor vom 14.11.2017 (Archiv des Autors).
[146] Zu diesem Thema plant der Autor eine eigene Monografie.

Teile von ihr sowie etwa 400 Kampfflugzeuge der taktischen französischen Luftstreitkräfte *(*französisch *Armée de l'air, FATAC)* zur Verfügung.[147]

Die militärischen Führer richteten in der Vorneverteidigung das Denken der nationalen Kontingente vor allem auf taktische Probleme, die beim Umsetzen ihrer Operationspläne zu bewältigen waren. Das Schnittmuster des operativen Konzepts der Vorneverteidigung schränkte den Einsatz von Streitkräften in Raum und Zeit ein. Die wesentliche Leistung der Truppenführer jener Zeit waren ausdrücklich der taktische Einsatz der *Verbundenen Waffen* und der Einsatz der *Verbundenen Kräfte*, vornehmlich die Entscheidung über die zweckmäßige Verwendung der Reserven und beim Gewinnen neuer Reserven aus ungebundenen Kräften. Deshalb waren die NATO-Übungen besonders geprägt durch Abläufe im Rahmen der Vorneverteidigung: Verzögerung über geringe Tiefe, danach Verteidigung mit starken Kräften und schließlich Gegenangriffe mit Reserven, die oft die Stärke von einem Drittel der Gesamtkräfte hatten und in der Verteidigung eingesetzt waren. Das Hauptaugenmerk der Truppenführer lag auf Bewältigung der Anforderungen der 1. Schlacht. Das ungleich schwierigere Operieren in der 2. Schlacht mit zurückgeworfenen Kräften aus der 1. Schlacht, dem Einsatz der angeschlagenen Reserven des *CINCENT* und der beiden Heeresgruppen sowie der eingetroffenen Verstärkungen aus Nordamerika wurde kaum geübt. Die operative Führung trat damals hinter der Taktik zurück. Gerade deswegen leitete der Inspekteur des Heeres General Hans-Henning von Sandrart einen Prozess mit dem Ziel ein, die Fixierung der militärischen Führer des deutschen Heeres auf die taktische Ebene und die Bedingungen der 1. Schlacht aufzubrechen. Seine Operative Leitlinie von 1987 (siehe Anhang, Dokument 1) sollte die operativen und taktischen Führer befähigen, die Anforderungen der 2. Schlacht zu durchdringen, diese als integralen Bestandteil der Gesamtoperation zur Verteidigung der Zentralregion[148] zu begreifen und auf diese

---

[147] Millotat, Christian, Operative Führung aus deutscher Sicht, ÖMZ 3/2000, S. 285-286.
[148] In der Analyse beschränke ich mich exemplarisch auf die Zentralregion, was nicht ausschließt, dass operatives Denken bei der Verteidigung in der Nordregion der Alliierten Streitkräfte Nordeuropa *(Allied Forces Northern Europe, AFNORTH)*

Weise die operative Führung wiederzubeleben. Als *CINCENT* hatte General von Sandrart seine als Inspekteur des Heeres entwickelten Vorstellungen von operativer Führung in die *Operational Principles for the Employment of Land and Air Forces in Defense of Central Region (CINCENT's Operational Principles)* vom September 1989 einfließen lassen. Dieser Umstand macht deutlich, dass die Verbündeten seine Vorstellungen billigten.[149]

Freilich war zu jener Zeit der Kalte Krieg faktisch beendet, sodass die *Operational Principles* keinen Einfluss mehr auf die Planungen der Heeresgruppen hatten. General Hansen erklärte dazu, dass bei der Umsetzung der Operativen Leitlinie von 1987, an der er selbst mitgearbeitet hatte, das zentrale Problem darin bestand, wie im Fall von Ein- oder Durchbrüchen in die Tiefe der Zusammenhang der Verteidigung gewährleistet werden könne. Letztlich sollte dem Sinn der Vorneverteidigung – zumindest zeitweise – der Vorrang gegenüber der Inkaufnahme von Raumverlusten gegeben werden.[150] Dies war zumindest die klare politische Vorgabe, welche die deutschen Vertreter im NATO-Hauptquartier in Brüssel durchsetzten. Bei einem überlegenen Gegner bestand für die Truppenführer einerseits das Dilemma, bereits grenznahe Abschnitte und Räume im Rahmen der Vorneverteidigung hartnäckig zu halten, den eingebrochenen Feind durch Gegenstöße zurückzuschlagen und insgesamt den Zusammenhang der Verteidigung, möglichst ohne folgenschwere Verluste, zeitlich begrenzt zu bewahren. Anderseits sollten sie vorausschauend und koordiniert eine bewegliche Verteidigung führen und den Gegner abnutzen, um schließlich die eingedrungenen Feindkräfte in der Tiefe des Verteidigungsraumes aufzufangen und dabei Schlüsselgelände der Divisionen und Korps zu halten. Dadurch konnten eigene Kräfte der Vernichtung durch den Feind entzogen oder eine Lage herbeigeführt werden, die den Einsatz von Reserven

---

und in der Südregion der Alliierten Streitkräfte Südeuropa (*Allied Forces South Europe, AFSOUTH*) sowie in den neutralen Nationen Österreich, Schweiz und Schweden ebenso stattfand. Die Zentralregion schloss das Territorium Westdeutschlands, im Norden begrenzt durch die Elbe (Hamburg) und die Landesgrenze im Süden, Osten und Westen, ein.

[149] Vgl. Millotat, Auftragstaktik, ÖMZ 3/2001, S. 299-310.
[150] Hansen, Helge, Brief an den Autor vom 22.11.2017 (Archiv des Autors).

im Zuge eines Angriffs ermöglichen sollte. Die Entscheidung, wo überwiegend beweglich oder wo mehr statisch gekämpft werden sollte und wie der Zusammenhang der Verteidigung zu wahren war, lag in der Verantwortung des taktischen Truppenführers. Bei einem tiefen Einbruch des Feindes wäre es notwendig gewesen, noch vorn kämpfende Truppen, sofern sie nicht als Eckpfeiler für spätere Gegenangriffe benötigt worden wären, soweit zurückzunehmen, dass der Zusammenhang der Verteidigung wiederhergestellt werden konnte. Bei der sich abzeichnenden Gefahr eines Durchbruchs hätte der taktische Truppenführer seine Verteidigung im rückwärtigen Raum weiter fortsetzen müssen. Freilich hatte er jede Möglichkeit zu nutzen, um verlorenes Gelände wiederzugewinnen oder Verteidigungshandlungen möglichst lange standhaft zu führen. Dafür sollten Reserven, beispielsweise Teile der *AFCENT*-Reserve in der Heeresgruppe Nord oder das III. US-Korps, für den Einsatz im Gefechtsstreifen des I. GE-Korps bereitgestellt werden. Der Einsatz der NATO-Verbände war vielseitig geplant. Die 3. Panzerdivision des Heeres als Reserve des I. GE-Korps hatte exemplarisch vier priorisierte Aufgaben zu erfüllen.[151] Daher durften sich die Überlegungen des Truppenführers auf operativer Ebene nicht auf den ersten Ansatz seiner Kräfte beschränken. Er musste sich ein Bild vom möglichen Verlauf des gesamten Gefechts machen. Folglich war er gezwungen, stets die Unterstützung durch andere Kräfte, hauptsächlich durch Luftstreitkräfte und luftmechanisierte Kräfte, zu suchen sowie die Gefechtshandlungen der Nachbarn zu berücksichtigen.

Die Verteidigung war vielfältig und stellte die Truppenführer der taktischen und operativen Ebene vor besondere Herausforderungen. Die Vorstellungen der Kommandierenden Generale der Korps, die in den vielfältigen Aufträgen an die Divisionen zum Halten der Vorneverteidigung zum Ausdruck kamen, waren angesichts des Operationsplanes des Oberkommandierenden der 1. Front, Armeegeneral Michail M. Saizew, von 1983 durchaus ambitioniert: das Zwischenziel der Front durch die angreifenden Armeen in einer Tiefe

---

[151] Hammerich, Helmut R., Die Operationsplanungen der NATO zur Verteidigung der Norddeutschen Tiefebene in den Achtzigerjahren. In: Bange, Oliver, Lemke, Bernd, Wege zur Wiedervereinigung. Die beiden deutschen Staaten in ihren Bündnissen 1970 bis 1990, München 2013, S. 302-305.

von etwa 150 km innerhalb von drei Tagen und die westliche Grenze der Bundesrepublik innerhalb von fünf bis sieben Tagen zu erreichen.[152] Offenbar stand dem Optimismus der Kommandierenden Generale der alliierten Korps ein ebenso optimistischer Oberkommandierender der 1. Front gegenüber. Die Tatsache, dass die 2. Schlacht weder geplant noch geübt wurde, war dem Umstand geschuldet, dass den Entscheidungsträgern in den Hauptquartieren der Alliierten Streitkräfte Zentraleuropa *(Allied Forces Central Europe, AFCENT)* in Brunssum (Niederlande) und der Alliierten Streitkräfte in Europa *(Supreme Headquarters Allied Powers Europe, SHAPE)* in Mons (Belgien) klar war, dass bereits mit Einführung der 2. operativen Staffel des Warschauer Paktes der Abbruch der Vorneverteidigung unvermeidlich gewesen und das gesamte Territorium der Bundesrepublik unmittelbar in die Kampfhandlungen einbezogen worden wären. Vor diesem Hintergrund beabsichtigte die Bundesregierung, in der Allianz die Konsultationen zum Einsatz nuklearer Waffen mit dem Ziel der „Vorbedachten Eskalation" zum Zweck der Wiederherstellung der Abschreckung und damit der Konfliktbeendigung einzuleiten.[153] Dieser Sachstand lässt die Schlussfolgerung zu, dass Nuklearwaffen bereits in den ersten Kriegstagen zum Einsatz gekommen wären und in kurzer Zeit mit hoher Intensität alles das vernichtet hätten, was eigentlich verteidigt werden sollte.

---

[152] Bagnall, Nigel, *Concepts of LAND/AIR Operations in the Central Region*. In: The RUSI Journal, 129 (1984), S. 59-62. Auch Colin J. McInners, BAOR in the 1980s. *Changes in Doktrin and Organization*. In: Defense Analysis, (1988), S. 377-393. Siehe auch Siegfried Lautsch, Kriegsschauplatz Deutschland. Erfahrungen und Erkenntnisse eines NVA-Offiziers, Potsdam 2013, S. 133-138, 148.

[153] General Hansen hat als Referatsleiter im Führungsstab der Bundeswehr im Rahmen von WINTEX 77 im Führungsbunker der Bundesregierung dem damaligen Bundeskanzler, Helmut Schmidt, den mit dem Auswärtigen Amt abgestimmten Entwurf eines entsprechenden Antrages der Bundesregierung vorgetragen. Gleiches hat sich bei WINTEX 89 wiederholt, der Prozess wurde jedoch auf Antrag durch Bundeskanzler Helmut Kohl in der Allianz angesichts der Ereignisse in Deutschland abgebrochen. Zu der Zeit war General Hansen Kommandierender General des III. GE-Korps. Hansen, Helge, Brief an den Autor vom 22.11.2017 (Archiv des Autors). Siehe auch Siegfried Lautsch, Kriegsschauplatz Deutschland, S. 122 f.

Die NATO, die an die völkerrechtliche Bündnisverpflichtung des Artikels 5 des transatlantischen Bündnisses gekoppelt war, wäre im Verteidigungsfall womöglich nur eingeschränkt in der Lage gewesen, eine „wirksame" Vorneverteidigung zu entwickeln. Denn einerseits war sie auf die Zuweisung von Truppen und Gerät der Mitgliedstaaten angewiesen,[154] anderseits hätten bei einem Angriff der WVO die Operationen der Allianz „freier" geführt werden müssen, als es die tatsächlichen Planungen der jeweiligen *General Defense Plans* vorsahen.
Als Ergebnis dieser Untersuchung zum operativen Denken in der NATO kann festgehalten werden, dass im letzten Jahrzehnt des Ost-West-Konflikts unter dem Dach der strategischen Defensive auf vielfältige Weise auf einen Angriff der WVO reagiert werden konnte – auch aufgrund von Planungen der NATO-Luftstreitkräfte *(FOFA)*, die vorsahen, die 2. operative und strategische Staffel des Angreifers nachhaltig zu verzögern und stark abzunutzen. Operative und strategische Planungen für die 2. Schlacht waren hingegen auch deshalb gegenstandslos, weil weder der Ort noch die dafür verfügbaren Kräfte voraussehbar waren. Vor diesem Hintergrund kann festgestellt werden, dass es keine NATO-Planungen gab, die WVO anzugreifen. Es fehlte der Allianz schlicht an Kräften und Mitteln sowie an Zeit und Raum, um operativ und strategische wirksam werden zu können.
Wie das operative Denken in der NATO von der WVO wahrgenommen wurde, lässt sich nicht eindeutig erfassen: Da sich beide Militärkoalitionen auf unterschiedliche Denkschulen stützten, kann jede Auslegung verschiedenartig gewichtet werden. NATO und WVO entstammen andersartigen militärischen „Kulturen". Dies ist kein Werturteil, denn es geht nicht um „besser" oder „schlechter", sondern ausschließlich um „anders".[155]
Die militärische Kultur der Sowjetunion und damit auch der WVO beruhte auf dem Trauma, das von dem Überfall NS-Deutschlands auf die Sowjetunion im Juni 1941 und dem zeitweiligen Verlust fast des gesamten europäischen Territoriums der Sowjetunion ausgelöst worden waren. So etwas sollte sich niemals wiederholen dürfen. Im

---

[154] Vgl. Turek, Jürgen, Globalisierung im Zwiespalt, Bielefeld 2017, S. 407.
[155] Hansen, Helge, Brief an den Autor vom 14.11.2017 (Archiv des Autors).

Westen wurde diese offensive Verteidigung als Aggression wahrgenommen und nicht zuletzt mit einer Stärkung der Luftangriffsfähigkeiten *(Follow-on-Forces-Attack)* der NATO beantwortet.

Seit Anfang der 1980er-Jahre setzte sich sowohl im Osten als auch im Westen schrittweise die Erkenntnis durch, dass ein Krieg in Zentraleuropa weder führ- noch gewinnbar sei und darum zu einer militärischen Deeskalation übergegangen werden müsse. Dementsprechend vollzog die WVO in mehreren Planungsschritten den Übergang zu einem defensiven Konzept, reduzierte ihre Angriffsfähigkeiten durch einseitige Abrüstungsmaßnahmen, beschränkte Übungen auf Verteidigungshandlungen und richtete die Einsatzplanung ab dem Jahr 1988 ausschließlich auf eine Verteidigungsoperation aus, die im Falle eines Konflikts lediglich das Erreichen des *Status quo ante* zum Ziel hatte. Dieser beachtliche Wandel im militärischen Denken der WVO ist in der NATO bis heute offiziell nicht zur Kenntnis genommen und auch in der Militärhistoriografie nur sehr zögerlich reflektiert worden.[156]

Die WVO verfügte über eine einheitliche Militärtheorie, Doktrin, Kommandostruktur, Kriegskunst, gleiche Einsatz- und Ausbildungsgrundsätze sowie über eine einheitliche Bewaffnung und Ausrüstung, um nur einige Merkmale zu nennen.[157] Militärische Bestimmungen waren in der Regel deutsche Übersetzungen aus russischen Vorschriften. Die NATO wuchs schrittweise, was sich auch in den unterschiedlichen Beitrittsdaten der Mitgliedstaaten widerspiegelt. Zwar waren die USA von Beginn an Führungsmacht, dennoch unterschied sich die militärische Organisationsstruktur beider Paktsysteme grundsätzlich.

Die Denkschulen grenzten sich seitens der WVO, zumindest bis Mitte der 1980er-Jahre, voneinander ab. Das strategische Konzept beinhaltete neben der Verteidigung zugleich Offensivhandlungen auf dem Westlichen Kriegsschauplatz. Letztere sahen vor, mit überlegenen konventionellen Kräften in die Tiefe des westdeutschen Territoriums vorzudringen. Dazu standen nicht nur der erforderliche

---

[156] Vgl. Schreiber, Wilfried, Das Bündnis, das für die NATO eine Bedrohung war. In: Das Blättchen, Nr. 10, 11.05.2015.
[157] Lautsch, Kriegsschauplatz, S. 13.

strategische Raum, sondern auch die notwendigen Kräfte und Mittel zur Verfügung. Dies bedeutete jedoch nicht, dass die WVO die NATO anzugreifen beabsichtigte. Es handelte sich um eine prinzipielle Denkweise, um auf alle möglichen militärischen Szenarien bezüglich der NATO vorbereitet zu sein.

In der westlichen Allianz fehlte mangels Raum und Kräften sowie aufgrund nationaler Besonderheiten und der Multinationalität der Streitkräfte die Basis für eine gemeinsame operative Doktrin und somit für ein gemeinsames operatives Denken und Handeln. Deshalb beabsichtigte die Allianz im Gegensatz zur WVO im Kriegsfall, sich dem Gegner in zähem Halten der Grenzräume entgegenzustemmen, ihn abzuriegeln, zu zerschlagen und durchgebrochene Feindkräfte durch Heranführen von Verbänden zurückzudrängen, um die Integrität des Territoriums wiederherzustellen. Angesichts der Fähigkeiten der WVO musste die NATO damit rechnen, dass es wegen der Begrenzung der Gefechtsstreifen und der unterschiedlichen Gefechtsgliederung der Korps zu Durchbrüchen kommen würde. Folglich wäre der Auftrag des *CINCENT* nur zu erfüllen gewesen, wenn die klassische operative und taktische Führung in ihren Zusammenhängen angewendet oder allenfalls durch Androhung des Kernwaffeneinsatzes durch die NATO weitere Kampfhandlungen eingestellt worden wären. Dessen ungeachtet haben sich die Fähigkeiten der NATO-Streitkräfte in den 1980er-Jahren erheblich weiterentwickelt: durch den hochbeweglichen Kampf auf taktischer Ebene, den Einsatz von luftmechanisierten Kräften und die Entwicklung von Kampfhandlungen im Rahmen der *FOFA*. Das I. GE-Korps verfügte in jener Zeit beispielsweise über rund 800 Kampfpanzer Leopard 1 und 2 sowie 500 Schützenpanzer Marder. Hinzu kamen starke konventionelle, aber auch atomare Artilleriekräfte sowie allein 56 Panzerabwehrhubschrauber.[158]

Freilich ist nicht immer scharf zwischen operativer Ebene samt dem damit verbundenen Denken und taktischer Ebene zu trennen. Für den operativen Führer kam es darauf an, dass die Elemente der taktischen Ebene, die Divisionen und deren unterstellte Truppen,

---

[158] Hammerich, Die Operationsplanungen der NATO. In: Bange, Lemke (Hrsg.), Wege zur Wiedervereinigung, S. 305.

aktiv und geschlossen ihre Aufgaben in intensiven Gefechten ausführen können.

Die erörterten Grundsatzvorschriften HDv 100/100, FM 100-5 und die NVA-Gefechtsvorschrift DV 046/0/001 waren vor allem taktische Vorschriften, die unter den gegebenen Bedingungen allemal auch Anhalte für die operative Ebene gaben. Für die operative Ebene war die Koordinierung von Gefechten von grundlegender Bedeutung. Dabei war das Ziel, jedes Gefecht nach seiner Priorität innerhalb eines übergeordneten Auftrages zu erfüllen. Für die operative Ebene gab es sowohl in der NATO als auch in der WVO keine entsprechenden Vorschriften. Hier stand das „freie Operieren" im Vordergrund, die operative Kunst, im Westen eher als „Führungskunst" verstanden. Die operative Ebene als teilstreitkraftübergreifende Führungsebene besaß die Freiheit, offensiv und defensiv zu operieren. Auf der taktischen Ebene war es seinerzeit ein ungeschriebenes Gesetz, dass für Taktik, Technik, administrative Verfahren und Handlungen der Stäbe verbindliche Regelungen benötigt werden.[159]

Das handwerklich militärische Gedankengut, beispielsweise der Führungsprozess, die wesentlichen Inhalte der Gefechtsarten, teilweise auch die Bestandteile der Operation und Taktik waren im Sinne ihrer Zielsetzungen in der NATO und der WVO ähnlich. Die Vorstellungen hinsichtlich der Operationsführung und Taktik waren unterschiedlich, auch im Rahmen der Planung, Organisation, Führung der Teilstreitkräfte sowie Truppengattungen.

Den vielen Gesprächen mit General a. D. Hans-Henning von Sandrart[160] war zu entnehmen, dass auf der Ebene der operativen Truppenführer und namentlich zwischen ihm als Oberbefehlshaber des NATO-Bereichs Europa-Mitte *(Commander in Chief Allied Forces Central Europe, CINCENT)* und dem britischen General Nigel T. Bagnall, Oberbefehlshaber der Heeresgruppe Nord *(Commander in Chief of NORTHAG, CINCNORTHAG),* Diskussionen darüber stattfanden, wie die Operationspläne in der Zentralregion am besten harmonisiert werden könnten. General Sandrarts Überlegungen in der

---

[159] Jeschonnek, Friedrich K., Brief an den Autor vom 25.11.2017 (Archiv des Autors).
[160] 51. Internationale Tagung für Militärgeschichte vom 22.09.-24.09.2010 in Potsdam; Point Alpha Kolloquium vom 10.05-11.05.2012 in Geisa.

„Operativen Leitlinie" wurden aufgrund beruflicher Freundschaft in diplomatisch-höflicher Form besprochen, aber konsequente Auswirkungen auf die tatsächliche operative Planung (GDP) des I. BR-Korps, vergleichbar mit den operativen Planungen der Nachbarn, des I. GE-Korps und I. BE-Korps, hatten sie anscheinend nicht.[161] Denn die operativen Grundsätze der Leitlinie waren vor allem an das bundesdeutsche Heer gerichtet. Sie sollten ständig überprüft und weiterentwickelt werden. Dies stützt die Einschätzung, dass eine operative Führung der nationalen Korps nicht vorhanden war, da es kein einheitliches Denken und Handeln gab. Außerdem wurde die gemeinsame Land- und Luftkriegführung hinsichtlich der verfügbaren Mittel und ihrer operativen Zielsetzung erst ab Mitte der 1980er-Jahre und dann nur schrittweise koordiniert. Bei den britischen Streitkräften kamen Mängel in der Sicherstellung der logistischen Basis, im Personal- und Materialersatz, in der Sanitätsversorgung auf allen Ebenen und in der engen Zusammenarbeit mit bundesdeutschen zivilen Organisationen im Rahmen der Vorneverteidigung hinzu. Zudem galt die Leitlinie vor allem für den konventionell geführten Krieg, der wegen der Gefechtsordnung der Britischen Rheinarmee *(British Army of the Rhine, BAOR)* und der zu erwartenden Dynamik schnell in einen Nuklearkrieg umschlagen konnte.

9.1.2 Rahmenbedingungen in der Heeresgruppe Nord

Freilich ist die fehlende Kompromissbereitschaft der britischen Streitkräfte hinsichtlich der Vorneverteidigung in Deutschland kritikwürdig. Schließlich sah der *CINCENT,* General Hans-Henning von Sandrart, das mögliche Scheitern des britischen Verteidigungskonzepts voraus. Obwohl durch den *CINCENT* und *COM-NORTHAG* versucht wurde, den spektakulären Mangel der Gesamtverteidigung, vor allem im Bereich der Heeresgruppe Nord, zu entschärfen, wird deutlich, dass die NATO-Gesamtverteidigung nur eingeschränkt harmonisiert war. Auch in den Hauptquartieren der NATO waren nicht alle Verantwortungsträger von der gemeinsamen

---

[161] Der britische und der deutsche General waren auf der Suche nach der Beweglichkeit auf dem Gefechtsfeld und versuchten damit, die Operationsführung „philosophisch" zu betrachten. Vgl. More-Birk, John, Die britische Sichtweise, Vortrag in Hammelburg am 06.05.1985, S. 69 (Archiv des Autors).

Gesamtverteidigung überzeugt und zweifelten daran, die 1. operative Staffel der WVO mit den Kräften der Vorneverteidigung erfolgreich brechen zu können. Dem *SACEUR* und *CINCENT* war die mangelnde Synchronisation in der Heeresgruppe Nord bekannt. Die Entscheidungsträger der NATO mussten also davon ausgehen, dass Art und Inhalt der Vorneverteidigung nur eingeschränkt durchsetzungsfähig sind. Womöglich war die Beurteilung der Streitkräfte des Warschauer Pakts, namentlich des operativen Denkens, des Bereitschaftsgrades und der Kampfkraft, nur ungenau, denn sonst hätten die Mitgliedstaaten der Allianz nicht derartige Ressourcen[162] für eine militärisch spektakuläre Verteidigung investiert, die bereits im Ansatz fragwürdig erschien. Oder aber die Verantwortungsträger in der NATO gingen davon aus, dass wegen der Schwierigkeiten der sowjetischen Streitkräfte in Afghanistan und der explosiven Lage in Polen ein Angriff des Warschauer Pakts nicht zu erwarten und deshalb eine hinlängliche Verteidigungsplanung akzeptabel waren. Zudem waren mit der Unterzeichnung der Schlussakte der „Konferenz über Sicherheit und Zusammenarbeit in Europa" (KSZE) in Helsinki gemeinsame Projekte in den Bereichen Kultur, Wissenschaft, Wirtschaft und Abrüstung auf den Weg gebracht worden, die mögliche Perspektiven für Abrüstung und Menschenrechte aufzeigten. Aus diesen Gründen sah die NATO offenbar keine Anzeichen für eine Bedrohung.

Natürlich lässt sich nur spekulieren, welches Ergebnis diese Vorneverteidigung gezeitigt hätte. Doch wie auch immer, die Souveränität der Nationalstaaten waren eine hehre Absicht, ob die Militärs dies nun guthießen oder nicht. Zugrunde lag der Primat der Politik. Die Streitkräfte akzeptierten den politischen Willen und hatten dafür Sorge zu tragen, die bestmögliche militärische Lösung im Sinne der Politik zu finden.

Nach Ansicht der Britischen Rheinarmee *(British Army of the Rhine, BAOR)* hat sich seit Anfang der 1980er-Jahre im britischen Korps (I.

---

[162] Entscheidend ist nicht, wie viel Geld die Nationen in ihre Verteidigungshaushalte einstellen, sondern welche militärischen Fähigkeiten sie dem Bündnis im Rahmen der NATO-Streitkräfteplanung und für Operationen konkret zur Verfügung stellen.

BR-Korps) hinsichtlich Doktrin, Ausrüstung und Organisation einiges verbessert. Die britischen Landstreitkräfte erhöhten ihre Leistungsfähigkeit und Kampfkraft beträchtlich. Diese Veränderungen waren notwendig, um die Glaubwürdigkeit der Verteidigung und die nukleare Schwelle weiter zu erhöhen. Von militärischer Bedeutung für die *BAOR* war es, im Verteidigungsgefecht den Angriff überlegender Feindkräfte zu vereiteln bzw. abzuwehren und Gegenangriffe zu führen. Weitere Ziele waren, im Zusammenwirken der Kräfte und Mittel wichtige Räume und Stellungen hartnäckig zu halten und dem Gegner eine Niederlage zu bereiten, die Initiative zu erringen und verloren gegangenes Territorium wiederzugewinnen. Dies waren Parallelen zu anderen doktrinären Neuerungen der 1980er-Jahre, beispielsweise zu denjenigen in der *US-Army*.

Freilich erkannte die britische Armee auch ihre Mängel. Offenbar bestanden Differenzen zwischen dem britischen Korpskonzept und der in der US-Heeresdienstvorschrift FM 100-5 favorisierten Luft-Land-Schlacht *(AirLand Battle)*. Nach britischer Einschätzung gab es in der Allianz Ähnlichkeiten in der Zielsetzung, nämlich größere Beweglichkeit, Verständnis über eine flexible Vorwärtsverteidigung, den Willen, die Initiative zu erringen, sowie die Forderung, Kampfhandlungen aggressiv durchzusetzen. Nur Art und Weise der Umsetzung waren eben nicht einheitlich geregelt.

Obwohl das Vertrauen gegenüber der *BAOR* unter den alliierten Streitkräften grundsätzlich vorhanden war, existierte offenbar ein Mangel an Akzeptanz der gemeinsamen Grundsätze, der bis zum Ende des Ost-West-Konflikts nicht ausgeräumt werden konnte. Zudem fehlte es den britischen Streitkräften an finanziellen Mitteln, die erforderlichen Kräfte auf dem Territorium der Bundesrepublik Deutschland bereitzustellen. Zu den Problemen bei der Stationierung wichtiger britischer Truppen in der Bundesrepublik Deutschland gesellten sich Ausrüstungsmängel sowie Schwierigkeiten in der Beschaffung von Wehrmaterial. Gleichwohl soll das I. BR-Korps im

Verlauf der 1980er-Jahre eine Verbesserung seiner Fähigkeiten und Effizienz erreicht haben.[163]

Die Heeresgruppe Nord *(Northern Army Group, NORTHAG)*, die aus fünf Korps aus fünf NATO-Mitgliedstaaten (BE, BR, GE, NL, US) bestand und für die NATO-Verteidigungsfront in der nördlichen Hälfte der Bundesrepublik Deutschland zuständig war, hatte das Problem, dass die nationalen Korps für den gemeinsamen Kampf nicht optimal aufeinander abgestimmt waren. Dies lag unter anderem daran, dass der Oberbefehlshaber der Heeresgruppe Nord, ein britischer General, erst im Verteidigungszustand die Kontrolle über die nationalen Korps seines Kommandobereichs übernahm, während er in der Friedenszeit auf die operative Planung, Ausbildung und Vorbereitung der Truppen für den Krieg nur eingeschränkt Einfluss ausüben konnte. Insofern war die Befugnis des Oberkommandierenden der Heeresgruppe Nord *(COMNORTHAG)* den nationalen Korps gegenüber, in der Friedenszeit ein operatives Konzept aufzuerlegen, weitestgehend begrenzt. Nach Einschätzung des *CINCENT,* General Hans-Henning von Sandrart, konnten wegen der schmalen Korpssektoren der Alliierten offensive Kampfhandlungen ohnehin nur sehr begrenzt durchführen. Außerdem bestanden Mängel in der Synchronisation der Kampfhandlungen über die Korpsgrenzen hinweg, weshalb die Planungen der Armeegruppe Nord praktisch wirkungslos blieben. Insofern war der *COM-NORTHAG* weniger Kommandeur als vielmehr Chairman. Denn die nachgeordneten Korps behielten in der Friedenszeit einen beträchtlichen Grad an Eigenständigkeit.[164] Das I. BR-Korps bestand aus drei Panzerdivisionen (1., 3., 4. PzDiv) mit jeweils drei Brigaden, wobei eine Brigade einer Division in der Friedenszeit in England stationiert war. Eine vierte Division (2. InfDiv), stationiert in York (im Nordosten Englands), hatte in der Struktur eine aktive und zwei mobilzumachende Brigaden, die in der Krise in die Bundesrepublik verlegt werden sollten.

---

[163] McInnes, C. J., *BOAR in the 1980s: Changes in Doctrine an Organization, Department of International Politics, University College of Wales, Aberystwyth SY23DB, UK, Defense Analysis Vol. 4, No. 4, pp.377-394, 1988. S. 393* f.
[164] Ebd. S. 380, 386.

Der Operationsplan des I. BR-Korps sah vor, im Hauptverteidigungsstreifen die 1. und 4. PzDiv nebeneinander an der innerdeutschen Grenze einzusetzen, die 3. PzDiv sollte dahinter liegen. Als Reserve fungierte die 2. InfDiv. Zudem war beabsichtig, 1988 die 24. luftbewegliche und panzerabwehrstarke Infanterie-Brigade mit dem Stab in Catterick (Mittelengland) für den Einsatz im Rahmen der *NORTHAG* aufzustellen. Der Operationsplan des I. BR Korps, der von einer Frontbreite von 65 km und einer Tiefe von 150 km ausging, hatte 1988 zum Inhalt:

– Deckungstruppe *(Covering force)*: Einsatz zweier verstärkter Regimenter nebeneinander in 15 km bis 40 km von der innerdeutschen Grenze entfernt;
– Hauptverteidigungskräfte *(Main defensive Battle)*: Aufstellung der 1. und 4. PzDiv nebeneinander und der 3. PzDiv dahinter, und zwar in einer Tiefe von 60 bis 70 km;
– Rückwärtiges Korpsgebiet *(Corps rear)*: Aufstellung der 2. InfDiv in der nachfolgenden Tiefe von 40 bis 60 km.

Für die Deckungstruppen bestand die Aufgabe, den Gegner aufzuklären, die bewegliche Verteidigung zu führen, den Feind aufzuhalten bzw. ihn in ungünstige Richtungen zu lenken sowie ihm erhebliche Verluste zuzufügen, um Zeit für die Vorbereitung der Verteidigung der drei Panzerdivisionen im Hauptverteidigungsstreifen zu gewinnen. Ferner bestand die Absicht, mit jeweils einer Brigade der Hauptkräfte Gegenangriffe zu führen und den Gegner, wenn möglich 24 Stunden im Deckungs- bzw. Verzögerungsabschnitt aufzuhalten.
Im nachfolgenden Hauptverteidigungsstreifen war beabsichtigt, Verteidigungsstellungen zu beziehen, durch bewegliche und hartnäckige Verteidigung den Angriff der 1. Staffel des Feindes durch Gegenangriffe zu schlagen und dabei vor allem Angriffe in die gegnerische Flanke und den Rücken zu führen. Beachtung fanden einerseits die Konzentration der Kräfte für Gegenangriffe, anderseits der Kampf in den vorbereiteten Stellungsräumen. Die Herausforderung war dabei, zwischen der beweglichen Verteidigung und der Verteidigung von Stellungen die richtige Balance zu finden. Unter diesen Bedingungen war das Zusammenwirken der Kräfte mit dem

Feuer aller Waffen, das Halten wichtiger Räume, die Durchführung von Manövern der Truppen und von Gegenangriffen Grundlage der britischen Verteidigung. Die Reserve sollte eingesetzt werden, um Gegenangriffe aus der Tiefe zu führen, den Gegner zu blockieren, Position wiederzugewinnen und letztendlich den Angriff des Feindes zu vereiteln. Ziel der Verteidigung war es, dem Feind zunehmend Widerstand zu leisten sowie die 1. Staffel der feindlichen Divisionen in Kombination zwischen beweglicher Verteidigung und Halten von Stellungen und Räumen zu schlagen.

Die Krux des britischen Verteidigungskonzepts war es, dass die Aufmerksamkeit der standhaften und aktiven Verteidigung aus vorbereiteten Stellungen und Räumen frühestens ab einer Entfernung von 50 bis 60 km zur innerdeutschen Grenze beabsichtigt war, sodass der Gesamtzusammenhang der Vorneverteidigung schon nicht mehr gewährleistet werden konnte. Dort sollte der eingebrochene oder durchgebrochene Feind gestellt und geschlagen werden. Weitere Gegenangriffe dienten dazu, den Feind aufzuhalten, ihn in seiner Bewegung zu hemmen, die Initiative zu erringen und verlorenes Territorium wiederzugewinnen. Insofern stellten die bewegliche Verteidigung, die Verteidigung der Verteidigungsstreifen und -abschnitte, einen wichtigen Teil des britischen Konzepts dar.

Bei einem Ein- und Durchbruch der feindlichen Divisionen der 1. Staffel durch den britischen Hauptverteidigungsstreifen bestand die Gefahr des frühzeitigen Einsatzes von Nuklearwaffen. Unter der Bedingung, dass genügend Zeit gewesen wäre, war beabsichtigt, innerhalb von 48 bis 72 Stunden ein umfassendes Verteidigungssystem zu schaffen. Dazu musste ein System von Pioniersperren vollendet sowie Stellungsräume für Feuermittel, Truppenteile und die Panzerabwehr vorbereitet werden. Wichtige Punkte der Harmonisierung der *BAOR* waren die enge Integration des Land- und Luftkampfes, was auch die Abstimmung der NATO-Planungen hinsichtlich des frühen Einsatzes von Kernwaffen einschloss.

Im Verlauf der 1980er-Jahre wurde das Konzept entwickelt, die 2. Taktische Luftflotte konzentriert einzusetzen. Für die Luftunterstützung *(Close Air Support)* und die Gefechtsfeldabriegelung *(Battlefield Air Intertdiction)* wurde die Luftunterstützung vor allem den Korps zugeteilt. Der Angriff des Feindes war im hartnäckigen Kampf, unter hoher Aktivität und Standhaftigkeit der Truppen zum Stehen zu bringen bzw. zu vereiteln. Dies war, wie der britische General Bagnall[165] erörterte, ein sehr anspruchsvolles und riskantes Konzept. Aber wenn es funktioniert hätte, wäre es angesichts des wahrscheinlichen Misserfolgs einer allzu statischen Verteidigung das sinnvollere Vorgehen gewesen. Nach Bagnalls Einschätzung hätte eine statische Verteidigung nur zu einem Abnutzungskrieg geführt. Das britische Konzept hingegen hätte es erlaubt, die Initiative zu ergreifen und wäre im Vergleich zur bloßen Verzögerung die effektivere Verteidigung gewesen. Natürlich sei das ständige Manöver der Truppen unverzichtbar. Außerdem seien solche Absichten eng mit der britischen 2. Taktischen Luftflotte und dem Konzept der britischen Luftoperation verbunden. Nach Aussage des *Royal Air Force Comman-*

---

[165] Vgl. Fairhall, David, Nachruf: Feldmarschall Sir Nigel Bagnall, The Guardian, 11.04.2002. Generalfeldmarschall Bagnall (1927-2002) war 1980 Kommandierender General des I. BR-Korps, 1981 Oberbefehlshaber der *BOAR* und der NATO-Heeresgruppe Nord, 1985 Generalstabschef der britischen Armee und wurde anlässlich seiner Pensionierung 1988 zum Feldmarschall ernannt. Als Oberbefehlshaber der Heeresgruppe Nord setzte er sich mit der NATO-Strategie der Vorwärtsverteidigung auseinander, um vornehmlich die Deutschen davon zu überzeugen, dass die britische Strategie die einzig zweckmäßige sei. Das damalige strategische Denken in der NATO, vor allem gestützt durch die Bundesrepublik Deutschland, war von der politischen Überzeugung bestimmt, jeden Zoll des eigenen Territoriums zu verteidigen. Der britische General meinte, den *SACEUR* und *CINCENT* überzeugen zu müssen, dass eine statische Verteidigungslinie entlang der innerdeutschen Grenz nicht ausreichen würde. Es müsse Boden aufgegeben werden, wenn der Angriff eines massiven sowjetischen Panzerangriffs aufgefangen und schließlich abgewehrt werden solle. Die NATO setzte derweil auf die Strategie der nuklearen Abschreckung, welche die konventionelle Verteidigung Westeuropas untermauern sollte, nicht nur durch eine interkontinentale Konfrontation, sondern unmittelbar durch den Einsatz dieser Waffen auf dem „Schlachtfeld Deutschland". Bagnall war davon überzeugt, dass es unrealistisch sei, die Bundesrepublik zu verteidigen, indem die NATO-Streitkräfte mit Tausenden sogenannter taktischer Atomwaffen, darunter Atomhaubitzen, schrittweise ausgerüstet werden. Als britischer Soldat wollte er, dass das begrenzte Verteidigungsbudget Großbritanniens aufgewendet wird, um konventionelle Waffen zu verbessern und kein potenziell selbstmörderisches Spiel mit einem nuklearen Bluff zu spielen. Die Überlegungen des britischen Generals Bagnall waren allerdings fragwürdig und für die Bundesrepublik nicht hinzunehmen.

der, Luftmarschall Sir Patrick Hine[166], nahmen die britischen Streitkräfte keineswegs an, den Krieg durch reine Verteidigungskämpfe gewinnen zu können. Sie waren vielmehr frühzeitig bereit, energische Luftschläge in die taktische Tiefe des Feindes zu führen, um den Angreifer ins Ungleichgewicht zu stürzen und das Kräfteverhältnis zu eigenen Gunsten zu verändern.[167] Das britische Konzept stellte zwar eine mögliche Option dar, sei aber insoweit verfehlt gewesen, als es von den übrigen nationalen Korps weder gebilligt noch mit diesen abgestimmt wurde.

Darüber, welche Operationspläne im Interesse der Gesamtverteidigung zweckmäßig gewesen wären, lässt sich trefflich streiten und sagt wenig darüber aus, welche Fähigkeiten im britischen Korps und in den übrigen vier Korps tatsächlich vorhanden waren. Der operative Planungsprozess zum abgestimmten Einsatz der Truppen war in diesem Zusammenhang nicht gegeben.

Die Bundesregierung, falls sie von dem Dilemma in der Heeresgruppe Nord wusste, hätte an ihrer Position zur stabilen Vorneverteidigung für alle nationalen Korps gleichermaßen festhalten und gleichzeitig anstreben müssen, dass die Verteidigung der Bundesrepublik mit einem gemeinsamen Ziel angemessen umgesetzt wird. Die Truppengestellung der NATO-Mitgliedstaaten für die Vorneverteidigung sollte bei einer weitergehenden Analyse mit einbezogen werden, um die Gesamtverteidigung nüchtern und nachvollziehbar bewerten zu können. Eine konsequente Positionierung der Bundesregierung gegenüber der NATO wäre schon deshalb notwendig gewesen, weil mit Beginn des Durchbruchs durch die Korpsebene, das heißt in der Tiefe von 100 bis 150 km, die NATO den Einsatz von Nuklearwaffen

---

[166] Hine, Sir Patrick B., Jg. 1932, seit 1979 leitender Luftwaffenstabsoffizier im Hauptquartier der *Royal Air Force (RAF)* in Deutschland. 1980 Vize-Luftmarschall, 1981 stellvertretender Leiter des Luftwaffenstabs im Verteidigungsministerium. 1983 Oberbefehlshaber *2. ATAF* und der *RAF*. 1985 Luftmarschall und Vize-Chef im Verteidigungsministerium, 1987 Chef für Versorgung und Organisation im Verteidigungsministerium, 1990-1991 Befehlshaber aller britischen Streitkräfte während des Golfkrieges, 1999 Versetzung in den Ruhestand.

[167] Air Marshal Sir Patrik Hine, *Concept of land/air operations on the Central Front II. Journal of RUSI 3, 64 1984.*

vorsah. Nach zwei bis vier Kriegstagen hätten die Kampfhandlungen folglich zu einem nuklearen Schlagabtausch eskalieren können.

Ein besonders sensibler Aspekt der transatlantischen Lastenteilung war die nukleare Abschreckung und die Teilhabe europäischer Bündnispartner an ihr. Politiker wie Militärs konnten nicht ausschließen, dass die Strategie der Abschreckung versagen würde und dass Atomwaffen frühzeitig in Europa eingesetzt werden würden. Die Anwendung auch nur weniger Atomsprengköpfe wäre mit unvorstellbar hohen Opferzahlen und folgenschweren Zerstörungen verbunden gewesen, die große Teile Europas unbewohnbar gemacht hätten. Das Dilemma der atomaren Abschreckung war allzeit vorhanden und darf nicht rhetorisch übertüncht werden. Der Einsatz von Atomwaffen war fester Bestandteil der operativen Planungen in West und Ost. Der politisch-strategische Zweck der Abschreckung galt schließlich nur bis zum Beginn des Krieges. Mit anderen Worten: Die sogenannte nukleare Schwelle musste hoch gehalten werden, um den dramatischen Qualitätssprung von konventioneller Kriegführung zum atomaren Vernichtungskrieg nicht überstürzt zu überschreiten. Es war zu erwarten, dass der konventionelle Charakter der Kampfhandlungen mit Beginn des Krieges schnell verloren gegangen wäre.

Im Bereich des Konzepts der *Deliberate Escalation,* also der vorbedachten oder abgestuften, schrittweisen nuklearen Eskalation, war die Lage besonders kritisch, da die drei Nuklearmächte USA, Großbritannien und Frankreich ihre Atomwaffen in ihrer souveränen Verfügungsgewalt behielten. Dabei stellten sich ebenso Abstimmungsprobleme ein wie bei den strategischen Vorgaben der Vorneverteidigung mit verbindlichen Verzögerungs- und Hauptverteidigungslinien. Insofern existierten „nationale" Eigenheiten bei der Umsetzung des Konzepts. Dies kam etwa im Field Manual 100-5 der *US-Army* oder der Heeresdienstvorschrift HDv 100/100 der Bundeswehr deutlich zum Ausdruck. In den führenden Schulen für angehende Generalstabsoffiziere in Fort Leavenworth in den USA oder an der Führungsakademie der Bundeswehr in Hamburg waren unterschiedliche Gewichtungen unübersehbar. Die Ziele waren allerdings dieselben, was letztlich das Denken der operativen und der taktischen Führer entscheidend geprägt hat.[168] Wie in der Vergangenheit müssen auch in Zukunft die Einsatzentscheidungen im Bündnis, auf politischer und militärischer Ebene, „gewissenhaft" gefällt und ausgeführt werden. „Die gewählten und verantwortlichen Vertreter der Nationen müssen ihre uneingeschränkte Entscheidungshoheit darüber behalten können, ob, wie und welche militärischen Mittel sie gemeinsam zu welchem Zweck einsetzen wollen. Diese Dimension des Umgangs vor allem mit ‚neuen Technologien' muss auch in den Gremien und Verfahren des Bündnisses die notwendige Beachtung finden."[169]

Es war sehr unwahrscheinlich, dass das britische Verteidigungskonzept für die Stabilisierung der Gesamtverteidigung ausreicht. Dieser Umstand lässt Rückschlüsse auf den Entscheidungsprozess in der NATO zu, der durchaus analytisch und vorausschauend war, aber meines Erachtens zu einseitig auf nationale Eigeninteressen Rücksicht nahm. *SACEUR* und *CINCENT* hielten sich weitgehend zurück, sie führten „diplomatisch", wie Insider sich verächtlich ausdrückten. Die Verteidigungsoperation in Norddeutschland war wegen unterschiedlicher nationaler Konzepte fragwürdig und hätte recht schnell zum Zusammenbruch der Gesamtverteidigung der NATO führen können. Die operative Planung in der NATO basierte auf einem unterschiedlichen Denken der Entscheidungsträger, unabhängig von den Fähigkeiten der operativen und taktischen Truppenführer. Die Truppenführer, beispielsweise im deutschen Heer und in der Britischen Rheinarmee, entstammten unterschiedlichen militärischen Kulturen, das heißt nicht „besser" oder „schlechter", sondern jeweils deutlich auf das eigene Interesse gelenkt.

Nach Auswertung der operativen und taktischen Überlegungen der britischen Oberbefehlshaber und Kommandierenden Generale möchte ich im Folgenden einige Thesen aufzustellen, die von Politik- und Geschichtswissenschaftlern weiter untersucht werden sollten.

---

[168] Vgl. Kürsener, Jürg, Grundlagen des Operativen Denkens in der NATO. Ein zeitgeschichtlicher Rückblick auf die 1980er Jahre, Buchbesprechung zur 1. Auflage. In: Military Power Revue 2/2017.

[169] Vgl. Ganser, Helmut W., Lapins, Wulf, Puhl, Detlef, Was bleibt vom Westen? – Wohin geht die NATO? Policy Paper, 02.12.2017 (Archiv des Autors).

Die maritime Macht erlaubt sich, so viel oder so wenig Krieg zu führen, wie der Nationalstaat beabsichtigt. Eine Seemacht kann den Gegner davon abhalten, das eigene Territorium zu besetzen, und auf diesen einwirken. Die Vorneverteidigung der *BAOR* war das Produkt der Tradition einer maritimen Macht. Die Essenz einer solchen Macht ist die Fähigkeit, das Land zu kontrollieren oder Entscheidungen zu Lande zu beeinflussen. Sie hält den Aggressor physisch und psychisch auf Abstand und gibt den Entscheidungsträgern Zeit, um auf diplomatischem Weg eine Krise oder einen Krieg zu beenden.[170] Vielleicht steckt dahinter aber auch die Weisheit, dass ein Staat, der in der politischen Angelegenheit eines anderen Staates auftritt, diese nicht so ernst nimmt wie seine eigene. Eine Landmacht hingegen stützt sich vor allem auf die Stärken seiner Landstreitkräfte, um mit aller Konsequenz Land zu nehmen oder zu halten.

Für die NATO steht eine weitere kritische Aufarbeitung von Fehlern und Versäumnissen auf der politisch-strategischen und operativen Ebene des damaligen operativen Denkens noch aus. Eine solche ist mit Blick auf zukünftige NATO-Einsätze jedoch dringend erforderlich. Die früheren Entscheidungsträger hatten sich weder konzeptionell geeinigt, noch hinreichend strategisch und operative entschieden. Eine derartige Bewertung muss neben einer Analyse der damaligen Lage und Erfolg versprechender Handlungsmöglichkeiten auch das effektive Zusammenspiel aller relevanten politischen und militärischen Bereiche beinhalten.

Kampfhandlungen müssen neben einer strikten Prüfung der Legitimität davon abhängig gemacht werden, ob ein tragfähiges und chancenreiches politisch-strategisches und operatives Konzept erarbeitet und umgesetzt werden kann, das Zielklarheit mit profunder Risikoanalyse verbindet. Wenn militärische Operationen nicht in ein aussichtsvolles Konzept eingebettet werden können, sollte von ihnen Abstand genommen werden. Einsatzkonzepte wie das der *BOAR*, das de facto dem Prinzip von Risiko und Zufall folgte, sollten Koalitionsstreitkräfte nicht weiter verfolgen.

---

[170] Vgl. Paul, Michael, Kriegsgefahr im Pazifik? Die maritime Bedeutung der sino-amerikanischen Rivalität, Baden-Baden 2017, S. 32 f.

Ein weiterer kritischer Faktor war der tatsächliche militärische Kräftebedarf für die Operationen, insbesondere in der Anfangsperiode des Krieges. Vor allem bei der Vorneverteidigung war es notwendig, einen Kräfteansatz zu wählen, der mit allen Beteiligten abzustimmen war. Von entscheidender Bedeutung war und ist es, in welcher Form das militärische Konzept einer gemeinsamen operativen Logik entspricht. Davon hängt schließlich ab, welche militärischen Fähigkeiten die einzelnen Nationen bereitstellen.

9.1.3 Disharmonie im atlantischen Bündnis
Angesichts der Vielfalt der Eigeninteressen der NATO-Mitglieder bestand die Gefahr, dass die beabsichtigte Vorneverteidigung politisch und militärisch verloren gehen würde, weil die Entscheidungsverfahren im Bündnis nicht konsequent geregelt waren. Die konstatierte Uneinigkeit, vielleicht auch Ratslosigkeit bei der Behandlung entscheidender sicherheitspolitischer Fragen, weist darauf hin, dass innerhalb des Bündnisses keineswegs Einigkeit darüber bestand, wie und in welcher Art und Weise die Vorneverteidigung definitiv umgesetzt werden sollte.

Mit Blick auf die geopolitische Landkarte waren die NATO-Mitglieder an einer strategischen Vorneverteidigung des Bündnisses interessiert. Das strategische Prinzip war die *Conditio sine qua non* für den deutschen Bündnisbeitrag, ausgehend von der nationalen Interessenlage, dass das Territorium der Bundesrepublik im Konfliktfall zu schützendes „Sanktuarium" und nicht operativ zu nutzender Raum sei. Diese Interessenlage wurde von den Verbündeten nur insoweit geteilt, als es für sie vorteilhafter war, ihr Territorium durch die „Nutzung" deutschen Territoriums zu verteidigen. Dies sagt jedoch noch nichts über die Art und Weise aus, wie das zu geschehen hatte. Belgien, Frankreich, Großbritannien, die Niederlande und die USA wären zufrieden gewesen, wenn der Angriff der WVO am Rhein zum Stehen gebracht worden wäre. Im Gegensatz zur verständlichen Sichtweise der Bundesrepublik war für die Alliierten das deutsche Territorium „militärisch zu nutzender Raum" und eben nicht Sanktuarium. Für die Bundesrepublik war daher die Suche nach einer möglichst grenznahen strategischen Entscheidung operativer Imperativ, notfalls unter Verlust großer Teile deutscher Streitkräfte.

Nicht so für die Verbündeten. Höchstes Ziel für deren Streitkräfte war es zwar, das Territorium der Bundesrepublik zu verteidigen, die eigenen Streitkräfte jedoch weitgehend zu erhalten, um auch das nationale Territorium verteidigen zu können. Die britischen, belgischen und niederländischen Korps stellten praktisch das gesamte Potenzial an Landstreitkräften dar, das diese Staaten verfügbar machten. Nicht grundlos hatten die Briten 1940 bei Dünkirchen die Masse ihrer Landstreitkräfte dem deutschen Zugriff entzogen, ohne die eine Fortsetzung des Krieges unmöglich gewesen wäre[171].

Vor diesem Hintergrund ist die „Auseinandersetzung" zwischen dem britischen und dem deutschen General Bagnall und von Sandrart sowie der Bundesregierung zu sehen. Freilich hätte das deutsche Heer ebenso unter Ausnutzung des Raumes beweglich und operativ flexibel verteidigen können. Doch das Kriegsgebiet wäre deutsches Territorium gewesen. Insofern war es keine militärisch professionelle Auseinandersetzung, sondern eine politische Grundsatzfrage. Wie aus Gründen des „Substanzerhalts" das britische, belgische und niederländische Korps im Grundsatz die Operationen zu führen hatten, wurde schließlich in London, Brüssel und Den Haag entschieden und nicht durch einen NATO-Oberbefehlshaber. Hier bestand der fundamentale Gegensatz zwischen NATO und WVO. Die grundsätzlichen Planungen der 1. Front wurden durch den sowjetischen Oberkommandierenden in Wünsdorf bei Zossen und darüber hinaus in Moskau bestätigt – nicht in Berlin-Strausberg. In der NATO bestimmten die Nationalstaaten das Wirken ihrer Streitkräfte selbst.

Das heißt, die mangelhafte Synchronisierung der taktischen Planungen der nationalen Korps zu einer kohärenten operativen Planung auf Heeresgruppenebene und gegebenenfalls der strategischer Ebene im

---

[171] Die Gefangennahme des gesamten britischen Expeditionskorps hätte die Kraft Großbritanniens, den Krieg gegen das Deutsche Reich fortzuführen, wohl entscheidend beeinträchtigt, da der Verlust dieses gut ausgebildeten Berufsheeres zum damaligen Zeitpunkt nicht hätte ersetzt werden können. Die deutsche Luftwaffe konnte die eingekesselten Truppen allein durch Luftangriffe nicht vernichten. Als Gründe gelten die Überschätzung der Möglichkeiten des Luftkriegs wegen des damaligen waffentechnischen Entwicklungsstandes, Witterungsbedingungen über Dünkirchen und die Gegenwehr der *Royal Air Force*. Vgl. Frieser, Karl-Heinz, Blitzkrieg-Legende: der Westfeldzug 1940, München 2005, S. 377 f.

Hauptquartier der Streitkräfte Mitteleuropa *(Allied Forces Central Europe, AFCEN)* resultierte nicht aus fehlender militärischer Kompetenz oder fehlendem Durchsetzungsvermögen, sondern war die „systemimmanente" Folge in einer Allianz souveräner Staaten.[172] In diesem Sinne müssen auch die Entscheidungen der NATO-Mitglieder zur Vorneverteidigung und ihre unterschiedlichen operativen Planungen in den jeweiligen Korpsstreifen betrachtet werden. Die getroffenen militärischen Maßnahmen dienten vor allem der Stärkung der Verteidigung der Bündnisstaaten. Insofern war und bleibt es bei dem Spagat zwischen den Gestaltungsmöglichkeiten des Bündnisses, jeweils adäquat auf Bedrohungsperzeptionen der Allianzmitglieder zu reagieren.

Gestützt auf meine Kenntnis der drei operativen Planungen der 5. Armee der NVA in den 1980er-Jahren, eingesetzt zum Schutz der nördlichen Flanke der 1. Front, behaupte ich, dass für die NATO zu keiner Zeit eine militärische Bedrohung bestand. Insofern handelt es sich bei meiner Analyse allein um die Bewertung des operativen Deckens in der NATO.

Ein Bündnis souveräner Staaten mit individuellem Profil, lebhaften Eigeninteressen und jeweils unterschiedlicher militärischer Kultur kennt nicht die Harmonie eines wohltemperierten Orchesters mit einem Stock schwingenden Dirigenten.[173] Umso bedeutender ist die Tatsache, dass sich sowohl der deutsche als auch der britische Oberkommandierende, gefesselt an ihre jeweiligen Denkschemata, auf pragmatische Lösungen zu konzentrieren beabsichtigten: entweder Einsatz starker Kräfte vorn und schwächerer in der Reserve oder umgekehrt. Die 1. Option bedeutete, schon mit Beginn der militärischen Konfrontation folgenschwere Verluste an Personal und Material zu erleiden. Die 2. Option hätte dazu geführt, dass die Infrastruktur des an der innerdeutschen Grenze liegende Gefechtsstreifens gänzlich zerstört und die korpsübergreifende bündnisgemeinsame Verteidigung durchbrochen worden wäre und tiefe Geländeverluste hätten hingenommen werden müssen. Kritischer

---

[172] Hansen, Helge, Brief an den Autor vom 11.12.2017 (Archiv des Autors).
[173] Poser, Günter, Die NATO: Werdegang, Aufgaben und Struktur des Nordatlantischen Bündnisses, München 1974, S. 10.

wäre der Terrainverlust der NATO gewesen, der allenfalls den frühzeitigen Nukleareinsatz nach sich gezogen hätte.
Dass die Operationsplanung des I. BR-Korps auf die Verteidigungsplanung des I. GE-Korps und I. BE-Korps in der Vorneverteidigung abgestimmt wurde, ist eher unwahrscheinlich.[174] Dies stellt das Dilemma der Vorneverteidigung der NATO dar: politisch eine Notwendigkeit, militärisch eine Absurdität – erhebliche Einschränkungen der Beweglichkeit und des Einsatzes der Kräfte eingeschlossen. Planungsrelevanz hatte es dennoch, Fähigkeiten zu entwickeln, durch Feuer, Bewegung und Schnelligkeit von Beginn an den Angriffsschwung abzuwehren, feindliche Kräfte abzunutzen und die Kampfhandlungen, wenn notwendig durch den Einsatz von Nuklearwaffen, einzustellen. Eine Voraussetzung dafür war eine effiziente Aufklärung, die Einführung weitreichender Kräfte und Mittel zu Land und aus der Luft *(AirLand Battle)*, zielsuchende Kampfmittel sowie verbesserte Führungs- und Einsatzgrundsätze, um in der Verteidigung kraftvoll reagieren zu können.[175]

Als Ergebnis der bisherigen Untersuchung lässt sich konstatieren, dass nicht nur zwischen den einzelnen NATO-Partnern Unterschiede im Denken existierten, sondern auch zwischen NATO und WVO. Beide Seiten warfen sich gestützt auf die jeweiligen Denkschulen militärische Überlegenheit und zunehmende Aggressionsbereitschaft vor. Auf diese Weise schaukelte sich die gegenseitige Abschreckung auf ein Vielfaches der Fähigkeit zur Vernichtung der menschlichen Zivilisation hoch.[176]

Bei der Einschätzung der Fähigkeiten der NATO stützten sich die Analysten der WVO auf die eigenen Formen und Methoden der Führung des bewaffneten Kampfes, die sie verallgemeinerten und auf die NATO projizierten. Bei den Aufklärungsdiensten der WVO wurden der NATO vermutlich Fähigkeiten zugestanden – beispielsweise die Synchronisation der Ordnung der Kampfhandlungen nach Zeit und Raum –, über welche diese in der angenommenen Qualität nicht verfügte.

---

[174] Jeschonnek, Friedrich K., Brief an den Autor vom 25.11.2017 (Archiv des Autors).
[175] Vgl. More-Birk, Die britische Sichtweise, Vortrag (Archiv des Autors).
[176] Schreiber, Das Bündnis. In: Das Blättchen, Nr. 10, 11.05.2015.

Es wurde versucht, dies durch den Vergleich der Vorneverteidigung des I. GE-Korps und I. BR-Korps zu erklären. Offenbar ist die Führung von Operationen und Gefechten gleichsam abhängig von der militärischen Kultur, der Erziehung und Ausbildung sowie von nationalen gesellschaftlichen und militärischen Standards. Einfluss nehmen darauf die Entwicklung der Kriegskunst, die geschichtliche Entwicklung des Landes, geografische Bedingungen, nationale Traditionen und andere Faktoren. Gewiss sollte in diesem Zusammenhang auch der Herkunft, der militärischen Standhaftigkeit und der Kampfmoral genügend Aufmerksamkeit geschenkt werden. Denn es ist ein Unterschied, ob es sein eigenes Territorium oder das eines fremden Landes zu verteidigen gilt. Diese Aspekte beeinflussen die politischen, moralischen und physischen Eigenschaften eines Verbandes und schlagen sich in der Entschlossenheit, Standhaftigkeit und in den Fähigkeiten der Soldaten aller Ebenen, letztendlich die besonderen Herausforderungen im Gefecht oder in einer Operation zu meistern, nieder.

Diese vorstehenden Überlegungen stützen sich auf persönliche Erkenntnisse und Erfahrungen, auf militärgeschichtliches Wissen und auf Untersuchungen über das operative Denken in beiden Militärbündnissen.[177] Der Ost-West-Konflikt war eine historisch einzigartige

---

[177] Lautsch, Kriegsschauplatz, S. 5-35. Siehe auch: Zur Planung realer Angriffs- und Verteidigungsoperationen im Warschauer Pakt. Dargestellt am Beispiel der operativen Planung der 5. Armee der Nationalen Volksarmee der DDR im Kalten Krieg 1983 bis 1986, Military Power Revue der Schweizer Armee, Nr. 2/2011, S. 20-33. http://www.vorharz.net/media/historie/siegfried_lautsch.pdf (abgerufen am 28.11.2017); Der Warschauer Pakt – Führung der vereinten Streitkräfte, Truppendienst, Magazin des Österreichischen Bundesheeres,
https://www.truppendienst.com/startseite/ (abgerufen am 26.11.2016); Zum operativ-strategischen Denken in den Vereinten Streitkräften der Warschauer Vertragsorganisation, ÖMZ 1/2016,
https://www.oemz-online.at/pages/viewpage.action?pageId=11405432 (abgerufen am 26.11.2016); Die Sicherheitspolitik der Russischen Föderation und die Neuorientierung ihre Streitkräfte, ÖMZ 1/2018, S. 42-53.
Geheime Planungen der Nationalen Volksarmee der Deutschen Demokratischen Republik in den 1980er-Jahren, ÖMZ 3/2016, https://www.oemz-online.at/display/ZLIintranet/Geheime+Planungen+der+Nationalen+Volksarmee+der+Deutschen+Demokratischen+Republik+in+den+1980er-Jahren (abgerufen 26.11.101).

Auseinandersetzung zwischen zwei konkurrierenden Weltsystemen, die unterhalb der Schwelle der gegenseitigen Androhung des Nuklearwaffeneinsatzes bis in die 1980er-Jahre hinein nebeneinander existierten. Die vielfältigen Herausforderungen, die diese Zeit erforderte, erfasste alle Bereiche des gesellschaftlichen Lebens. Ich habe mich vor allem zu den NATO-Landstreitkräften geäußert, zu ihren besonderen Fähigkeiten und teilweise zu nationalen Egoismen. Im Kern standen hierbei die Untersuchung des Denkens in der operativen und taktischen Ebene sowie gedankliche Grundlagen der Planung, Führung und des Einsatzes von Kräften im Gefecht bzw. in der Operation. Freilich wäre die Analyse des operativen Denkens im Zusammenhang mit sicherheitspolitischen Aspekten eine ebenso interessante Fragestellung gewesen. Allerdings ist hierzu in den letzten Jahren eine Reihe von Publikationen erschienen, an denen ich mitgewirkt habe.[178] Hervorzuheben ist in diesem Kontext das Werk von Oliver Bange über seine aktuellen Forschungsergebnisse: Sicherheit und Staat. Die Bündnis- und Militärpolitik der DDR im internationalen Kontext 1969 bis 1990, Berlin 2017. Mit Oliver Bange habe ich etliche Gespräch über politische und militärische Zusammenhänge geführt und vielfach Übereinstimmung festgestellt. Diese drei Publikationen thematisieren vielfältige politische, ökonomische und militärische Zusammenhänge zum operativen Denken in der NATO jener Zeit.

Unabhängig davon, welche Konzepte und Pläne vorliegen, bedarf eine Erfolg versprechende operative Führung vor allem geistiger Freiheit, des Willens zum Handeln und zur Beweglichkeit, zum Finden von Lösungen und dazu, überraschende Situationen flexibel zu meistern. Operative Führung kann ihre Aufgabe als Scharnier zwischen der militärstrategischen und taktischen Ebene nur leisten, wenn sie ständig weiterentwickelt und an neue Gegebenheiten angepasst wird.[179]

---

[178] Genannt seien an dieser Stelle: Bange, Lemke (Hrsg.), Wege zur Wiedervereinigung oder Krüger, Dieter (Hrsg.), Schlachtfeld Fulda Gap, Strategien und Operationspläne der Bündnisse im Kalten Krieg, Fulda 2014. Ebenso die englische Ausgabe von Dieder Krüger und Volker Bausch: Fulda Gap, Battlefield of the Cold War Alliances, Lanham, Maryland 2017.

[179] Vgl. Millotat, Operatives Denken, ÖMZ 1/2006, S. 299-310.

Operative Ebene

Dimensionierung – Verständnis – Zusammenhänge

Operatives Denken

- Definition (Theorie)
- Klarmachen des Bezugsrahmens
- Bedeutung im Bezugsrahmen
- Konflikte um das Denken – Kritik
- Worin besteht operatives Denken?
- Wie materialisiert es sich?
- Diskussionen, Motive, Ursachen
- Diskussionsinhalte
- Analyse der Diskussion
- Bewertungsmaßstab der Diskussion
- Quellen-Diskussion
- Aspekte differenzieren nach Frieden, Krise, Krieg

Operatives Planen

– Im Wesentlichen Umsetzung von gültigen Grundlagen bzw. Ergebnissen operativen Denkens in operative Kunst und Vorbereitung für den Einsatzfall

– Konkret: Alarmierung, Mobilmachung, Aufmarsch, Gefechtsaufstellungen und deren Durchhaltefähigkeit

– Besonderheiten in der NATO der 1980er Jahre. Was waren die Bestimmungsgrößen Raum-Kräfte-Zeit-Vorgaben der Sicherheitspolitik und Militärstrategie sowie Ressourcen?

– Erkennen und Ringen zum Schließen von Fähigkeitslücken oder Anforderungen an die Sicherheitspolitik und Militärstrategie

– Gestaltungs-und Einübungsaufgabe im Frieden, Realisierungsaufgabe für Krise und Krieg

Operatives Handeln

– Auslösung der operativen Planungen und deren situationsbezogene Anpassung in Übungen, Krise, Krieg

– Planen, Entscheiden, Durchführung von Operationen, Führung der Operationen auf operativer Ebene

– Auswertung von Erfahrungen aus Frieden, Krise und Krieg sowie Ableitung von Konsequenzen für das operative Denken, operative Planen und operative Handeln

Quelle: Jeschonnek, Friedrich K., 28.11.2017.

9.2 Gefecht

Die FM 100-5 hebt hervor, dass die Taktik Fertigkeiten darstellt, mit der die Kommandierenden Generale der Korps und die Kommandeure kleinerer Truppenteile potenzielle Kampfkraft in siegreiche Schlachten und Gefechte umsetzen. Gefechte sind kleinere Kampfhandlungen zwischen den Kampftruppen beider Seiten. Außerdem stellt die US-Heeresdienstvorschrift fest, dass Gefechte normalerweise Kampfhandlungen sind, die nur Stunden dauern und zwischen Divisionen und kleineren Truppenteilen ausgetragen werden.[180] Die Begriffsbestimmungen in der Bundeswehr zum Gefecht sind mit der des US-Heeres kompatibel. Die Bundeswehr definiert das Gefecht in der HDv 100/100 wie folgt: „Die taktische Führung setzt unter Beachtung von Auflagen die Weisungen und Befehle der operativen Führung in Operationspläne und Befehle um. Sie führt das Gefecht der Verbundenen Waffen und den Einsatz der Verbundenen Kräfte.[181] Beim Gefecht der Verbundenen Waffen wirken Kräfte verschiedener Truppengattungen und Teilstreitkräfte in den Gefechtsarten,[182] in den ‚Allgemeinen Aufgaben im Einsatz' und in den ‚Besonderen Gefechtshandlungen' unter einheitlicher Führung zeitlich und räumlich zusammen."[183] Die AnwFE 700/108 dokumentiert eine ähnliche Aussage: „Das Gefecht ist eine zeitlich und räumlich zusammenhängende Art und Größe. Durch das Zusammenwirken verschiedener Truppengattungen unter einheitlicher Führung wird es zum Gefecht der Verbundenen Waffen. Je nachdem, ob Raum behauptet, Raum genommen oder unter Aufgabe von Raum, Zeit gewonnen werden soll, unterscheidet man die Gefechtsarten, Verteidigung, Angriff und Verzögerung. In jeder Gefechtsart können Teile der Truppe, örtlich und zeitlich begrenzt, auch in anderen Gefechtsarten kämpfen (...)."[184]

---

[180] FM 100-5, Chapter 2, pages 9 f.
[181] Der Erfolg im Gefecht der Verbundenen Waffen wird entscheidend von der Fähigkeit bestimmt, die Gesamtheit der Kräfte und Mittel zur vollen Wirkung zu bringen. Vgl. AnwFE 700/108, 1984, Ziff. 110.
[182] Zu den Gefechtsarten der Bundeswehr gehören Verteidigung, Angriff und Verzögerung. Vgl. AnwFE 700/108, 1984, Ziff. 103.
[183] Entwurf HDv 100/100 1997, Ziff. 410-411.
[184] AnwFE 700/108), 1984, Ziff. 103.

Wie erkennbar, verfügte die Bundeswehr in den 1980er-Jahren über unterschiedliche Grundlagen für die Führung und Ausbildung der militärischen Führer. Die Grundsätze in den Vorschriften und Anweisungen widersprechen sich zwar nicht grundsätzlich, stimmen aber inhaltlich nicht überein. Deshalb sind die verbindlichen Grundlagen für Lehre und Ausbildung in den Truppengattungen, die sich freilich auf die HDv 100/100 als „Dachvorschrift"[185] der Dienstvorschriftenreihe HDv 100 stützen sollten, abweichend und zum Teil missverständlich. Das widerspricht den militärischen Bestimmungen zum Erarbeiten von Dienstvorschriften, vor allem der Forderung nach hinreichender Genauigkeit, nämlich dass sprachliche Formulierungen eindeutig sein müssen und unterschiedliche Aussagen nicht zugelassen werden dürfen.[186]

Die Betrachtung der beiden grundlegenden Formen der operativen und taktischen Handlungen von NATO und WVO erfordert neben der oben definierten Operation nunmehr auch die Kennzeichnung des Gefechts. In der WVO wird das Gefecht als grundlegende Form der taktischen Handlungen der Truppen, der Fliegerkräfte und der Flotte bezeichnet. Das Gefecht ist das organisierte und bewaffnete Aufeinandertreffen von Verbänden, Truppenteilen und Einheiten der kämpfenden Seiten. Es stellt die Gesamtheit nach Ziel, Ort und Zeit abgestimmter Schläge, des Feuers und des Manövers (der Bewegung) dar, mit der Absicht, taktische Aufgaben zu erfüllen und den Gegner zu vernichten. Folglich ist das Gefecht das einzige Mittel zur Erringung des Sieges. Die Zerschlagung des Gegners und der Sieg im Gefecht werden durch starke Schläge aller Waffenarten sowie durch aktive und entschlossene Handlungen der Verbände und Truppenteile bei der Durchführung geschickter Manöver erreicht. Es wurde zwischen dem allgemeinen Gefecht, dem Luftgefecht, dem Luftverteidigungsgefecht und dem Seegefecht unterschieden.[187] Nach eingehender Untersuchung der grundsätzlichen Handlungen der operativen und taktischen Ebene beider Militärblöcke ist eine

---

[185] Entwurf HDv 100/100, 1997, Ziff. 2.
[186] Handbuch für Dienstvorschriftenbearbeiter, Heeresamt Köln 12.05.2000, Ziff. 205.
[187] DV 046/0/001, S. 10.

weitgehende Übereinstimmung festzustellen. Weitere Untersuchungen werden diese Einschätzung deutlich machen.

9.3 Feldzug

Ein Feldzug wird als eine groß angelegte militärische Unternehmung zum Erreichen eines militärstrategischen Ziels verstanden. Der Feldzug besteht in der Regel aus mehreren Operationen.[188] Er wird teilstreitkraftübergreifend und meist im Zusammenwirken mit Streitkräften mehrerer Staaten geführt.[189]

9.4 Schlacht

Schlachten bestehen aus mehreren zusammenhängenden Gefechten, die eine längere Zeit dauern.[190] Schlachten werden geschlagen, wenn Großverbände[191] oder Truppenkörper (Divisionen, Korps und Armeen) zur Erreichung bedeutender Ziele eingesetzte werden. In der Regel bestimmen Schlachten[192] den Verlauf von Feldzügen.[193]

---

[188] In der HDv 100/100 wird hier für den Begriff *Operation Schlacht* verwendet. Nach Auffassung der sowjetischen Militärtheorie ist die Schlacht der Operation nachgeordnet und stellt die Gesamtheit der wichtigsten Gefechte dar. Vgl. DV 046/0/001, S. 9.
[189] AnwFE 700/108,1984, Ziff. 2303-2304.
[190] Sie können in einem verhältnismäßig kleinen Raum stattfinden, in unterschiedlicher Intensität über Tage und Wochen dauern (auf den Golan-Höhen 1973), sich aber auch über ein großes Gebiet erstrecken (Ardennenoffensive 1944).
[191] Ein Großverband ist im Bereich der NATO ein Truppenkörper ab Brigade aufwärts unter einer gemeinsamen Führung oder einem gemeinsamen Kommando. Zu den Großverbänden zählen in aufsteigender Reihenfolge die Brigade, die Division, das Korps oder Armeekorps (Bezeichnung der WVO für das Korps), die Armee und die Heeresgruppe sowie weiter vergleichbare zeitweilige oder ständige Truppenkörper. In der WVO war der Begriff Großverband unüblich, hier wurde in taktische, operativ-taktische und operative Verbände unterschieden. Operativ-taktische Verbände sind Korps, Flotten- oder Marineverbände (Armeekorps, Panzerkorps, Luftverteidigungskorps u. a.). Operative Verbände sind Armen bzw. Flotten (Panzerarmee, Luftarmee). Gelegentlich wurden operativ-taktische und operative Verbände als Großverbände bezeichnet, beispielsweise Armeekorps und Armeen. Letztere führen Operationen, nicht aber Gefechte durch.
[192] Im Vergleich hierzu die Definition der DV 046/0/001, S. 9. „Die Schlacht ist ein Bestandteil der Operation und stellt die Gesamtheit der wichtigsten Gefechte dar, die durch eine gemeinsame Idee verbunden sind und von bestimmten Truppen-

Schlachten können aber auch kurz und intensiv sein und in einem verhältnismäßig kleinen Raum stattfinden, wie es 1967 beim Sechstage-Krieg auf den Golan-Höhen der Fall war. Sie können sich aber ebenso mit unterschiedlicher Intensität über Wochen und über ein großes Gebiet erstrecken, wie in der Ardennen-Offensive 1944.[194]

Der Begriff Schlacht ist entsprechend der FM 100-5 eher ein Begriff der Operation und nicht der Taktik, weil die Schlacht mehrere zusammenhängende Gefechte beinhaltet. In der WVO sind die Begriffe konkreter abgegrenzt. In der Gefechtsvorschrift der Landstreitkräfte der NVA wird die Schlacht als Bestandteil der Operation eingeordnet, welche die Gesamtheit der wichtigsten Gefechte darstellt, durch eine gemeinsame Idee verbunden ist und von bestimmten Truppengruppierungen (Kräftegruppierungen) zur Erfüllung einer operativen Aufgabe durchgeführt werden. Die Gefechtsvorschrift unterscheidet zwischen allgemeinen Schlachten, Luftschlachten, Luftverteidigungsschlachten und Seeschlachten.[195]

9.5 Bewegung

Der Einsatz der Kräfte durch Bewegung[196] unter Berücksichtigung der Dislozierung dient dem Zweck, Stellungsvorteile gegenüber dem Feind zu gewinnen oder zu behalten. Bewegungen sind zugleich das dynamische Moment der Kampfkraft, das Mittel der zeitnahen Zusammenführung von Truppen am entscheidenden Ort, mit dem Ziel der Überraschung bzw. um eine psychologische, physische und

---

gruppierungen (Kräftegruppierungen) zur Erfüllung einer operativen Aufgabe durchgeführt werden. Es werden unterschieden: Allgemeine Schlachten, Luft-, Luftverteidigungs- und Seeschlachten." Nach Determinierung der sowjetischen Militärwissenschaft ist die *Schlacht* ein Begriff der operativen Kunst, hingegen das *Gefecht* die grundlegende Form der taktischen Handlungen der Truppen, Fliegerkräfte und der Flotte.

[193] Die FM 100-5, Chapter 2, page 11, nennt Beispiele für Schlachten, hier El Alamein 1942, Kursk 1943 und die Schlacht um die „Chinese Farm" 1973 im Sinai.
[194] FM 100-5, Chapter 2, pages 10 f.
[195] DV 046/0/001, S. 9.
[196] Der Begriff *Bewegung* stand in der WVO für *Manöver*. Das *Manöver* war Bestandteil des Gefechts. Es ermöglichte, die Initiative zu erringen und zu behaupten, die Absichten des Gegners zu vereiteln und Gefechtshandlungen unter veränderten Bedingungen der Lage erfolgreich durchzuführen.

moralische Überlegenheit zu erreichen. Eine vergleichbare Wirkung kann auch ohne Bewegung eigener Kräfte erzielt werden, wenn es gelingt, den Feind in eine für ihn unvorteilhafte Lage zu bringen, beispielsweise indem Hinterhalte angelegt werden bzw. indem sich hinter den feindlichen Linien zurückgelassene Kräfte befinden, die den überraschenden Kampf führen. Bewegungen sollten ohne Feuer und Schutz besser nicht durchgeführt werden. Sie erfordern einerseits Schutz gegen feindliche Luftstreitkräfte, anderseits Feuer zur Niederhaltung des Feindes sowie den Schutz durch Geländedeckungen. Wirksame Bewegungen können den Feind aus dem Gleichgewicht bringen, ihn zu Gegenmaßnahmen herausfordern und schließlich seine Niederlage herbeiführen. Bewegungen werden in der strategischen, operativen und taktischen Ebene durchgeführt. Sie haben die Absicht, Stellungsvorteile zu gewinnen, Erfolge auszunutzen sowie strategische, operative und taktische Ziele zu erreichen. Außerdem tragen sie dazu bei, die Initiative zu erlangen und zu behalten, Erfolge zu nutzen, Handlungsfreiheit zu bewahren und die Verwundbarkeit der eigenen Truppe zu verringern. Wirksame Bewegungen können für das Erreichen überlegener Kampfkraft von entscheidender Bedeutung sein. Voraussetzungen für wirksame Bewegungen auf den unterschiedlichen Führungsebenen sind die Beweglichkeit in der Luft und am Boden, die Kenntnis des Feindes und des Geländes, eine beständige Führung, flexible Einsatzverfahren, vernünftige Gliederung und eine zuverlässige logistische Unterstützung. Erfolgreiche Bewegungen hängen vom geschickten Feuer sowie von Täuschungs- und Tarnmaßnahmen ab. Bewegungen erfordern einfallsreiche, mutige, leistungsfähige und selbstständig handelnde Truppenführer und verlangen Disziplin, Koordinierung, Schnelligkeit und gut ausgebildete Soldaten. Nicht zuletzt brauchen erfolgreiche Bewegungen Voraussicht des militärischen Führers, sorgfältige Koordinierung und zeitgerechte logistische Unterstützung.[197]

---

[197] FM 100-5, Chapter 2, pages 11 f.

9.6 Feuer

Feuer ist das vernichtende Element, das für die Zerstörung der Fähigkeiten und des Kampfwillens des Feindes von wesentlicher Bedeutung ist. Aufgrund moderner Waffensysteme und Feuermittel kann eine verheerende Wirkung gegen Truppen, Material, Anlagen und Einrichtungen in großer Tiefe, mit hoher Treffgenauigkeit und mit einem höheren Maß an Flexibilität erzielt werden, als dies jemals der Fall gewesen ist. Die Truppenführer müssen die Verfahren zum Einsatz, zur Koordinierung des Feuers und zur Nutzung der Kampfmittel von Luftwaffe und Marine kennen. Das Feuer unterstützt die eigene Bewegung, zerschlägt bzw. zerstört Feindkräfte, seine Anlagen und Einrichtungen, setzt die Wirkung seiner Artillerie, Luftverteidigung und Luftunterstützung herab und kann die Unterbrechung der Bewegung, Feuerunterstützung, Führung und Versorgung der Feindkräfte bewirken. Um das Feuer optimal zur Wirkung zu bringen, muss eine Vielzahl von Tätigkeiten koordiniert und durchgeführt werden. Dazu gehören Systeme und Verfahren für Prioritätenzuweisung, Zielortung und Zielidentifizierung. Die Artillerie muss mit hoher Treffgenauigkeit eingesetzt werden, Feuereinsatzsysteme und Unterstützungsgerät müssen flexibel sein und in günstige Stellungen verlegt werden. Der Nachschub an Munition muss zuverlässig sein. Außerdem muss der Schutz vor Feindeinwirkung und die Instandsetzung der Feuermittel gewährleistet werden. Wesentlich aber ist die Tatsache, dass wirksames Feuer von gut ausgebildetem Bedienungs-, Beobachtungs- und Feuerleitpersonal abhängig ist.[198]

9.7 Sperren

Operationen mittlerer bis hoher Intensität sind damals wie heute darauf ausgerichtet, in großem Umfang Hindernisse und Minensperren sowie andere natürliche Hindernisse wie Gewässer, Berge und sonstige bewegungshemmende Geländeabschnitte zu überwinden. Solche Hindernisse begünstigen häufig die Verteidigung und ermöglichen einen sparsamen Kräfteeinsatz. Sie stellen aber ebenso

---

[198] Ebd., pages 12 f.

eine besondere Herausforderung im Hinblick auf Kräftezusammensetzung, Truppengliederung, Bewegungen und zeitliche Planung von Operationen dar.[199]

Die Pionierunterstützung dient drei grundlegenden Zwecken: erstens der Aufrechterhaltung der Bewegungsfreiheit der eigenen Kräfte, zweitens dem Hemmen der Bewegung des Feindes in Gebieten, in denen er durch Feuer und Bewegungen vernichtet werden kann, und drittens dem Erhöhen der Überlebensfähigkeit eigener Kräfte durch entsprechende Schutzbauten. Die Pionierunterstützungspläne sind mit dem Operationsplan und den Feuerunterstützungsplänen abzustimmen. Sie haben die Zuweisung von Truppenteilen zu regeln und Einsatzprinzipien festzulegen. Pionieroperationen sind zeit- und arbeitsintensiv, deshalb müssen sie so früh wie möglich begonnen werden, darüber hinaus ausreichend flexibel sein, um dem Gefechtsverlauf nachzukommen. Pioniere unterstützen die Truppen durch beweglichkeitsfördernde und beweglichkeitshemmende Operationen sowie durch Maßnahmen zur Erhöhung der Überlebensfähigkeit. Beweglichkeitsfördernde Operationen umfassen das Überwinden feindlicher Minensperren und Hindernisse, Instandsetzen vorhandener bzw. Anlegen neuer Marschwege, Brückenlegen bzw. Bereitstellen von Fähren für den Übergang über größere Wasserhindernisse. Beweglichkeitshemmende Maßnahmen beeinträchtigen die Beweglichkeit feindlicher Kräfte und verstärken die Wirkung des eigenen Feuers. Die Pioniertruppe erhöht die Überlebensfähigkeit der eigenen Truppe durch Verbunkern wichtiger Führungs- und Logistikeinrichtungen sowie durch den Ausbau der Verteidigungsstellungen. Darüber hinaus waren Pioniere für die Durchführung anderer Operationen ausgerüstet und ausgebildet worden. Die Verfügbarkeit von Zeit, Gerät und Material beschränken den Umfang der vor und während einer Schlacht durchzuführenden Pionierarbeiten. Deshalb müssen die Pläne für die Pionierunterstützung dieser Beschränkung in realistischer Weise Rechnung tragen. Sie haben nach Prioritäten geordnet ausgewogene Maßnahmen zur Erhöhung der Überlebensfähigkeit, zum Fördern der eigenen Beweglichkeit und zum Hemmen der Beweglichkeit des Feindes zu gewährleisten. Diese Maßnahmen

---

[199] Ebd., Chapter 1, page 4.

haben sich auf die Unterstützung des Schwerpunkts zu konzentrieren und können sich eben nicht gleichmäßig auf die Gesamtheit der dislozierten Kräfte verteilen. Bei offensiven Operationen ist die vordringlichste Aufgabe der Pioniere, die eigene Beweglichkeit durch Ausbau und Unterhaltung von Marschwegen zu fördern, Brücken zu schlagen, Hindernisse zu beseitigen oder zu überwinden und diese zum Schutz der Flanken der angreifenden Truppen zu errichten. In der Verteidigung hat die Pioniertruppe die Aufgabe, das Gelände zu verstärken, um die Verteidigungsstellungen in wichtigen Gebieten zu befestigen, den Schutz vor feindlichem Feuer zu erhöhen und die Bewegungen der Gegenangriffskräfte zu erleichtern. Ferner bauen sie Stellungen, Straßen und Wege für die Verlegung von Reserven, Artillerie-, Logistik- und sonstigen Truppenteilen aus. Zerstörungs- und Lähmungspläne sind in den „Plan für die Pionierunterstützung" aufzunehmen, wenn nach der Absicht des Truppenführers der Feind daran gehindert bzw. diesem verwehrt werden sollte, Räume und Objekte von strategischer oder taktischer Bedeutung zu besitzen oder zu benutzen. Es ist alles daran zu setzen, Material von militärischem Wert für den Feind vor Durchführung rückwärts gerichteter Operationen zu entfernen oder zu vernichten. Die Führer der Kampftruppenteile stimmen ihre Sperrpläne in allen Einzelheiten ab. Sie müssen sicherstellen, dass die Pioniere oder andere dafür eingesetzte Kräfte zum richtigen Zeitpunkt Brücken zerstören oder schlagen, Hindernisse in den Flanken anlegen und für eigene Bewegungen offen gelassene Gassen rechtzeitig wieder gesperrt werden. Zudem wirken Pionier-, Artillerie- und Heeresfliegertruppenteile bei der Verlegung von Wurfminen eng zusammen. Die damaligen Pläne dazu bestanden aus Aufzeichnungen errichteter Hindernisse und beinhalteten die unverzügliche Verteilung einschlägiger Informationen an die betreffenden Truppenteile.[200]

In der NATO gehört „Tarnen und Täuschen" bis heute nicht nicht explizit wie in der WVO zur Pionierunterstützung (Pioniersicherstellung).[201] Unabhängig davon wurden aber die gleichen Maßnahmen

---

[200] Ebd., Chapter 3, pages 50 f.
[201] Vgl. DV 046/0/001, S. 384.

durchgeführt. Auf operativer Ebene war der *Täuschungsplan*[202] Bestandteil des Operationsplans. Täuschungsoperationen oder Täuschungsmaßnahmen auf taktischer Ebene spielten eine wesentliche Rolle. Sie verschleierten die tatsächlichen Ziele der Kampfhandlungen und verzögerten eine wirksame Reaktion des Gegners dadurch, dass sie ihn hinsichtlich der eigenen Absichten, Fähigkeiten, Zielsetzungen und Standorte verwundbarer Truppenteile, Anlagen und Einrichtungen in die Irre führten. Der Täuschungsplan wird vom G3[203] erarbeitet, der sich dabei aller Truppenteile bedient, um eine plausible *Täuschungsgeschichte* (Irreführung) anzubieten, mit der eine bestimmte Reaktion des Gegners ausgelöst werden soll. Zu diesem Vorhaben kann er Kampftruppenteile, Kräfte der elektronischen Kampfführung (EloKa)[204] und Aufklärung, Teile von Fernmelde-,

---

[202] Der *Plan der operativen Tarnung* in der WVO umfasste Maßnahmen, den Gegner über die bevorstehenden Kampfhandlungen, die Idee, den Maßstab und den Zeitpunkt des Beginns der Operation sowie die Anwendung von Waffen zu täuschen. Die operative Tarnung sollte durch Wahrung der militärischen Geheimhaltung und der gedeckten Truppenführung, durch Scheinkonzentrierungsräume, Scheinabschussbasen, Scheinführungsstellen und Scheinhandlungen erreicht werden. In der NVA kamen unter anderem seriengefertigte Attrappen (Nachbildungen technischer Kampfmittel und Objekte), sogenannte Winkelreflektoren und Wärmequellen, zum Einsatz.

[203] Stabsabteilungen in der NATO werden in Führungsgrundgebiete unterteilt, die von Offizieren, Stabsoffizieren geleitet werden und Kommandeure bzw. Kommandierende Generale in der Führung unterstützen. Von der Ebene Brigade an aufwärts bezeichnet das Heer die Abteilungen als Generalstabsabteilungen. Der G3 ist vor allem zuständig für die Planung, Befehlsgebung und die Unterstützung der Führung in Operationen. Diese Funktion nahmen in der WVO in der Division der Leiter der Unterabteilung Operativ, in der Armee der Leiter der Abteilung Operativ und in der Front der Leiter der Verwaltung Operativ wahr.

[204] Als elektronische Kampfführung (EloKa), *(electronic warfare, EW),* werden in den NATO-Streitkräften Maßnahmen bezeichnet, die das elektromagnetische Spektrum ausnutzen, um elektromagnetische Ausstrahlungen zu suchen, diese aufzufassen und zu identifizieren, oder elektromagnetische Ausstrahlungen zu verwenden, um dem Gegner die Nutzung des elektromagnetischen Spektrums durch Störung zu verwehren oder ihn zu täuschen. In den Streitkräften der WVO wurde hierfür die Bezeichnung Funkelektronischer Kampf (FEK) verwendet (russische Bezeichnung: *Радиоэлектронная Борьба (РЭБ) Radioelektronnaja Borba (REB).* Vgl. https://de.wikipedia.org/wiki/Elektronische_Kampff%C3%BChrung (abgerufen am 02.01.2017).

Unterstützungs- Führungs- und Heeresfliegertruppen sowie sonstige Kräfte verwenden. Die vorgetäuschten Angriffsabsichten und Kriegslisten sind Teil offensiver oder defensiver Operationspläne.[205]

9.8 Schutz

Der Schutz des Kampfpotenzials umfasste zwei Aspekte. Zum einen diente er dazu, die Truppen zur entscheidenden Zeit und am entscheidenden Ort einzusetzen. Er umfasste Maßnahmen gegen Feuer und Bewegungen des Feindes, um ihm das Orten, Angreifen oder Vernichten der eigenen Soldaten, Truppenteile und Systeme zu erschweren.[206] Die Führer der taktischen Ebene sorgten für den Schutz gegen Überraschung, Aufrechterhaltung der Tarndisziplin, Stellungsbau, Durchführung schneller Bewegungen, Niederhalten feindlicher Waffen, Flugabwehr, Tarnen der Stellungen und Täuschen des Feindes. Zudem trafen sie Maßnahmen zur Vermeidung unnötiger Verluste im Kampf. Befehlshaber der operativen Ebene führten ähnliche Maßnahmen durch, allerdings in größerem Rahmen. Sie trafen vor allem Vorkehrungen für den Schutz der Truppe während der Bewegungen auf operativer Ebene, gegen massierte feindliche Luftunterstützung, Luftüberlegenheit, Luftverteidigungssysteme und den Schutz von Flugplätzen. Der zweite Aspekt bezog sich auf Maßnahmen, welche die Gesundheit und Kampfmoral der Soldaten aufrechterhielten. Hierzu gehörte die Bewachung von Gerät und Versorgungsgütern. Führer der taktischen Ebene kümmerten sich um die grundlegenden gesundheitsbezogenen Bedürfnisse der Soldaten und hatten Bedingungen zu vermeiden, die zu einer unnötigen Schwächung der Soldaten führen. Sie trugen Sorge für das Wohlbefinden und die Moral ihrer Soldaten und waren bestrebt, den Zusammenhalt der Truppe zu festigen und Truppengeist zu entwickeln. Darüber hinaus überwachten sie die Materialerhaltung, Instandsetzung und wirtschaftliche Materialbehandlung. Die Befehlshaber der operativen Ebene stellten sicher, dass die Systeme

---

[205] FM 100-5, Chapter 3, pages 53 f.
[206] Hierzu gehören Sicherung, Luftverteidigung/Flugabwehr, Auflockerung, Deckung gegen Waffenwirkung, Tarnen, Täuschen, Niederhalten feindlicher Waffen und Beweglichkeit.

der sanitätsdienstlichen Versorgung vorhanden waren, Verwundete schnell wieder der Truppe zugeführt werden konnten und Maßnahmen der Präventivmedizin getroffen wurden. Sie sorgten für den Schutz der Versorgungsgüter, stellten ihre Verteilung sicher und waren für den Ersatz sowie für die Instandsetzung von Gerät zuständig.[207]

9.9 Initiative

Initiative bedeutet, selbstständiges Handeln und Offensivgeist bei der Durchführung von Operationen zu entwickeln. Dies drückt sich in dem Bemühen aus, den Feind zu zwingen, sich dem eigenen operativen Ziel und Tempo anzupassen.[208] Auf den einzelnen Soldaten und Führer angewandt erforderte die Initiative den Willen und die Fähigkeit, im Sinne der Absichten des übergeordneten Truppenführers selbstständig zu handeln. Sie verlangte die Inkaufnahme von Risiken, etwa dass einerseits Menschen und Material verlorengehen, anderseits die gewählten Handlungsweisen keinen Erfolg zeitigen. Jeder Führer muss nach eigener Lagebeurteilung und nach Abwägung der Risiken selbstständig und im vernünftigen Rahmen handeln. In der Verteidigung bedeutet Initiative, dafür zu sorgen, dass der Angreifer schnell zum Angegriffenen wird. Demzufolge muss der Verteidiger schnell und umsichtig handeln, um den Angreifer seines ursprünglichen Vorteils zu berauben, Zeit und Ort des Angriffs bestimmen zu können. Das ist unter anderem möglich, wenn die Handlungsweise des Feindes zeitnah erkannt wird und der Verteidiger ihr zuvorkommt. Dadurch geht die Initiative auf den Verteidiger über. Die auf der taktischen Ebene gewonnene Initiative diente als Ausgangspunkt für die Erlangung der Initiative auf operativer Ebene. Beim Angriff ist die Initiative gleichbedeutend damit zu verhindern, dass der Feind sich von dem Ansturm erholt. Daher ist es erforderlich, Zeit und Ort des Angriffs zu bestimmen und den Angriff mit zusammengefassten Kräften schnell, kühn, entschlossen und tatkräftig durchzuführen. Wichtig ist es, Schwachpunkte des Feindes

---

[207] FM 100-5, Chapter 2, pages 13 f.
[208] Eine ähnliche Argumentation findet sich in: Gefechtsvorschrift der Landstreitkräfte (DV 046/0/001), Berlin (Ost) 1983, S. 41.

zu finden, den Angriffserfolg auszunutzen und dabei den Schwerpunkt flexibel zu korrigieren. Ziel ist es, eine Lage zu schaffen, in welcher der Feind seine Kampfkraft verliert und die zusammenhängende Verteidigung verloren geht. Aufgrund der unübersichtlichen Lage und der Schnelligkeit, mit der sich die Lage ändert, bleibt dem Verteidiger nicht ausreichend Zeit, seine Kräfte und sein Feuer gegen den Angreifer zusammenzufassen. Bewahrung der Initiative über einen längeren Zeitraum hinweg macht es notwendig vorauszudenken, über die erste Operation hinaus zu planen und entscheidende Ereignisse auf dem Gefechtsfeld vorherzusehen. Im zu erwartenden Durcheinander der Schlacht ist die Entscheidungsbefugnis auf niedrigster Ebene von wesentlicher Bedeutung, da Zentralisierung die Maßnahmen verlangsamen und zum Stillstand der Aktionen führen kann. Anderseits birgt Dezentralisierung die Gefahr, dass die Sorgfalt der Auftragsausführung schwindet. Daher ist der Truppenführer stets darauf bedacht, diese konkurrierenden Risiken gegeneinander abzuwägen. Dabei berücksichtigt er, dass eine geringere Exaktheit in der Auftragsausführung der Untätigkeit vorzuziehen ist. Dezentralisierung der Auftragsausführung hat zum Ziel, den unteren Führern mehr Entscheidungsbefugnis und Verantwortung zu übertragen, um die militärischen Entscheidungsprozesse dort zu konzentrieren, wo Probleme auftreten. Dies setzt freilich Untergebene voraus, die gewillt und imstande sind, Risiken einzugehen, sowie Vorgesetzte, welche die Bereitschaft und die Fähigkeiten ihrer Untergebenen wecken und nähren können. Truppenführer sollen ihre nachgeordneten Führer ermutigen, ihre Aktivitäten auf den Gesamtauftrag auszurichten und ihnen die Handlungsfreiheit und Verantwortlichkeit übertragen, den Auftrag wirkungsvoller durchzuführen. Sie müssen zur schnellen Verlagerung des Schwerpunkts imstande sein, die von ihren Untergebenen entdeckten oder geschaffenen Schwächen des Feindes schnell auszunutzen."[209]

9.10 Wendigkeit

Wendigkeit ist die Fähigkeit der eigenen Truppen, schneller als der Feind zu handeln. Sie ist Voraussetzung zum Gewinnen und Behalten

---

[209] FM 100-5, Chapter 2, pages 14-16.

der Initiative. Schnelligkeit ermöglicht die Zusammenfassung eigener Stärke, um die Aktion des Gegners zu vereiteln. Die rasche Zusammenfassung eigener Truppen und das für den Gegner unvorbereitete Zusammentreffen können größere feindliche Truppenkörper verwirren, zersplittern und schließlich zum Erfolg beitragen. Wendigkeit ist eine geistige wie physische Qualität. Es kommt darauf an mitzudenken, veränderte Bedingungen zu erkennen und schnell auf diese zu reagieren. Geistige Wendigkeit wird durch Erziehung und Ausbildung der militärischen Führer und Truppenteile entwickelt und erhalten.[210]

9.11 Tiefe

Mit dem Begriff Tiefe wird gemäß der US-Heeresdienstvorschrift FM 100-5 die Erweiterung der Operation um die Faktoren Raum, Zeit und Ressourcen verstanden. Durch die Tiefe erhält der Truppenführer den Raum, der zur Operationsplanung, -vorbereitung und -durchführung notwendig ist, die notwendige Zeit und die benötigte Stärke, um den Sieg zu erringen. Der Verteidiger hat seine Kampfkraft in entscheidenden Räumen durch Zusammenfassung seiner Kräfte und Mittel zur Wirkung zu bringen. Elastizität wird in der Verteidigung erreicht, wenn Kräfte und Mittel in der Tiefe des Raumes disloziert werden, Aufklärung in Räumen betrieben wird, die über den unmittelbaren Zuständigkeitsbereich hinausgehen und Reserven über ausreichende Bewegungsfreiheit verfügen, um ausschlaggebende Schläge gegen Feindkräfte zu führen. Außerdem sind der hinlängliche Schutz gegen feindliche Luftstreitkräfte zu gewährleisten, das feindliche Führungssystem zu unterbrechen sowie verwundbare Anlagen und Einrichtungen im rückwärtigen Gebiet zu schützen. Im Rahmen der Operation bekämpfen die Truppen den Feind in der gesamten Tiefe seiner Kräftegliederung mit Feuer und mit Angriffen, die gegen dessen Flanken, Rücken und Unterstützungstruppen gerichtet sind. Dadurch soll die Handlungsfreiheit des Feindes eingeschränkt, seine Flexibilität und Durchhaltfähigkeit beeinträchtigt und seine Pläne durchkreuzt werden.

---

[210] Ebd., pages 15 f.

Bei der Verfolgung operativer Ziele müssen die Befehlshaber von Großverbänden eigene verwundbare Stellen im Operationsgebiet schützen. In Verbindung mit Luft- und Seekriegsoperationen führen sie Bewegungen, Feuerschläge und Sonderoperationen zur Bekämpfung feindlicher Truppenteile, Anlagen und Fernmeldezentren in der gesamten Tiefe des Operationsgebietes durch und zwingen dem Feind dadurch ihre eigenen Gefechtsbedingungen auf. Die Ausnutzung der Tiefe des Raums verlangt von den Truppenführern Einfallsreichtum, Entschlossenheit, Mut und Voraussicht. Sie müssen eine aktive Aufklärung über das eigene Gebiet und über das des Feindes durchführen sowie alle verfügbaren Kräfte und Mittel zur Ausdehnung der Operation in Bezug auf Zeit und Raum einsetzen.[211] Der Truppenführer hatte sowohl die Operation in der Tiefe seines Verantwortungsbereichs zu führen, als auch vorwärts davon zu überwachen, um nachfolgende Operationen beeinflussen zu können. Nach Positionierung der Bundeswehr ermöglichten die Kräfte und Mittel des Korps dem Kommandieren General

- den Feind im Schwerpunkt bis zu einer Tiefe von 40 km sicher zu beherrschen und ihn zu schlagen,
- durch örtliche und zeitliche Abnutzung der feindlichen Kampfkraft den Gefechtsverlauf wirksam zu beeinflussen und bis zu einer Tiefe von etwa 70 km eigene qualitative und quantitative Überlegenheit für unmittelbare Operationen zu erreichen und
- durch den Kampf gegen das feindliche Zentrum der Kraftentfaltung und Handlungsfähigkeit sowie durch unverzügliches Reagieren auf überraschende Lageentwicklungen bis zu einer Tiefe von etwa 150 km dem Feind die Fähigkeit und den Willen zur Durchführung bzw. zur Fortführung seiner geplanten Operationen zu nehmen.[212]

Die Hauptelemente des Kampfes Feuer und Bewegung waren durch den elektronischen Kampf und Sperren zu ergänzen.

---

[211] Ebd., pages 17-20. Entsprechende Erklärung, vgl. DV 046/0/001), S. 43.
[212] Vgl. Entwurf HDv 100/100, 1997, Ziff. 2321.

9.12 Kulminationspunkt

In den US-Vorschriften ist der *Kulminationspunkt* ein besonderer Zeitpunkt. Unter Kulminationspunkt verstehen Militärexperten den Punkt, an dem sich das Kräfteverhältnis zugunsten des Gegners verschiebt. Es ist der Zeitpunkt, zu dem die Fähigkeit zur Initiative und zur erfolgreichen Fortsetzung von Operationen an den Feind überzugehen droht. Dieser Fall kann eintreten, wenn Nachschubwege des Angreifers unterbrochen sind, Gefechtsausfälle einen weiteren Angriff unmöglich machen oder das eigene rückwärtige Gebiet gefährdet ist. Der Truppenführer muss die Lage unter diesem Gesichtspunkt laufend beurteilen. Häufig wird dies auch eine Frage der Erfahrung und des Scharfsinns sowie der Fähigkeit zur Einschätzung des Feindes sein. In der Offensive ist der Kulminationspunkt dann erreicht, wenn die eigenen Kräfte nicht mehr ausreichen, den Feind entscheidend zu schlagen und damit Misserfolg oder Niederlage riskieren, wenn sie ihre Operation ohne Verstärkungskräfte fortsetzen. In der Defensive ist dieser Punkt erreicht, wenn die eigenen Truppen nicht mehr in der Lage sind, auf den Feind angemessen zu reagieren. Sie sind dann nicht mehr zu einer zusammenhängenden Verteidigung oder zu einer entscheidungssuchenden Gegenoffensive fähig. Ziel des operativen Führers muss es sein, den Feind rasch an seinen Kulminationspunkt heranzuführen oder diesen abzuwarten, um ihm das Erreichen seines strategischen Ziels durch rechtzeitige Gegenmaßnahmen zu verwehren. Die Führungskunst besteht darin, die eigenen Grenzen zwischen Kühnheit und Leichtsinn oder zwischen Risikobereitschaft und Verzagtheit zu bestimmen. Aus meiner persönlichen Erfahrung wird die Phase des Kulminationspunktes erreicht, wenn der Gegner Vorbereitungen zum Gegenangriff oder zur Einführung der 2. Staffel[213] oder der Reserve trifft.

---

[213] Die Staffel war ein Element der Gefechtsordnung bzw. des operativen Aufbaus (der operativen Gliederung) vor allem der Landstreitkräfte zur aufeinanderfolgenden Bekämpfung des Gegners. Die Bildung von Staffeln war auf taktischer, operativer und strategischer Ebene vorgesehen, dabei bestand die 1. Staffel aus der Masse der Truppen. Die 2. Staffel verfolgte im Angriff das Ziel, die Anstrengungen zu erhöhen, den Erfolg auszuweiten und die erforderliche Überlegenheit über den Gegner an Kräften und Mitteln aufrechtzuerhalten. In der Verteidigung hatte die 2.

Führungskunst bedeutet dann, diese Situation rechtzeitig zu erkennen und zeitnah zu reagieren.[214] Eine derartige Entwicklung der Lage kann den Angreifer dazu zwingen, zur Verteidigung überzugehen. Um diese Lage auszuschließen, sind die Truppenführer der operativen Ebene darauf bedacht, den Feind noch vor Erreichen des Kulminationspunkts zu schlagen. Der Verteidiger wird bemüht sein, den Angreifer zur Aufgabe seiner Absicht zu zwingen. Offensive Operationen finden letztlich ihren Abschluss in der Aufnahme der Verteidigung. Der Angreifer muss im Interesse seiner Kräfte und Mittel den Kulminationspunkt rechtzeitig erkennen.[215]

9.13 Reserven

Reserven sind oft der Schlüssel zum Erfolg. Sie werden eingesetzt, entweder um die Entscheidung zu erzwingen, den Schwerpunkt zu verlegen oder kritische Gefechtsbedingungen zu überwinden. Oft sind sie das letzte Mittel, den Verlauf der Operation oder des Gefechts zu beeinflussen. Reserven werden nach Möglichkeit geschlossen eingesetzt. Eine Zersplitterung ihres Einsatzes führt oft zum Misserfolg.

Zwischen der WVO und der NATO gab es Unterschiede in der Planung. Die WVO differenzierte zwischen 2. Staffel und Reserve. Der Unterschied lag in der Zuordnung und Aufgabenstellung. Der 2. Staffel wurden analog der 1. Staffel Aufgaben gestellt. Dazu gehörten die Richtungen des Einsatzes, im Angriff Einführungsabschnitte, die Gefechtsaufgabe, Marschstraßen und Zeiten für das Passieren der

---

Staffel Gegenangriffe zu führen, Breschen zu schließen oder Truppenkörper der 1. Staffel abzulösen.

[214] Im Frühjahr 1983 verlegte ich, eingesetzt als Kommandeur des Panzerregiments 23, Standort Stallberg (9. Panzerdivision, mit dem Stab in Eggesin), mit dem Truppenteil, ausgerüstet mit dem Panzer T 72, im Landmarsch als Volltruppe zum polnischen Truppenübungsplatz Drawsko Pomorski. Nach Beendigung der Kampfhandlungen erhielt das Panzerregiment unerwartet vom Oberkommandierenden der Nordgruppe, einem sowjetischen Armeegeneral, den Befehl, den Kampf in die Tiefe fortzusetzen. Ich hatte im Rahmen des Übungsszenarios die 2. Staffel des Regiments rechtzeitig, noch vor der Führung des Gegenangriffs der gegnerischen Brigade, eingeführt. Dadurch konnte der Gegner geschlagen werden.

[215] FM 100-5, Chapter 3, page 32, auch Entwurf HDv 100/100, 1997, Ziff. 2356.

Ablauflinie sowie die Verstärkungs- und Unterstützungsmittel. In der Verteidigung erhielt die 2. Staffel unter anderem Entfaltungsabschnitte für Gegenangriffe, Feuerabschnitte und Aufgaben zum Kampf gegen Luftlandeeinheiten des Gegners. Zur Reserve, auch als *allgemeine Reserve* bezeichnet, wurden die Kräfte befohlen, im Angriff die Marschstraßen, die Richtung der Verlegung im Verlauf des Gefechts und die möglichen Aufgaben festgelegt. In der Verteidigung wurden der Konzentrierungsraum, die vorzubereitenden Verteidigungsstellungen und Feuerabschnitte sowie die Ordnung ihres Beziehens befohlen, zu deren Erfüllung die Reserve bereit zu sein hatte.[216]

Die weitere Darstellung zum Einsatz von Reserven entspricht abermals den Grundsätzen beider Seiten. Reserven standen unter Vorbehalt des militärischen Führers, der sie befohlen hatte. In bestimmten Lagen unterstellen Truppenführer Reserven auch nachgeordneten Führern. Ihr Einsatz war sorgfältig zu planen. Vorn eingesetzte Kräfte zugunsten der Reserve schwach zu halten, konnte den Erfolg gefährden, schwache Reserven dagegen die Handlungsfreiheit einschränken. In besonderen Lagen konnte unterstellten Führern befohlen werden, alle Kräfte einzusetzen. Dann hätte der übergeordnete Führer Reserven bereitzuhalten gehabt. Die Art der Zusammensetzung war immer sorgfältig abzuwägen. Rasch verlaufende Operationen in weiten Räumen setzten kampffähige und bewegliche Reserven voraus. Deshalb waren sowohl gepanzerte als auch luftmechanisierte Kräfte vorzusehen. In bestimmten Lagen konnte es erforderlich sein, mehrere Reserven bereitzuhalten, die unabhängig voneinander einzusetzen waren. Reserven an Versorgungsgütern wurden durch Bevorratung gebildet oder dadurch, dass sich der Führer bestimmte Mengen vorbehält. Der Platz der Reserven richtete sich nach dem Schwerpunkt und ihrer Beweglichkeit. Er wurde so gewählt, dass Reserven nicht vorzeitig gebunden oder feindlichem Feuer ausgesetzt gewesen wären. Sie mussten zu dem Zeitpunkt zum Einsatz kommen, wenn sie die größte Wirkung erzielen sollten bzw. wenn der Feind überrascht werden sollte. Der Einsatz von Reserven war mit den Teilstreitkräften abzustimmen. Oft war es für den Erfolg der Operation entscheidend, dass Reserven

---

[216] DV 046/0/001, S. 119 und 258.

mehrerer Führungsebenen geschlossen zum Einsatz kamen. Der Verlauf der Operation war durch den schnellen Wechsel der Gefechtsarten gekennzeichnet. In weiträumigen Operationen war mit offenen Flanken zu rechnen. Deshalb wäre der Truppenführer zum schnellen Zusammenfassen der Kräfte, zur Schwerpunktbildung und Schwerpunktverlagerung gezwungen gewesen. Daher stellten sich die Truppenführer darauf ein,

- Kräfte und Mittel einzusetzen, um die Absicht des Feindes so früh wie möglich zu erkennen,
- den Feind frühzeitig abzunutzen und ihn daran zu hindern, planmäßig in das Gefecht zu treten,
- vor allem seine weitreichenden Aufklärungs- und Feuermittel für Operationen in der Tiefe zu zerschlagen,
- Kräfte und Mittel einzusetzen, um feindliche Massenvernichtungsmittel zu zerstören und die feindliche Kampfmoral zu schwächen.[217]

9.14 Synchronisation

Synchronisierung ist der Prozess der Ordnung der Kampfhandlungen nach Zeit, Raum und Zweck mit dem Ziel, an entscheidender Stelle optimale Kampfkraft zu entwickeln. Im eigentlichen Sinn bedeutet Synchronisierung die Zusammenfassung von Kräften, Feuer und Bewegung am maßgeblichen Ort. Synchronisation umfasst sowohl einen Prozess als auch ein Ergebnis. Mit anderen Worten: Durch die Synchronisierung von Maßnahmen durch den Truppenführer werden die Kampfanstrengungen der Einheiten, Truppenteile und Verbände sowie deren Kampfmittel abgestimmt und maximal genutzt. In den Vorschriften der WVO spricht man in diesem Zusammenhang von der Koordinierung des Zusammenwirkens.[218] Kernelement ist die Konsequenz, die erforderlichen Kräfte und Mittel zur richtigen Zeit und am richtigen Ort effektiv zur Wirkung zu bringen.[219] Die

---

[217] Vgl. Entwurf HDv 100/100, 1997, Ziff. 2337.
[218] Vgl. DV 046/0/001, S. 55 f.
[219] In der NVA wurde für *Synchronisation* der Begriff *Zusammenwirken* verwendet. Der Hauptinhalt des Zusammenwirkens war die Gewährleistung der übereinstimmen-

Synchronisierung beinhaltete eine Vielzahl von Maßnahmen, die nach Aufgaben, Richtungen, Abschnitten, Zeit und Methode der Aufgaben abzustimmen waren. Wenngleich die Aktivitäten selbst nach Zeit und Raum getrennt waren, mussten sie vor allem rechtzeitig vor dem wesentlichen Moment koordiniert werden. Für den Angriff bedeutete die Synchronisation, das Unterstützungsfeuer mit der Bewegung der Truppen zeitlich und räumlich in Übereinstimmung zu bringen. Demzufolge hatte zum Zeitpunkt des Heraustretens der angreifenden Kräfte aus ihrer Deckung die Feuerunterstützung die Bekämpfung der feindlichen Artillerie zu beenden und dazu überzugehen, die feindlichen Flachfeuersysteme niederzuhalten. Im größeren Rahmen bedeutete die Synchronisierung, dass Haupt- und Unterstützungskräfte zum richtigen Zeitpunkt und am richtigen Ort zusammenwirken, um Kräfte und Feuer des Feindes abzulenken und den Hauptangriff zu unterstützen. Auf operativer Ebene galten zwei groß angelegte Operationen als synchronisiert, wenn beispielsweise die erste das Gros der Feindkräfte auf sich zieht, damit der entscheidende Angriff durch die eigenen Kräften ermöglicht werden konnte. Nach dieser Prämisse erfordert die Synchronisierung die genaue Koordinierung zwischen verschiedenen Truppenteilen und Aktivitäten. Wichtig ist, dass alle beteiligten Kräfte die Absicht des Truppenführers verstehen und präzise Einheitlichkeit im Handeln der Truppe gewährleistet ist.[220]

---

den Handlungen aller am Gefecht beteiligten Einheiten, Truppenteile und Verbände. Vgl. Resnitschenko (Hrsg.), Taktik, S. 108, 188-191.
[220] FM 100-5, Chapter 2, pages 17 f.

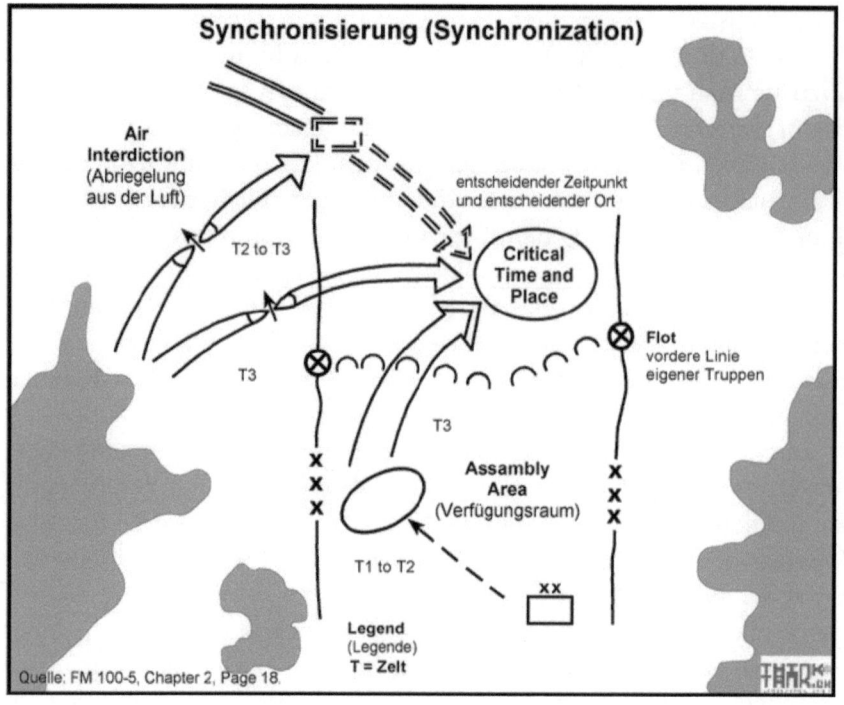

Voraussetzung für die Synchronisation ist, dass der Truppenführer sich über den Verlauf des Gefechts Gedanken macht und den Ablauf der Aktivitäten so gestaltet, dass der Zweck erreicht wird. Daher erfolgt die Synchronisierung zuerst in den Vorstellungen des Truppenführers und danach in der eigentlichen Planung und Koordinierung von Bewegungen, Feuer und Unterstützungsmaßnahmen. Synchronisierung heißt jedoch nicht, dass durch den Truppenführer ausdrücklich alle Maßnahmen koordiniert werden müssen. Die nachgeordneten Führer haben insbesondere die Absicht des Vorgesetzten in seiner Gesamtheit zu verstehen und in der Lage zu sein, im Eventualfall auf Aktionen zu reagieren. Im wechselvollen Verlauf der Schlacht, wenn Fernmeldeverbindungen ausfallen oder eine direkte Koordinierung nicht möglich ist, kann eine rechtzeitige Koordinierung den Unterschied zwischen Sieg und Niederlage ausmachen. Der Gegner wird seinerseits alles in seiner Macht stehende tun, um die Synchronisation der Operation seines Kontrahenten zunichte zu machen. US-amerikanische Experten sind der Auffassung, je weniger die Synchronisierung auf aktive Kommunikation angewiesen ist, desto geringer wird ihre Störanfälligkeit sein. Diese Einschätzung setzt aber voraus, dass sowohl Truppenführer als auch die Truppe über einen sehr hohen Ausbildungstand verfügen, um unter ungewöhnlichen Lagebedingungen auch zweckmäßig zu handeln. Wirksame Synchronisationsmaßnahmen bewirken letztlich die optimale Gestaltung des Grundsatzes des sparsamen Einsatzes der Kräfte und Mittel, wobei alle verfügbaren Ressourcen an dem Ort und zu dem Zeitpunkt zum Einsatz kommen sollen, an bzw. zu dem sie den größten Beitrag für den erfolgreichen Verlauf der Operation leisten können. Dazu bedarf es entsprechender Voraussicht, Beherrschung des Raum-Zeit-Verhältnisses und des Verstehens der Wechselwirkung zwischen den eigenen und feindlichen Potenzialen. Vor allem erforderte die Synchronisation die Einheitlichkeit des Handelns in der gesamten Truppe.

Im Zusammenhang mit den erörterten Ansichten der US-Experten komme ich nicht umhin, einige Aspekte hinzuzufügen, die ich als Leiter der operativen Abteilung der 5. Armee der NVA im Auftrag der Befehlshaber der Armee zu realisieren hatte. Ich konzentriere mich dabei auf die Hauptfragen des Zusammenwirkens zwischen den unterstellten und zugeteilten Truppenteilen unter Teilnahme der erforderlichen Chefs der Waffengattungen, Leiter der Dienste sowie Kommandeure der unterstellten Verbände und Truppenteile. Die Hauptfragen des Zusammenwirkens waren Teil des Entschlusses des Truppenführers (Befehlshaber/Kommandeur), die den Unterstellten bereits bei der Befehlsgebung (Aufgabenstellung) übermittelt wurden. Die Synchronisierung der Operation bzw. des Gefechts erfolgte im Rahmen des Planungsprozesses und war unabdingbare Aufgabe des Befehlshabers, die er entweder anhand der Karte, einem Geländemodell oder im Gelände persönlich durchführte. Bei der Organisation des Zusammenwirkens stimmte der Befehlshaber vor allem die Anstrengungen der Truppen ab, die im Schwerpunkt der Operation handelten. Ihm ging es insbesondere darum, dass alle nachgeordneten Kommandeure die Ziele der Operation verstehen. Ausgehend von möglichen Handlungen des Gegners sollten die Möglichkeiten der eigenen Handlungen untereinander genau festgelegt werden. Das

Zusammenwirken erfolgte nach der Methode der Erteilung von Anweisungen durch den Befehlshaber und der Erstattung von Meldungen durch die Unterstellten. Dabei wurden die Fragen des Einsatzes der Kräfte und Mittel aufeinanderfolgend durchgearbeitet, beginnend mit den Kampftruppenteilen, in deren Interesse das Zusammenwirken zu organisieren war. Zudem wurden die wichtigsten taktischen Lagen und deren mögliche Entwicklung erörtert. Voraussetzungen für die geschickte Abstimmung der Handlungen aller an der Operation beteiligten Truppen waren gründliche Kenntnisse über deren Gefechtsmöglichkeiten und Einsatzmethoden unter verschiedenen Lagebedingungen, exakte Berechnungen, ständige Kenntnis der Lage, Initiative und die Aufrechterhaltung einer lückenlosen Fernmeldeverbindung. Um die oben genannten Forderungen erfüllen zu können, hatten die Truppenführer in den Streitkräften der NATO und der WVO große Anstrengungen unternommen, um in der Kommandeur-, Offizier- und Truppenausbildung praktische Fähigkeiten in der Organisation des Zusammenwirkens zu entwickeln und zu vervollkommnen. Im Prozess der Organisation des Zusammenwirkens in den Streitkräften der WVO erfolgte unter anderem die Abstimmung des einheitlichen Systems der Signale der Warnung, der gegenseitigen Kennung und der Zielzuweisung zwischen den Truppenteilen der Landstreitkräfte und den Fliegerkräften. Das enge Zusammenwirken der Land- und Luftstreitkräfte war eine grundlegende Voraussetzung für die Kriegführung der NATO und Grundlage für das Erreichen der Operationsziele und Gefechtsaufgaben. Nach Beurteilung der NVA-Aufklärung gehörten zu den Aufgaben der Synchronisation der Landstreitkräfte mit den Luftstreitkräften:

- Erringung und Aufrechterhaltung der Luftüberlegenheit,
- Luftunterstützung der Landstreitkräfte, dabei Abriegelung des Operationsgebietes in Tiefen von 300 bis 500 km, Abriegelung des Gefechtsfelds in einer Tiefe bis 100 km und Luftnahunterstützung in einer Tiefe bis 30 km,
- Luftaufklärung in Tiefen von 300 bis 500 km,
- Lufttransport.

Im Rahmen der 1. Luftoperation waren die Kampfhandlungen zur Erringung und Behauptung der Luftüberlegenheit durch die Bekämpfung der gegnerischen Luftstreitkräfte auf ihren Einsatzflugplätzen Voraussetzung und entscheidend für erfolgreiche Operationen und Gefechte der Landstreitkräfte. Schwerpunkt der Luftunterstützung der NATO-Landstreitkräfte bildeten Einsätze zur Abriegelung des Operationsgebietes und des Gefechtsfelds durch die Bekämpfung der 2. Staffeln, operativer Reserven und anderer wichtiger Ziele in der Tiefe. Die Unterstützung durch die Landstreitkräfte, die vom Gefechtsstand des Korps und dem in seiner Nähe untergebrachten Gefechtsstand der Luftunterstützung *(Air Support Operations Center, ASOC)* geplant und organisiert wurde, konnte folgenden Umfang haben, sofern die Luftstreitkräfte nicht vorrangig durch das Erringen und Aufrechterhalten der Luftüberlegenheit gebunden waren. Die Korps konnten täglich mit 200 bis 300 Flugzeugstarts unterstützt werden, davon

- 120 bis 260 Flugzeugstarts (60 bis 85 Prozent) zur Abriegelung,
- 50 bis 75 Flugzeugstarts (bis 25 Prozent) zur Luftnahunterstützung,
- 30 bis 45 Flugzeugstarts (bis 15 Prozent) zur Luftaufklärung.

Den Divisionen konnten bis zu 100 Flugzeugstarts am Tag zur Luftunterstützung zugeteilt werden. Zu weiteren Maßnahmen der Luftunterstützung durch die Luftstreitkräfte gehörten:
- der Einsatz von Kräften und Mitteln der Luftverteidigung zur Deckung wichtiger Elemente der operativen Gliederung (des Aufbaus) und der Gefechtsordnung,
- die Bereitstellung von Lufttransportkapazitäten, den Nach- und Abschub materieller Mittel sowie die Rettung und Evakuierung von Geschädigten.

Bei Handlungen in der Küstenrichtung unterstützten die Seestreitkräfte die Handlungen der Landstreitkräfte durch:
- Aufklärung und Bekämpfung von Landungsverbänden auf See oder im Landungsabschnitt in der Verteidigung,

- Organisation, Durchführung und Sicherstellung operativer und taktischer Seelandungen im Angriff,
- Bekämpfung von See- und Landzielen.

Zur Sicherung der Seeflanke des Korps oder der Division sollten vor allem gegnerische Landungskräfte durch Einsatz von Seeflieger- und Flottenkräften aufgeklärt, bekämpft und zugleich Aufgaben der Landungsabwehr unterstützt werden. Sowohl bei taktischen als auch bei operativen Seelandungen hatten nach Einschätzung der NVA-Aufklärung im Norden der DDR Marineinfanteriekräfte vor allem Teile der 2. US-Marineinfanteriedivision und der 3. Marineinfanteriebrigade aus Großbritannien sowie Kräfte der Niederlande zum Einsatz kommen können. Ihre Anlandung sollte durch Aufklärungsflugzeuge und -hubschrauber sowie durch Flottenkräfte der NATO gewährleistet und mit Feuer unterstützt werden.[221] Die Fragen des Zusammenwirkens wurden in der NVA bei der Vorbereitung der Operation detailliert erarbeitet und in einer *Plantabelle des Zusammenwirkens* erfasst. Das Zusammenwirken war im Verlauf der gesamten Operation zu verwirklichen und bei Unterbrechung unverzüglich wiederherzustellen. Während der Operation konnte das Zusammenwirken korrigiert und bei schroffen Lageveränderungen neu organisiert werden. Bei der Organisation der Führung hatte der Befehlshaber festzulegen, von welchen Führungsstellen in welchen Perioden der Operation die Führung der Verbände zu erfolgen hatte. Außerdem waren die Plätze und die Zeiten zum Einrichten (zur Entfaltung) der Gefechtsstände, die Ordnung ihrer Verlegung im Verlauf der Operation, die Aufteilung des Personalbestandes des Führungsorgans,[222] der Fernmelde- und Transportmittel, die Aufrechterhaltung

---

[221] Anleitung 043/1/010, S. 20-22.
[222] Bezeichnung für eine festgelegte Gruppe von Offizieren (Chefs/Leiter) in der NVA, deren Funktion im Wesentlichen darin bestand, die Entschlüsse des Befehlshabers (Kommandeurs) rechtzeitig vorzubereiten und durchzusetzen sowie die Waffengattungen (Truppengattungen), Spezialtruppen und Dienste zu führen. Zudem hatte sie die Aufgabe, die unterstellten Truppenteile und Einheiten im Auftrag des Befehlshabers (Kommandeurs) anzuleiten und zu kontrollieren sowie Informationen von oben nach unten und umgekehrt zu gewährleisten.

der Verbindung zu den unterstellten, zugeteilten und zusammenwirkenden Truppenteilen anzuweisen. Zudem waren der pioniertechnische Ausbau[223] der Führungsstellen, ihre Sicherung, Verteidigung und Deckung vor dem Luftgegner sowie andere Fragen zu veranlassen.[224]

Zusammenfassend ist festzustellen, dass die Synchronisation bzw. das Zusammenwirken eine außerordentlich wichtige Voraussetzung für die Operation war. Unter den Militärexperten der WVO herrschte die Auffassung, dass dort, wo verschiedenartige, hochbewegliche und schnellwirkende Mittel des bewaffneten Kampfes zum Einsatz kommen, die Abstimmung der Handlungen eine unbedingte Notwendigkeit sein muss, um den Erfolg in der Operation zu erringen.[225] Deshalb war die kluge Organisation und die ständige Aufrechterhaltung des Zusammenwirkens generelle Pflicht der Befehlshaber und Kommandeure bei der Vorbereitung und Durchführung von Operationen und Gefechten.[226] Die Synchronisation der Teilstreitkräfte, der Kampf-, Unterstützungs- und anderer Truppen ist ein Prinzip der Koordination des bewaffneten Kampfes aller Streitkräfte, um Kampfhandlungen nach Ziel, Zeit, Ort und Objekt erfolgreich zu lösen. Nach meiner Kenntnis offenbaren sich gerade darin die ganze Führungskunst der militärischen Führer, ihre operative und taktische Reife und ihre organisatorischen Fähigkeiten, Truppen zu führen.

---

[223] Unter dem pioniertechnischen Ausbau des Geländes verstanden die Streitkräfte der WVO die Pioniersicherstellung von Kampfhandlungen. Dies schloss den Bau von Feldbefestigungsanlagen, Führungsstellen, Stellungen und Räumen der Truppen, das Anlegen von Sperren, das Instandsetzen von Straßennetzen und Anlegen von Kolonnenwegen ein.

[224] Vgl. DV 046/0/001, S. 55 f.

[225] Resnitschenko (Hrsg.), Taktik, S. 65 f.

[226] Die *Synchronisation*, in der WVO als die *Organisation des Zusammenwirkens* bezeichnet, war von besonderer Bedeutung. Sie wurde auf der taktischen, operativen und strategischen Ebene durchgeführt. Die *Synchronisation* ist objektiv notwendig, um Kampfhandlungen erfolgreich durchzuführen, da die spezifischen Teilaufgaben der beteiligten Kräfte und Mittel einander ergänzen und unmittelbar voneinander abhängig sind. In der NATO hatte die *Synchronisation* offensichtlich nicht den gleichen Stellenwert wie in der WVO, weil die NATO über kein bündnisgemeinsames operatives Konzept und über keine einheitlichen taktischen Führungsgrundlagen verfügte. Hansen, Helge, Schreiben an den Autor vom 28.06.2017 (Archiv des Autors)

9.15 Kräfte, Zeit und Raum

Mangels verwendungsfähiger Begriffsbestimmungen der NATO werden hier eigene Erklärungen angeboten.

In Operationen und Gefechten werden Kräfte und Mittel entsprechend den räumlichen und zeitlichen Gegebenheiten eingesetzt. Es handelt sich dabei um ein umfassendes Spektrum von Kräften der Führungsebenen. Grundsätzlich setzen sich Kräfte aus dem Personal und der dazugehörigen Ausrüstung (Mittel) zusammen. *Kräfte* gliederten sich in Land-, Luft- und Seestreitkräfte und waren für die Durchführung ihrer spezifischen Kampfhandlungen entsprechend bewaffnet, ausgerüstet und ausgebildet. Ferner waren sie in strategische, operative und taktische Großverbände, Verbände und Truppenteile sowie in Truppengattungen gegliedert und hatten ebenengerechte Aufgaben auf Landkriegs- und Seeschauplätzen sowie im Hinterland des Gegners entweder im Zusammenwirken mit anderen Teilstreitkräften oder selbstständig zu erfüllen.[227] Abhängig von den Informationen waren Kräfte, Zeit und Raum so miteinander in Einklang zu bringen, dass der Entschluss des Truppenführers zielstrebig umgesetzt werden konnte. Die Kräfte, die dem militärischen Führer zur Erfüllung seines Auftrags zur Verfügung standen, sollten dem Auftrag angemessen sein. Ihr Leistungsvermögen ergab sich aus ihrer personellen und materiellen Stärke, Art und Zustand ihrer Ausstattung, dem Stand der Versorgung, ihrer Ausbildung, ihrer physischen und psychischen Verfassung. Freilich waren die Charaktereigenschaften des militärischen Führers und der Geist in der Truppe ausschlaggebend für den Einsatzwert, das Leistungsvermögen und letztlich für die Kampfkraft. Nach Auffassung der NATO sollten die zeitgerechte Bereitstellung und der frühzeitige Einsatz von *Kräftemultiplikatoren*, gemeint sind Nuklearwaffen bzw. strategische Kampfmittel, aufgrund ihres Leistungsvermögens sowie ihrer besonderen und sich im Verbund ergänzenden Eigenschaften und Fähigkeiten bereits mit geringem Aufwand und unter Schonung von Kräften und Vermeidung von Verlusten zu einem hohen Wirkungsgrad führen. Eine vergleichbare Wirkung wäre sonst nur durch einen wesentlich höheren zusätzlichen Aufwand an Kräften und Mitteln der Kampf-

---

[227] Militärlexikon, S. 181, 202, 216, 337.

truppen erreichbar gewesen. Egal ob auf Seiten des Feindes oder des Freundes, die Mystifikation der sogenannten Kräftemultiplikatoren hatte ihre Wirkung erreicht. Das unkalkulierbare Risiko schreckte beide Seiten ab und sorgte für eine gewisse Stabilität.[228]

Der für das Erfüllen des Auftrags gesetzte Zeitrahmen war eine wesentliche Planungsgröße, nach der Führung und Truppe ihr Handeln auszurichten hatten. Der Zeitbedarf war von Anfang der Planung bis zum Beginn der Operation zu berücksichtigen. Erfahrungsmäßig ist die *Zeit* häufig zu knapp. Sie hat für die Teilstreitkräfte und Truppengattungen unterschiedliche Dimensionen. Die für die Verlegung und den Aufmarsch sowie für den Aufbau der Einsatzunterstützung verfügbare Zeit bis zum Operationsbeginn ist in der Regel zu gering, weil zu viele Risiken das Geschehen beeinflussen können. Dies muss jeder militärische Führer bei seiner Planung berücksichtigen. Die Auswahl der Kräfte, das Überwinden weiter Entfernungen vom Standort bis zum Einsatzraum, die Planung und Herstellung der Bereitschaft zur Erfüllung von Gefechtsaufgaben, die Sicherstellung der Führungsfähigkeit und nicht zuletzt die konsequente Nutzung moderner Informations- und Waffentechnik helfen im Kampf, Zeit zu gewinnen. Wer die Zeit am besten nutzt, kann am schnellsten die Initiative ergreifen. Im Rahmen der Operations- und Gefechtsführung sollte ein optimales Zusammenwirken der eigenen Kräfte im Verhältnis zu den Handlungen der gegnerischen Kräfte in Zeit, Verfügbarkeit der Kräfte und Raum erreicht werden, mit dem Ziel, Überlegenheit oder zumindest Gleichgewicht herzustellen. Dazu nutzt der Truppenführer den *Raum*.

Es geht ihm dabei darum, im schnellen Wechsel der Gefechtsarten, oft mit offenen Flanken, in weiträumigen Operationen den Raum zum schnellen Zusammenfassen der Kräfte, zur Schwerpunktbildung und -verlagerung auszunutzen. Dazu setzt er auch in der Tiefe des feindlichen Gebiets Kräfte und Mittel ein, um

– die Absicht des Feindes so früh wie möglich zu erkennen,

– Kräfte des Feindes frühzeitig abzunutzen und sie daran zu hindern, planmäßig ins Gefecht zu treten,

---

[228] Vgl. Afheldt, Analyse der Sicherheitspolitik. In: Weizsäcker, Kriegsfolgen, S. 72.

- Kräfte und Mittel des Feindes für Operationen in der Tiefe, einschließlich weitreichender Aufklärungsmittel, zu zerschlagen,
- feindliche Massenvernichtungsmittel zu zerstören und
- die feindliche Kampfmoral zu schwächen.[229]

Der Raum beeinflusst maßgeblich die Planung der Operation sowie die Führung. Der militärische Führer befiehlt die Raumordnung und die Verantwortlichkeiten. Der Raum wird in Abhängigkeit von Art, Stärke und Auftrag der Truppe zugewiesen. Das Schlüsselgelände war Teil des Raumes, dessen Besitz oder Beherrschung für den Erfolg der eigenen Operation entscheidend war.[230]

9.16 Sieg

Ausgehend von der bisherigen Darstellung der militärischen Grundsätze und des Einsatzes militärischer Mittel im Krieg war die erklärte Siegeszuversicht irreal. Es gab zwei Optionen. Einerseits hätte sich der Krieg begrenzen lassen, solange er „konventionell" geführt worden wäre. Mit Beginn des Einsatzes von Kernwaffen wäre er höchstwahrscheinlich zum strategischen Vernichtungskrieg eskaliert. Unabhängig davon, welche Interessenskalkulation zuträfe, waren folgende Szenarien zu erwarten:

1. Einsatz von zunächst begrenzten militärischen Mitteln mit dem politischen Ziel, den Krieg schnell zu beenden.
2. Steigerung der Anwendung von militärischen Mitteln, um die Wahrscheinlichkeit der Einstellung des Krieges zu erhöhen.
3. Schäden und Verluste auf beiden Seiten, die den Einsatz von Nuklearwaffen provozieren.
4. Irrationalität zur „angemessenen" Anwendung von Nuklearwaffen.

Je höher die Eskalationsbereitschaft ist, desto größer wird die Gefahr irrationaler Handlungen und des unlimitierten Einsatzes von

---

[229] Vgl. Entwurf HDv 100/100, 1997, Ziff. 2337-2339.
[230] Ebd., Ziff. 421-424.

Kernwaffen. Je klarer eine solche Entwicklung vorauszusehen war, umso stärker schwand der Glaube an den Sieg in einem „Heißen Krieg". Das Bestreben nach einer solchen Mystifikation in den Szenarien eines „unkalkulierbaren Risikos" hatte zur Folge, dass nach einer gewissen Schutzklausel gegen die Sinnlosigkeit eines Krieges gesucht wurde.

In diesem Zusammenhang hatten Bündnispartner in Ost und West übereinstimmende Vorstellungen davon gehabt. Meines Erachtens ist daher auch nicht nachzuvollziehen, dass sowohl die US-Heeresdienstvorschrift FM 100-5[231] als auch die Gefechtsvorschrift der Landstreitkräfte der NVA DV 046/0/001[232] der Erringung des Sieges in der Operation und im Gefecht eine „ultimative" Bedeutung beigemessen haben.

9.17 Bewertung

Wer sich mit der Theorie und Praxis der militärischen Strategie, operativen Kunst und Taktik befasst, kennt die Grundlagen des militärischen Denkens und kann sie im Einzelnen beurteilen. Die genaue Kenntnis über hinreichende Detailinformationen und über zeitgemäße militärische Grundsatzfragen ist erforderlich, sonst sind weder seriöse Analysen noch eine tiefgründige Lagefeststellung, Planung, Befehlsgebung und Kontrolle möglich. Wenngleich die Grundsätze als einzelne Elemente erörtert wurden, bedingen sie einander und kommen erst durch die Fähigkeiten der militärischen Führer in ihren Zusammenhängen zur Geltung. In welchem Umfang und Ausprägungsgrad sie angewendet werden, hängt weitgehend von den Fähigkeiten der militärischen Führer und ihrer Truppen ab.

---

[231] FM 100-5, Chapter 1, page 2.
[232] Vgl. DV 046/0/001, S. 10.

10. Führung der Truppen

10.1 Grundlagen der Führung

Die Führung der Truppen wird in der HDv 100/100 als eine Kunst, eine auf Charakter, Können und geistiger Kraft beruhende schöpferische Tätigkeit beschrieben. Ihre Grundsätze lassen sich nicht erschöpfend darstellen. Die Truppenführung ist weder an Formeln noch an starre Regelungen gebunden. Im Einsatz trifft häufig Unvorhergesehenes ein, Friktionen, Zeitdruck sowie begrenzte Kräfte und Mittel sind oft die Regel. Je nach den Einsatzbedingungen unterscheiden sich die Führungsgrundsätze. Im Rahmen der Bündnisverteidigung und von Koalitionen gab es Unterschiede in der Sprache, nationalen Mentalität, Struktur, Ausrüstung, Führung, in den Führungs- und Einsatzgrundsätzen. Eine erfolgreiche Truppenführung setzte unter diesen Bedingungen vor allem eine geeignete Führungsorganisation voraus. Die politisch-strategische Führung der jeweiligen Regierung erteilte den Streitkräften Aufträge. Sie wurde bei der Erarbeitung ihrer Weisungen von der militärstrategischen Führung beraten. Aus den politisch-strategischen Vorgaben wurden militärstrategische Konzepte abgeleitet, die wiederum von den Truppenführern in militärstrategische Weisungen umgesetzt wurden. Die militärstrategische Führung koordinierte den Einsatz der verfügbaren Kräfte so, dass die von der politisch-strategischen Führung gesetzten Ziele erreicht werden konnten. Zu den grundsätzlichen Aufgaben gehörten:

– Festlegen der militärstrategischen Absicht und Ziele,

– Entwickeln eines militärstrategischen Konzepts,

– Bereitstellen der Kräfte und Mittel für das Einsatzgebiet,

– Bestimmen der Führungsstruktur für den Einsatz.[233]

Diese Aufgaben koordinierte in nationaler Zuständigkeit und im multinationalen Rahmen namentlich das NATO-Hauptquartier für

---

[233] Vgl. Entwurf HDv 100/100, 1997, Ziff. 401-405.

die NATO-Streitkräfte Mitteleuropas *(Allied Forces Central Europe, AFCENT)*.[234]

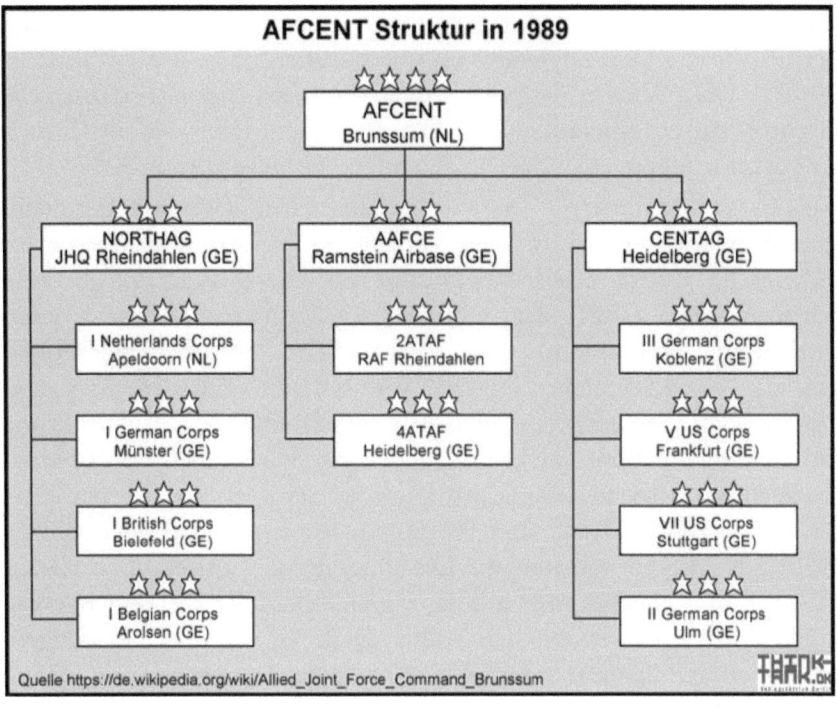

---

[234] Das *AFCENT* Brunssum war das militärische Oberkommando *(Headquarter)* für Operationen im gesamten Verantwortungsbereich *(area of responsibility)* des *Supreme Allied Commander Europe (SACEUR)*.

10.2 Operative Führung

Die Alliierten Streitkräfte Europa Mitte verfolgten das politische Ziel der Kriegsverhinderung bei gleichzeitiger Behauptung der geografischen und politischen Integrität des Bündnisses. Voraussetzung hierfür war das Durchdenken von Operationen und ihrer Erfolgsaussichten. Das Wesen der operativen Führung besteht darin, alle Faktoren auf ein operatives Ziel hin zu ordnen, damit sie im Einsatz zur bestmöglichen, einander ergänzenden Wirkung kommen.[235]

Die operative Führung[236] erstellte auf der Grundlage militärstrategischer Vorgaben ein operatives Konzept und setzte es in Weisungen und Befehle für die taktische Führung um. Dieses Konzept gliederte sich in mehrere zeitlich und räumlich abgestimmte Phasen, in deren Mittelpunkt verbundene Land-, Luft- und Seekriegsoperationen standen. Grundsätzliche Phasen konnten die Bereitstellung von Kräften, die Verlegung und der Aufmarsch sowie die Rückführung und Wiedereinnahme der Grundgliederung sein. Neben den operativen Zielen wurden im operativen Konzept Schwerpunkt, Operationslinien,[237] Kräfte, Mittel und Reserven festgelegt. Darüber hinaus enthielt es Alternativplanungen. Die Operationen waren so zu planen und zu führen, dass dem Feind das eigene operative Ziel so lange wie möglich im Unklaren bleiben sollte. Dadurch wäre er gezwungen, seine operative Planung ständig zu korrigieren. Die operative Führung bestimmte vor allem die Ziele, legte die Raumordnung fest, entwickelte den Operationsplan und stellte die Kräfte bereit. Im Ernstfall hätte sie die Truppen aufmarschieren lassen, das Zusammenwirken mit den Teilstreitkräften und den Streitkräften anderer Mitgliedstaaten koordiniert, die Einsatz- und Führungsunterstützung gewährleistet und die Kräfte gemäß den Planungen eingesetzt. Auf Grundlage der

---

[235] Sandrart, Hans-Henning von, Operative Führung zwischen Verteidigungsstrategie und Abrüstungspolitik. In: Europäische Wehrkunde, August 1989, S. 469.

[236] Als Referenz für die Erörterung der operativen Führung diente der Entwurf der HDv 100/100, 1997, Ziff. 2345-2356.

[237] Als *Operationslinien* werden *Führungs-* und *Bewegungslinien* bezeichnet, die Kräften den Weg von der Operationsbasis bis ins Ziel der Operation in groben Zügen vorgeben. Sie werden auch für das Heranführen von Verstärkungen, für Einsatzunterstützung sowie für den Rückzug genutzt. Sie können auch als *Verbindungs-* und *Rückzugslinien* bezeichnet werden. Vgl. Entwurf HDv 100/100, 1997, Ziff. 2347.

operativen Absichten, Ziele und Vorstellungen über die Durchführung der Kampfhandlungen wurden die Operationspläne erarbeitet und Weisungen sowie Befehle an die taktische Führung verfasst. Sie waren wiederum die Basis für die Entwicklung alternativer Planungen der taktischen Ebene. Die operative Absicht lag darin, möglichst zum Beginn der Operation die Initiative zu erlangen und von Anfang an das Gesetz des Handelns zu bestimmen. Das Zentrum der Kraftentfaltung und Handlungsfähigkeit *(Centrum Gravitatis, Center of Gravity)* umfasste maßgebende Verhältnisse, Stärken und Schwächen eingeschlossen, die das Leistungsvermögen des Bündnisses, der Nation und ihrer Streitkräfte bestimmten. Aus ihm leiteten die Streitkräfte ihre Handlungsoptionen, ihre Kampfkraft, ihre Moral und den Siegeswillen ab. Ausschlaggebend für das Erreichen des militärstrategischen Ziels war es, alle erforderlichen Kräfte und Mittel gegen das Zentrum der Kraftentfaltung und Handlungsfähigkeit des Feindes zu richten, dieses auszuschalten oder nachhaltig zu schwächen. Das sollte der operativen Führung vor allem dadurch gelingen, indem die starken Kräfte des Feindes erfasst, eingeschlossen und geschlagen werden. Dabei war das eigene Zentrum der Kraftentfaltung und Handlungsfähigkeit gegen Operationen des Feindes zu schützen. Als Zentrum der Kraftentfaltung und Handlungsfähigkeit galten vor allem:

- politische und militärische Entscheidungszentren,
- wirtschaftliche Basen und Zentren,
- Verkehrsinfrastruktur,
- Führungs- und Aufklärungssysteme,
- Massenvernichtungswaffen,
- strategische und operative Reserven,
- logistische Ressourcen.

Auch der Zusammenhalt der Verbündeten der Allianz sowie der Rückhalt der Streitkräfte und der politischen Führung in der Bevölkerung wurden als Zentren der Kraftentfaltung und Handlungsfähigkeit eingeschätzt.[238] Unter Beachtung der Weisungen und Befehle der operativen Führung setzte die taktische Ebene die Auflagen in Operationspläne und Befehle um. Diese begründeten die Führung des *Gefechts der Verbundenen Waffen*[239] und den *Einsatz der Verbundenen Kräfte*.[240]

---

[238] FM 100-5, Chapter 2, pages 23-25.

[239] Beim *Gefecht der Verbundenen Waffen* wirken Kräfte verschiedener Truppengattungen und Teilstreitkräfte in den Gefechtsarten, in den Allgemeinen Aufgaben im Einsatz und in den Besonderen Gefechtshandlungen unter einheitlicher Führung zeitlich und räumlich zusammen. Vgl. Entwurf HDv 100/100, 1997, Ziff. 411.

[240] Beim *Einsatz der Verbundenen Kräfte* wirken unterschiedliche Truppengattungen und Teilstreitkräfte im Rahmen zeitlich und räumlich zusammenhängender Einsatzhandlungen unter einheitlicher Führung zusammen. Vgl. Entwurf HDv 100/100, 1997, Ziff. 412.

Hauptaufgaben eines Korps in der Operation (Variante)

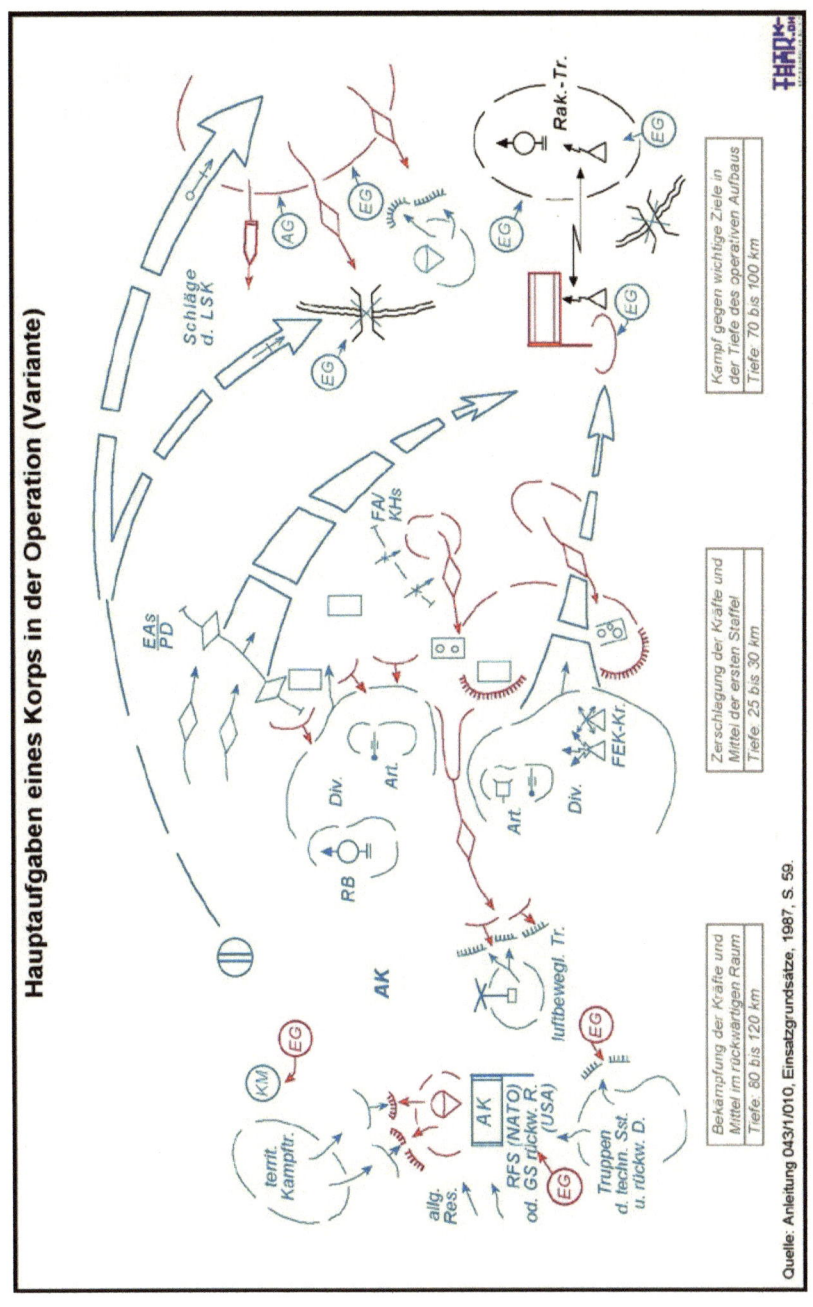

Quelle: Anleitung 043/1/010, Einsatzgrundsätze, 1987, S. 59.

10.3 Taktische Führung

Wie zuvor dargelegt, setzte die taktische Führung unter Beachtung von Auflagen die Weisungen und Befehle der operativen Führung in Operationspläne und Befehle um. Sie hatte das *Gefecht der Verbundenen Waffen*, die *Allgemeinen Aufgaben im Einsatz* und die *Besonderen Gefechtshandlungen* zu führen. Je nach Auftrag, eine Entscheidung herbeizuführen, vorzubereiten oder zu vermeiden, konnten die Gefechtsarten Angriff, Verteidigung und Verzögerung angewendet werden. Letztere war in der WVO keine eigenständige Gefechtsart, sondern Bestandteil der Verteidigung. Laut HDv 100/100 von 1987 hatte der Angriff „den Zweck, Kräfte des Feindes zu zerschlagen und Raum zu nehmen. Häufig zielt der Angriff nur gegen den Feind oder ausschließlich auf die Inbesitznahme von Gelände. Durch Angriff will der Truppenführer meist eine Entscheidung herbeiführen. Der Angriff verlangt Kühnheit und Tatkraft."[241] Zweck der Verteidigung war es, „den feindlichen Angriff in einem bestimmten Raum zum Scheitern zu bringen. Der Verteidiger setzt damit dem Angreifer seinen Willen zur Behauptung entgegen und schafft so Voraussetzungen für eigene Kräfte, eine Entscheidung durch Angriff herbeizuführen."[242]

Nach dem Entwurf der HDv 100/100 von 1997 wird der Feind angegriffen und ihm der Zeitpunkt, Schwerpunkt und die Richtung des Stoßes aufgezwungen. Der Angriff hat den Zweck, Kräfte des Feindes zu zerschlagen und Raum zu nehmen. Die Verteidigung setzt dem angreifenden Feind den Willen zur Behauptung entgegen. Sie hat den Zweck, den feindlichen Angriff in einem bestimmten Raum zum Scheitern zu bringen und möglichst starke Kräfte zu zerschlagen.

---

[241] HDv 100/100, 1987, Ziff. 26001.
[242] Ebd., Ziff. 27001.

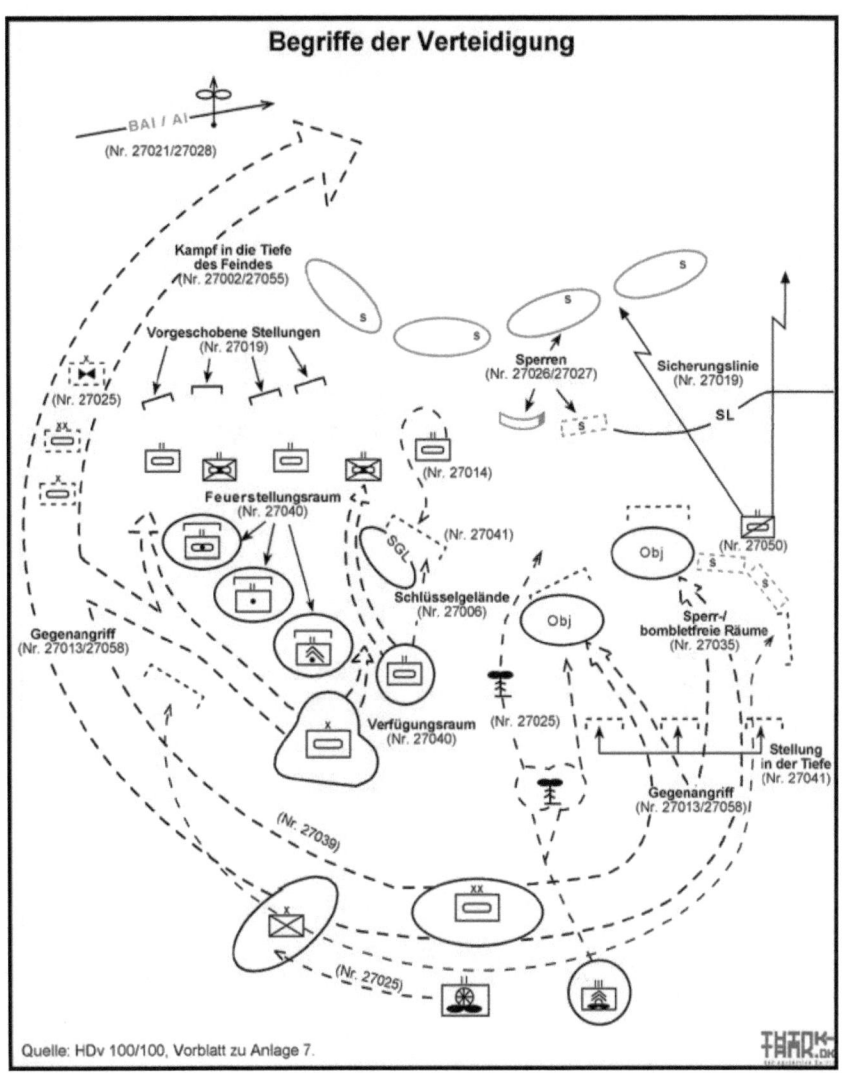

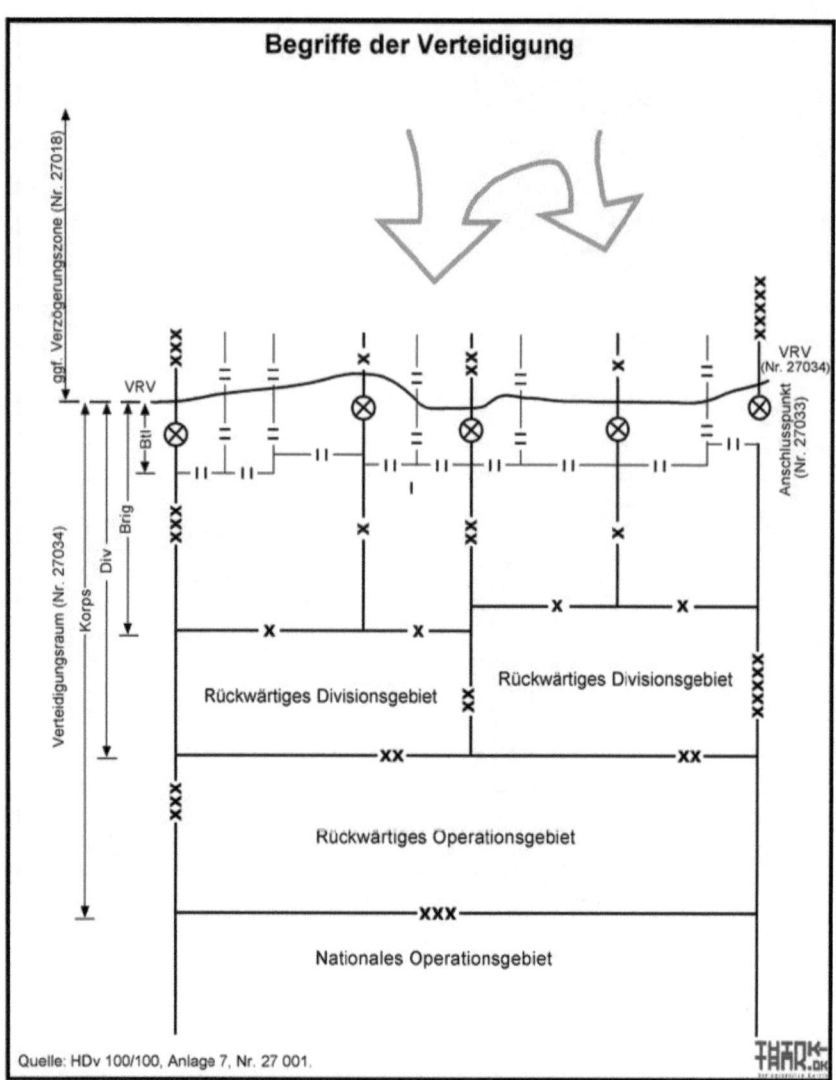

Die Begriffsbestimmungen von 1987 unterscheiden sich in zwei Aussagen von denjenigen aus dem Jahr 1997. Zum einen wird 1987 noch von der „Herbeiführung einer Entscheidung im Angriff" gesprochen, diese Aussage fehlt 1997. Zum anderen schafft die Verteidigung nach der HDv 100/100 von 1987 die Voraussetzung für die eigenen Kräfte, „eine Entscheidung durch Angriff herbeizuführen" – diese Ausführung fehlt ebenso in der Ausgabe von 1997.[243] Eine folgerichtige Einschätzung wäre, dass es das oberste Ziel der Bundesrepublik war, den Frieden zu erhalten, ihre politische Unabhängigkeit und Lebensfähigkeit als Industriegesellschaft zu sichern sowie die physische Existenz ihrer Bewohner zu bewahren. Deshalb halte ich die verkürzte Begriffsbestimmung der HDv von 1997 für legitim, weil im Zeitalter der nuklearen Bedrohung sowohl die Verteidigung als auch der Angriff keinen Erfolg bieten würden und der Krieg ohnehin nicht zu gewinnen gewesen wäre. Mit anderen Worten, es gab keine brauchbare Strategie für den Fall des Versagens der Abschreckung. Daher fehlen die konsequenten Zielvorgaben der historischen Prinzipien der Gefechtsarten in den Vorschriften. Es lohnt sich, die Vorschriften der Bundeswehr auch unter diesem Gesichtspunkt zu betrachten.[244] Die Gefechtsvorschrift der Landstreitkräfte der NVA von 1983 drückt sich präziser aus. Sie postuliert den Angriff als die grundlegende Art des Gefechts, der mit hohem Tempo in große Tiefe durchgeführt wird und die vollständige Zerschlagung des Gegners ermöglicht. Hingegen ist die Verteidigung eine Art des Gefechts. Sie kann erzwungenermaßen oder beabsichtigt durchgeführt werden, wenn der Angriff nicht möglich oder unzweckmäßig ist.[245] Ansonsten stimmen die Begriffsbestimmungen der NVA von 1983 und der Bundeswehr von 1987 prinzipiell überein.

---

[243] Es muss offen bleiben, inwieweit die Forderungen der HDv 100/100 von 1997 aus militärischen Gesichtspunkten ernst gemeint waren, weil sie nur eingeschränkte Ansichten wiedergeben. Der Zweck des Angriffs und der Verteidigung erhält lediglich begrenzte Wirkung. Es erscheint notwendig, darauf hinzuweisen, dass der Einfluss militärischer Grundsätze der *US-Army* auf das bundesdeutsche Heer nicht genügend gesehen wurde.
[244] Vgl. Afheldt, Analyse der Sicherheitspolitik. In: Weizsäcker, Kriegsfolgen, S. 72-74.
[245] DV 046/0/001, S. 13.

Dies trifft übrigens auch für das FM 100-5 von 1986 zu, von dem noch ausführlich die Rede sein wird. Folgerichtig ist der Angriff von entscheidender Bedeutung. An anderer Stelle wird in den Vorschriften der *US-Army* und der Landstreitkräfte der Sowjetarmee[246] davon gesprochen, dass der Angriff von entscheidender Bedeutung für den Sieg im Gefecht ist. Wohingegen die Kampfhandlungen der Verteidigung letzten Endes dazu dienen, günstige Bedingungen für den Übergang zum entschlossenen Angriff zu schaffen.[247] Daher ist hervorzuheben, dass beide Seiten anerkannten, dass der Angriff eine maßgebliche Bedeutung für den Erfolg im Gefecht hat.

Damit wird nicht impliziert, dass WVO und NATO als politisch-militärische Organisationen gleiche politische Ziele verfolgten. Die Gleichsetzung beider Seiten in der Umsetzung operativer Grundsätze schließt sich auch deshalb aus, weil alle NATO-Streitkräfte nur assigniert oder sogar nur *earmarked for assigment*[248] waren. Somit unterstanden sie „ausschließlich den nationalen Kommandobehörden und mussten im Spannungsfall qua politischer Entscheidung der nationalen Regierung in einer *transfer of authority*[249] dem Obersten Aliierten Befehlshaber *(SACEUR)* unter *Operational Command* unterstellt werden".[250] Im Ostblock hingegen wurden die Armeen der Vereinten Streitkräfte mit Übergang zur höchsten Bereitschaftsstufe, zur *Vollen Gefechtsbereitschaft*, den militärischen Organisationen der Front unterstellt und unterlagen damit uneingeschränkt dem Führungsanspruch des sowjetischen Generalstabes. Wenn beide Mächte sich für den Krieg als *Ultima Ratio* entschieden hätten, dann hätten die Kampfhandlungen so schnell wie möglich geführt und beendet werden sollen. Dieses Ziel konnte nach damaligen militärischen Gesichtspunkten der WVO nur durch den Angriff erreicht

---

[246] Resnitschenko (Hrsg.), Taktik, S. 47.
[247] Ebd., S. 48.
[248] Für die Zuweisung vorgesehen. Dieser Grundsatz entsprach einem Status von Kräften, dem die jeweiligen Nationen zustimmten und zu einem bestimmten Zeitpunkt einem operativen Kommando oder der operativen Kontrolle eines NATO-Kommandierenden zugeordnet wurden. Bei der Festlegung dieser Kräfte sollten die Nationen angeben, ab wann diese zur Verfügung stehen werden.
[249] Übertragung der Befehlsgewalt.
[250] Schreiben von General a. D. Helge Hansen vom 30.12.2016 (Archiv des Autors).

werden. Die Entscheidung darüber wäre von der tatsächlichen Bedrohungsanalyse abhängig gewesen.

Angesichts dieser Überlegung erscheint es fragwürdig, warum die Heeresdienstvorschrift der Bundeswehr die Logik des „Erfolgs" im Krieg aussparte. Offensichtlich spielte bei dieser Beurteilung die Öffentlichkeit eine nicht ganz unwichtige Rolle. Daraus kann gefolgert werden, dass die Politik den Frieden will und das Militär aus Loyalität militärische Grundsätze verkürzt beschreibt, auch wenn Sachzwänge des operativen Denkens prinzipiell dagegen sprechen. Wenn sich militärische Fachleute so akzentuieren, wird das militärische Grundverständnis verzerrt. Im Hinblick auf die überlieferte Kriegführung wurden militärische Grundsätze immer von offensiven Kategorien beherrscht. Weil nur durch die Offensive der Erfolg erreicht werden kann.

Erforderten die zwingenden politischen Vorgaben der Nordatlantischen Allianz, die Enge des Raumes und die strategische Defensive nunmehr ein anderes operatives Verständnis? Grundsätzlich setzt die Verteidigung dem Angreifer den Willen entgegen, für eine begrenzte Zeit, einen bestimmten Raum zu behaupten, den Angriff zum Scheitern zu bringen und eine Entscheidung durch den eigenen Angriff herbeizuführen. Die strategische Verteidigung setzt sich vor allem dem Nachteil aus, erhebliche Schäden und Verluste hinzunehmen. Wenn dann dabei der Frieden nicht frühzeitig erzwungen wird, werden die Infrastruktur und schließlich das eigene Territorium zerstört. Hinterfragen wir einzelne Aspekte der militärischen Konzeption der NATO, welche die strategische Defensive als den Primat der Politik favorisieren, dann müssen wir anmerken, dass sich Auflagen und Beschränkungen ergaben, welche die Umsetzung militärischer Grundsätze behinderten oder sogar gänzlich ausschlossen.[251]

Eine weitere Gefechtsart ist die Verzögerung, sie weicht dem Feind aus und schafft Voraussetzungen für andere Operationen. Sie hat den Zweck, angreifende Feindkräfte zeitlich begrenzt aufzuhalten und

---

[251] Vgl. Brand, Dieter, Grundsätze der operativen Führung. In: Sandrart, Hans-Henning von, Denkschriften zu Fragen der operativen Führung, Bonn 1987, S. 42. Siehe auch HDv 100/100, 1987, Ziff. 26001, 27001.

abzunutzen, ohne Widerstand bis zum Äußersten zu leisten, und dabei die Kampfkraft der eigenen Truppe zu schonen. Der Truppenführer hatte bewusst Raum aufzugeben, um Handlungsfreiheit oder Zeit zu gewinnen. Die Gefechtsarten konnten jede für sich allein, gleichzeitig oder nacheinander angewendet werden. In jeder dieser Gefechtsarten konnten Truppenteile auch zeitweilig andere Gefechtsarten durchführen. Außerdem konnten *Besondere Gefechtsarten* angewendet werden. Dazu zählten Überwachen von Räumen, Begegnungsgefecht, Lösen vom Feind, Ablösung und Aufnahme.[252]

Die Truppenführung unterliegt dem geltenden Recht. Zu den Rechtsgrundlagen gehörten die verfassungsrechtlichen Grundlagen des Einsatzes der Streitkräfte und nationale Rechtsvorschriften.[253]

Unterschiedliche technische Standards der alliierten Verbände hatten Einfluss auf die Qualität und Intensität militärischer Einsätze. Ihre tatsächlichen Fähigkeiten hätten sich erst während des Einsatzes gezeigt. Die Streitkräfte bereiteten sich im multinationalen Verbund auf ihren Einsatz vor. Dabei wurden sowohl die technischen Fähigkeiten als auch die geografischen Bedingungen der verbündeten Streitkräfte und die des Gegners bei der Planung und Führung berücksichtigt.

Entsprechend der Auffassung, dass die NATO nur begrenzt über Personal und Material verfügte und in einem konventionellen Krieg unterläge, war, wo immer möglich, zivile Unterstützungsleistung zu nutzen. Dazu diente der *Host Nation Support (HNS)* in der Bundesrepublik Deutschland, der für die zivile und militärische Unterstützung der alliierten Streitkräfte zur Verfügung stand. *HNS* war eine der Aufgaben, die durch territoriale Wehrorganisationen wahrgenommen wurden. Die Territorialkommandos koordinierten die bundeswehrgemeinsame Erfüllung dieser Unterstützungsaufgaben, die sowohl im Frieden als auch im Spannungs- oder Verteidigungsfall auf westdeut-

---

[252] Entwurf HDv 100/100, 1997, Ziff. 2358-2360.
[253] Weitere Rechtsgrundlagen: allgemeine Völkerrecht, Charta der Vereinten Nationen, multi- und bilaterale Abkommen beteiligter Nationen, Rechtsordnung des Einsatzlandes, Internationales Luft- und Seerecht.

schem Staatsgebiet, in nationaler Verantwortung wahrzunehmen war.[254]

Alle Operationsarten, dazu gehören Operationen im Nahbereich, in der Tiefe des Raumes und im rückwärtigen Gebiet, verlangen eine ununterbrochene Führung. Das Führungssystem, das die Durchführung der Operationen und Gefechte unterstützt, hat die Handlungsfreiheit, die Übermittlung der Befehle und die Führung von allen kritischen Punkten auf dem Gefechtsfeld zu ermöglichen. Operative Planungen sind Voraussetzung, vor allem im Interesse der Führung von Kampfhandlungen. Dennoch müssen die militärischen Führer im Verlauf des Kampfes mit beträchtlichen Abweichungen von den Plänen rechnen. Die Pläne sollen den nachgeordneten Führern größtmögliche Handlungsfreiheit in operativer und taktischer Hinsicht überlassen. Deshalb müssen Pläne so flexibel sein, dass sie den nachgeordneten Führern im Rahmen der Verfolgung der Ziele Abweichungen erlauben. Nach Möglichkeit erhalten die nachgeordneten Führer ihre Befehle direkt von ihren Vorgesetzten, wobei die übergeordneten Führer den Operationen ihrer Untergebenen nur die unbedingt notwendigen Beschränkungen auferlegen. In den meisten Fällen sollen Einsatzbefehle gegeben werden, in denen spezifiziert wird, „was" zu tun ist, ohne das „Wie" vorzuschreiben. Kontrollmaßnahmen sollen die Zusammenarbeit zwischen den Truppenteilen sicherstellen, jedoch die Handlungsfreiheit der nachgeordneten Führer nicht unnötig einschränken. Das Führungssystem hat flexibel zu sein. Vor allem muss es den Faktor Zeit durch routinemäßige Verwendung von Vorbefehlen, ständige Aktualisierung der Lage, vorausschauende Planung und entsprechenden Kräfteansatz optimal gewährleisten. Durch eine standardisierte Ausbildung bei Stabs- und Einsatzverfahren war das gegenseitige Verständnis zwischen militärischen Führern und Truppenteilen zu gewährleisten. Dies erforderte die militärische Schulung im Heer und in den Truppenteilen der Teilstreitkräfte. Eine intensive und realistische Ausbildung sowie Übungen unterschiedlicher Art trugen zur Förderung der Initiative und Flexibilität bei, um Führer und Truppenteile auf die Zusammenarbeit, auch unter schwierigsten Bedingungen, vorzubereiten. Ferner

---

[254] Entwurf HDv 100/100, 1997, Ziff. 401.

musste das Führungssystem dem Führer der taktischen Ebene ermöglichen, immer dort zu sein, wo die Lage seine persönliche Anwesenheit erforderte, ohne sich dabei der Fähigkeit zu berauben, auf sich bietende Gelegenheiten oder Änderungen der Lage mit der gesamtem Truppe zu reagieren. Wenn beispielsweise der Divisionskommandeur mit einer vorn eingesetzten Brigade den Schwerpunkt verlagert, um einen Erfolg auszunutzen, muss das Führungssystem die schnelle Ausführung seiner Befehle sicherstellen, ohne dass Angriffsschwung und Koordinierung Einbußen erfahren. Dies machte eine kluge Stabsarbeit und ausgeprägte taktische Voraussicht notwendig. Truppenführer müssen bereit und fähig sein, Bewegungsrichtungen, Feuerstellungen, Unterstützungsvorkehrungen und Truppengliederungen im Lauf der Operation ohne Zögern zu ändern. Die Führungsnachfolge für den Fall, dass ein Führer kampfunfähig wird oder fällt, wird im Voraus geregelt, um den Verlauf der Operation nicht zu unterbrechen. Die Flexibilität in der Führung, vor allem für den Führer der Kampftruppen, ist von besonderer Bedeutung. Er kann sich nicht ständig auf Anweisungen stützen, sondern muss auch dann in der Lage sein, selbstständig zu entscheiden, wenn er keine Verbindung zu den Truppen außerhalb seines Gefechtsstreifens oder Verteidigungsraumes hat. Deshalb muss er die Absicht des Truppenführers kennen, der zwei Ebenen höher als er eingesetzt ist. Außerdem muss er den Entschluss seines unmittelbaren Vorgesetzten verstehen und über die Aufgaben der Truppenteile informiert sein, die an seinen Flanken und zur Unterstützung seiner Operationen oder seines Gefechts eingesetzt werden. Nur so kann er in einer unvorhergesehenen Lage entschlossen handeln und genau das tun, was sein übergeordneter Führer befehlen würde, sofern er anwesend wäre.

In diesem Zusammenhang schildert die FM 100-5 eine besondere Initiative und Handlungsfreiheit bei Inbesitznahme der Brücke von Remagen durch die 9. US-Panzerdivision *(9th Armored Division)*.[255] In diesem Fall handelte ein über die Ziele des Divisionskommandeurs genau unterrichteter Führer eines Infanteriezuges und konnte schnell

---

[255] Die *9th Armored Division* erreichte im März 1945 mit Vorauskommandos die Ludendorff-Brücke bei Remagen. Sie war noch intakt und konnte aufgrund der Anwendung des Überraschungsmoments eingenommen werden.

und ohne besonderen Befehl einen Vorteil sichern, der den Verlauf des Feldzuges der *US-Army* begünstigte. Die hier dargelegten Grundsätze gelten sowohl für die taktische als auch für die operative Ebene. Letztere benötigt zwar eine längere Vorbereitungszeit, gleichwohl sind Einsatzbefehle, militärische Forderungen und Initiative gleichermaßen wichtig. Die an sich gemeinsame Art der Planung und Leitung von Feldzügen begünstigt das gegenseitige Verständnis und die organisierte Zusammenarbeit, vor allem bei operationsgebietsumfassenden Einsätzen. Die personelle Besetzung, Ausrüstung und Truppengliederung sind aufgabenbezogen und auf den einzelnen Führungsebenen unterschiedlich. In jedem Fall hat die Führung den Zweck, den Willen des jeweiligen Führers bei der Verfolgung der Zielsetzungen des betreffenden Truppenteils durchzusetzen. Das System muss zuverlässig, sicher und dauerhaft sein. Die schnelle Beschaffung, Auswertung und Verteilung von Nachrichten (Informationen), ordnungsgemäße Übermittlung von Befehlen, Koordinierung der Unterstützung sowie Führung der Streitkräfte trotz feindlicher Störmaßnahmen, Vernichtung von Gefechtsständen oder Ausfall und Ersetzen militärischer Führer müssen ständig gewährleistet sein. Ausschlaggebend für die Effektivität der Führung ist die Frage, ob die eigene Truppe wirksamer und schneller agiert als die des Gegners.[256] Die Grundsätze, vornehmlich dargestellt anhand der US-Heeresdienstvorschrift FM 100-5, bilden zeitlose allgemeine Richtlinien für die Kriegführung auf strategischer, operativer und taktischer Ebene. Sie waren dauerhafte Grundlage der Führungs- und Einsatzgrundsätze der *US-Army*.

10.3.1 Gemeinsamkeiten und Gegensätze im taktischen Denken
Die militärischen Grundsätze der *US-Army* bezogen sich auf den weltweiten Einsatz des US-Heeres, mussten jedoch hinsichtlich der operativen Forderungen des jeweiligen Operationsgebiets angepasst werden.[257]
Die für die Landstreitkräfte der NATO in Zentraleuropa zu stellenden Truppenkontingente kamen aus verschiedenen Nationen mit

---

[256] FM 100-5, Chapter 2, pages 21-23.
[257] Vgl. FM 100-5, Preface, page i.

unterschiedlichen militärischen Kulturen. Die Mehrzahl dieser Nationen waren einst Kolonialmächte gewesen, die mit ihren Streitkräften in ihren Kolonien „Klein- und Guerillakriege" (NL, BE, GB, FR) gegen Befreiungsorganisationen führten. Gefechte trugen meist ausgeprägten Bewegungscharakter, dabei löste sich der Verteidiger schnell auf Distanz vor den angreifenden Truppen. Die Verteidigung stützte sich in der Regel auf ein System von Widerstandsknoten und Stützpunkten, die wegen fehlendem Zusammenwirken meist schnell vernichtet wurden. Die Dezentralisierung der Widerstandsknoten auf große Entfernungen führte zur Aufsplitterung der Kräfte und Isolierung der Truppen. Gegenschläge unternahmen beispielsweise die US-amerikanischen Truppen in Südvietnam nur dann, wenn sie an Kräften und Mitteln überlegen waren. Dem Angriffsgefecht ging beim Durchbruch durch eine vorbereitete Verteidigung eine Artillerie- und Luftvorbereitung voraus. Artillerie und Fliegerkräfte führten Schläge so, dass die taktische Verteidigung des Gegners mit maximaler Dichte in der gesamten Tiefe der Gefechtsgliederung niedergehalten wurde. Dabei griffen Infanterie und Panzer weitgehend mit unmittelbarer Unterstützung durch Artillerie und Fliegerkräfte an.[258]

Für diese Art der Kampfführung benötigten die Nationen kein operatives Denken im Einsatz von Großverbänden. Hinzu kam, dass drei Mitgliedstaaten, die Truppen für die Landstreitkräfte stellten, Nuklearmächte waren und im Rahmen des militärstrategischen und operativen Konzepts der NATO die operative Idee verfolgten, die eigene zahlenmäßige Unterlegenheit an konventionellen Kräften notfalls durch den Einsatz von Nuklearwaffen auszugleichen. Damit sollten militärische Handlungen gegen die NATO für den Warschauer Pakt zum unkalkulierbaren Risiko werden. Der Gegner konnte und sollte Zeitpunkt und Stärke des Einsatzes von Nuklearwaffen der NATO nicht voraussehen können.[259]

---

[258] Merkmale der Operationen der französischen Truppen in Vietnam (1946-1954) und Algerien (1954-1962). Siehe auch: Operationen der US-amerikanischen Truppe in Südvietnam (1955-1975), vgl. Panow, B.W., Merkmale der Kriegskunst in den lokalen Kriegen. In: Panow u. a., Geschichte der Kriegskunst, Berlin (Ost) 1987, S. 588-592.

[259] Vgl. Millotat, Operatives Denken, ÖMZ 1/2006, S. 299-310.

Erst in den 1970er-Jahren wurde begonnen, bündnisgemeinsame Richtlinien für den Einsatz von Nuklearwaffen zu entwickeln. Die französischen Landstreitkräfte, immerhin geplante Heeresgruppenreserve Mitte, wurden nach französischen Einsatzgrundsätzen, auch unter Einsatz von Nuklearwaffen, eingesetzt. Mit den französischen Kräften erfolgte nur die Einsatzkoordinierung mit der Heeresgruppe.[260]

Angesichts des beschränkt zur Verfügung stehenden Raumes, der geringen Tiefe und der fortschreitenden Zerstörung des Gefechtsfeldes der Korps und Divisionen waren die Bewegungsfreiheit und die Möglichkeiten der Initiative operativer und taktischer Führungskunst eingeengt. Intellekt, List, Inspiration und Einfallsreichtum waren vornehmlich auf der taktischen Ebene vonnöten. Bezeichnend war, dass aufgrund der Grenzen der Korps bei einer Breite von 80 bis 100 km und einer Tiefe von 150 km die Handlungsfreiheit durch verfügbare örtliche Reserven und das geringe taktische Dispositiv der alliierten Korps eingeschränkt war. Die Herauslösung von Verbänden aus ihrem Abschnitt und deren Verschiebung quer zum Frontverlauf, durch die Tiefe des angrenzenden Korpsgefechtsstreifens und im Wesentlichen mittels Eisenbahntransport und über Straßen, wäre kaum durchführbar gewesen. Vor allem Flüchtlingsbewegungen hätten die Nutzung der Verkehrswege stark eingeschränkt.[261]

General Hansen hatte 1987 mit Rahmentruppen seines Korps eine Verlegung im Süden der Bundesrepublik durchgeführt: Es sei ein Albtraum gewesen.[262] Die Begründung von General Hansen möge illustrieren, in welchem Maße und mit welcher Vehemenz alternative Planungen erdacht, entwickelt und schließlich in der Durchführung erprobt wurden, aber womöglich an der Realität scheiterten. Das politische Ziel war es, operative Handlungsmöglichkeiten zu erweitern und Voraussetzungen für die Handlungsfreiheit des Bündnisses zu schaffen, um in einem Konflikt die Initiative zu behalten oder

---

[260] Hansen, Helge, Brief an den Autor vom 14.11.2017 (Archiv des Autors).
[261] Hansen, Helge, Die strategischen und operativen Überlegungen der NATO für Mitteleuropa seit den späten 1970er Jahren. In: Dieter Krüger, Schlachtfeld Fulda Gap, Fulda 2014, S. 83 f.
[262] Hansen, Helge, Brief an den Autor vom 16.10.2016 (Archiv des Autors).

zurückzugewinnen. Eine politische Absicht, die militärisch nur eingeschränkt umzusetzen war.

Nachfolgend werden weitere Details über das grundsätzliche Führungssystem der NATO vorgestellt und bewertet.

10.4 Führungssystem

Das Führungssystem der NATO-Streitkräfte hatte neben der hohen Qualität der Waffensysteme entscheidenden Einfluss auf die Organisation, Führung und den Verlauf der Operation und des Gefechts. Im Weiteren konzentriere ich mich auf die Führung der Korps und Divisionen.

Das hohe Niveau der technischen Führungsmittel wie auch Offensivgeist, Initiative und Schöpfertum waren Ergebnis des operativen Denkens der Führungskräfte und des Personals in den NATO-Streitkräften. Zu den wesentlichen Elementen des Führungssystems gehörten die Stäbe der Korps und der Divisionen, die entfalteten Führungsstellen und die automatisierten Führungssysteme.[263] In den Stäben wurde eine ständige Qualifizierung des Personals und die Nutzung automatisierter Mittel gefordert, damit die Prozesse der Beurteilung der Lage, der Entschlussfassung und der Führung der Truppe gestrafft und zeitlich verkürzt werden konnten. Der Planungszyklus für die Operation und das Gefecht sollte in den 1980er-Jahren unter Nutzung automatisierter Systeme im Stab des Korps von 11 bis 16 Stunden auf 6 Stunden und in der Division von 6 bis 11 Stunden auf 4 Stunden reduziert werden. Die Korrektur (Präzisierung) des Entschlusses sollte im Verlauf der Operation bzw. des

---

[263] Technische Mittel und Methoden der Führung für die automatisierte Arbeitsweise bei der Lösung von Führungsaufgaben. Der Einsatz miteinander verbundener elektronischer Geräte und Komplexe ermöglicht es den Truppenführern und Stäben Führungsaufgaben bei weitgehender Entlastung des Personals zu erfüllen. Bearbeitet werden wichtige Prozesse der Erfassung, Aufbereitung, Übertragung, Speicherung, Verarbeitung, Verteilung und Ausgabe von Informationen wie auch die Ausführung komplizierter Berechnungen. Damit bieten sich Möglichkeiten, Führungsprozesse bei minimalem Aufwand an Kräften, Mitteln und Zeit umfassender sicherzustellen. Unter den Bedingungen wachsender Bedeutung des Zeitfaktors und der rechnergestützten Begründung der Entschlüsse werden diese Systeme zukünftig auf allen Führungsebenen unverzichtbar sein.

Gefechtes je nach Bedingung der Lage innerhalb von 3 bis 5 Stunden möglich sein. Zu den Führungsstellen gehörten der Gefechtsstand (GS), die Rückwärtige Führungsstelle (RFS) und der Wechselgefechtsstand (WGS) als Ersatz für den GS und die RFS. Die Führungsstellen sollten eine ständige und sichere Führung der Truppen in allen Operations- und Gefechtsphasen gewährleisten. In den Korps der *US-Army* konnten zeitweilig zwei RFS, unter anderem zur Führung der Truppen im Sicherungsstreifen, gebildet werden. Bei Ausfall des GS oder der RFS sollte die Führung durch den WGS übernommen werden. In der *US-Army* wurde zudem ein spezieller Gefechtsstand für den rückwärtigen Raum (RGS) gebildet. Die Führungsstellen wurden gedeckt und je nach Gefechtsart und Führungsebene hinter der vorderen Linie der Verteidigung nach weitgehend einheitlichen Normativen untergebracht: in der Division der VGS 10 bis 15 km, GS bis 40 km, die RFS bis 60 km. Für das Korps waren Entfernungen für den VGS bis 40 km, GS bis 60 km und der RFS/RGS bis 100 km geplant. Die Ausmaße der Gefechtsstände waren im Korps analog mit der Division 300 bis 500 m mal 300 bis 500 m. Die Abstände zwischen den Gefechtsständen sollten mindestens 5 km betragen. Der Wechsel erfolgte meist staffelweise im Korps einmal in 24 Stunden und in der Division bis zu zweimal am Tag. Die hohe Führungsbereitschaft über einen längeren Zeitraum wurde durch Schichtbetrieb aufrechterhalten. Die *US-Army* verwendete das automatisierte Führungssystem MCS *(Maneuver Control System)*, das deutsche Heer HEROS und die britischen Landstreitkräfte WAVELL. Diese Systeme wurden durch Fernmeldesysteme ergänzt, in der Bundeswehr als AUTOKO, bei den Briten als PTARMIGAN, in den US-Streitkräften als RITA bezeichnet. Dieses System war auch für die belgischen und französischen Streitkräfte geplant, für die niederländischen Streitkräfte SYSCON. Bei den Systemen handelte es sich um bis zu 20 Knotenverbindungen mit bis zu 60 Anschlussstellen für Draht-, Richtfunk und andere Funkverbindungen.[264] Wie bereits dargestellt, ist die gründliche Planung Voraussetzung für den Erfolg in der Operation und im Gefecht. Die Planung beruhte auf dem Auftrag, sie wurde von der verfügbaren Zeit

---

[264] Anleitung 043/1/010, S. 17-20.

und dem Informationsstand bestimmt. Dem militärischen Führer musste allerdings auch bewusst sein, dass Informationen unvollständig, widersprüchlich und fehlerhaft sein können. Außerdem lässt sich die tatsächliche Entwicklung der Lage nicht immer vorhersehen. Die Planung beruht daher nicht allein auf Tatsachen, sondern auch auf Erfahrungen, Annahmen und der Intuition der Truppenführer. Dies verlangt Flexibilität und verbietet meist weit vorausschauendes Disponieren von Kräften und Mitteln.[265] In Abhängigkeit von der Lage und der vorhandenen Zeit kann die Reihenfolge der Arbeit der Truppenführer zur Organisation einer Operation oder eines Gefechts unterschiedlich sein. In allen Fällen mussten Truppenführer und Kommandeure sowie Stäbe sowohl in der NATO als auch in der WVO die Planung so durchführen, dass sie auf ihrer Ebene rechtzeitig beendet war, um der Truppe möglichst viel Zeit für die Vorbereitung auf ihre Aufgabe zur Verfügung zu stellen.[266] Die Beurteilung der Lage *(Lagefeststellung)*[267] durch die Truppenführer der NATO erfolgte in dieser Reihenfolge: Feststellen der Lage, Entwickeln und Abwägen von Möglichkeiten eigenen Handelns mit dem Ziel, einen sachgerechten Entschluss durch den militärischen Führer vorzubereiten.[268] Dieser Algorithmus stimmt weitgehend mit dem der Lagebeurteilung und der Entschlussfassung durch die Kommandeure der WVO überein.[269] Nach Darstellung von General Hansen hatten die beteiligten Nationen zwar ähnliche Anleitungen für den Führungsvorgang – teilweise von „den Deutschen" übernommen, teils national entwickelt –, aber eben als NATO keinen einheitlichen Vorgang.[270]

Der Führungsprozess ist ein historisch gewachsener strukturierter Denk- und Handlungsablauf, der auf den Führungsebenen aller

---

[265] Vgl. Entwurf HDv 100/100, 1997, Ziff. 418.
[266] Vgl. DV 046/0/001, S. 50-52.
[267] Auch wenn es nach Ansicht von General a. D. Helge Hansen keine Systematik in der Lagefeststellung durch die Truppenführer der NATO gegeben habe, so sind nach Auffassung des Autors zumindest die grundsätzlichen Schritte des Planungsprozesses zur Vorbereitung eines sachgerechten Entschlusses erforderlich gewesen. Brief General a. D. Helge Hansen an den Autor vom 10.11.2017 (Archiv des Autors).
[268] Vgl. Entwurf HDv 100/100 1997, Ziff. 418.
[269] Vgl. DV 046/0/001, S. 50-52.
[270] Hansen, Helge, Brief an den Autor vom 10.11.2017 (Archiv des Autors).

modernen Streitkräfte, unabhängig von der zu lösenden Aufgabe, abläuft. Freilich ist der Ablauf der konkreten Lage dem Auftrag entsprechend anzupassen. Als langjähriger Leiter der operativen Abteilung im Kommando des Militärbezirks V, im Kriegszustand 5. Armee der DDR, war ich unter anderem mit zuständig für Planung, Befehlsgebung und Führung von Operationen bei Übungen im Frieden. Nach meiner Erfahrung war eine bestimmende Voraussetzung für die ununterbrochene Truppenführung das Verstehen der Absicht der übergeordneten Führung. Dies bedeutete, sich die vom Vorgesetzten gestellte Aufgabe gründlich „klarzumachen", die Lage zu kennen, ihre möglichen Veränderungen vorauszusehen und diese zu berücksichtigen. Die Kenntnis und gründliche Analyse der Bedingungen für die Vorbereitung und Führung der Operation ermöglichten dem Befehlshaber und dem Stab, alle Kräfte der Truppen auf die Hauptanstrengung zu konzentrieren. Große Bedeutung hatte das schnelle und zweckmäßige Reagieren der Führungsorgane auf Lageveränderungen. Es verlangte das rechtzeitige Korrigieren oder Präzisieren des Entschlusses, das Übermitteln neuer oder präzisierter Aufgaben sowie Maßnahmen des Zusammenwirkens. Eine bedeutende Rolle spielte dabei die ständige Kontrolle über die Erfüllung der Aufgaben, das schnelle Sammeln und Verarbeiten der Informationen über den Gegner und andere Lageelemente. Diese Erkenntnisse sind nicht neu, gedankliche Ansätze zum Führungsprozess finden sich bereits in der Vorschrift „Führung und Gefecht der verbundenen Waffen", herausgegeben 1921 vom Reichswehrministerium.[271] Im Kapitel I. sind alle wesentlichen Merkmale der Führung aufgeführt. Die Bundeswehr übernahm das Verfahren mit marginalen Veränderungen unter der Bezeichnung *Führungsvorgang*. Die Systematik der Truppenführung traf prinzipiell für die *US-Army* und eben auch für die Landstreitkräfte der WVO zu.

---

[271] Reichswehrministerium, Chef der Heeresleitung, Nr. 1921 T. 4. I., Führung und Gefecht der verbundenen Waffen (F. u. G.), Berlin 01.09.1921.

10.5 Führung der Truppen in der Operation

Der militärische Führer gibt klare und erreichbare Ziele vor. Sie stellen den eigenen Auftrag dar und entsprechen der Absicht des übergeordneten Führers. Kräfte, Zeit und Raum sind miteinander in Einklang zu bringen, um sie dem Auftrag angemessen in Kampfkraft umzusetzen. Dieser Prozess wird von den verfügbaren Informationen maßgeblich beeinflusst. Die Kampfkraft der Truppe ist einerseits abhängig von ihrer personellen und materiellen Stärke, der Art und dem Zustand der Ausstattung, der Versorgung, ihrer Ausbildung und ihrer physischen sowie psychischen Leistungsfähigkeit. Anderseits sind die Persönlichkeit der militärischen Führer und der Geist, der in der Truppe herrscht, von großer Bedeutung. Der Einsatzwert einer multinationalen Truppe wird von der Führungsorganisation, den Führungsprinzipien, Regelungen der Unterstellung und der Leistungsfähigkeit der in nationaler Verantwortung handelnden Verbände, beeinflusst. Während des Ost-West-Konflikts waren die zeitgerechte Bereitstellung der Truppen und ihre frühzeitige Bereitschaft zum Einsatz im Verbund der Kräfte ausschlaggebend für deren Wirkungsgrad.

Um die verfügbare Zeit im Rahmen der Einsatzplanung zweckmäßig zu nutzen, waren vorausschauende Regelungen (Vorbefehle), die konsequente Nutzung der Informationsgewinnung, die Sicherstellung der Führungsfähigkeit und von Leistungen zur Einsatzunterstützung notwendig. Die Planung wurde maßgeblich durch den zugewiesenen Raum beeinflusst. Verantwortlich für die Raumordnung waren die zuständigen Truppenführer. Sie planten die Art seiner Nutzung, nach Auftrag und Stärke der Truppen, wiesen den Verbänden und Truppenteilen das Schlüsselgelände zu, von dessen Besitz und Beherrschung der Erfolg der Operation abhing. Bei der Raumordnung wurden unter anderen die bundesdeutschen Vorgaben, bei der Planung der Kampfhandlungen die nationalen Interessen der Korps und die Bereitstellung der Verstärkungskräfte berücksichtigt. Im Verantwortungsbereich des Operationsgebietes beurteilte der Kommandierende General des Korps das Gelände, um den Raum nach seinen Bedingungen zweckmäßig zu nutzen. Der Interessenbereich, also der über den Verantwortungsbereich hinausgehende Raum, war für die Operationsführung insoweit von Bedeutung, als er Verlauf und Ausgang der Operation beeinflussen konnte. Der Interessenbereich umfasste den Verantwortungsbereich der nächsthöheren Führungsebene und, sofern nicht darin eingeschlossen, den Verantwortungsbereich des/der Nachbarn. Für die Division war der Verantwortungsbereich der Gefechtsstreifen des Verbandes, wobei der Interessenbereich die Korpsgrenzen einschloss. Bei den Divisionen, die an der rechten oder linken Flanke des Korps geplant waren, gehörte der jeweilige Streifen der Nachbardivisionen zum Interessenbereich dazu.[272] Mit der Raumordnung wurden den Truppen Zonen, Gebiete, Räume, Objekte, Gefechts- oder Bewegungsstreifen zugewiesen. Damit waren Verantwortlichkeiten geregelt und Grenzen festgelegt worden. Mit Führungslinien wurde das Verhalten der Truppen räumlich und zeitlich aufeinander abgestimmt. Die Raumordnung hatte die Bedürfnisse und die Lage der Bevölkerung zu berücksichtigen, Zerstörungen und Verluste waren möglichst zu vermeiden. Der Raum, in dem Kampfhandlungen, Bewegungen und sonstige militärische Handlungen stattfinden sollten, wurde als Operationsgebiet bezeichnet.

Die Luftraumordnung lag in der Verantwortung des zuständigen regionalen Befehlshabers der Luftstreitkräfte und wurde durch ihn nach Prüfung von Anträgen der Landstreitkräfte befohlen. Sie erlaubte es, den Einsatz eigener Luftraumnutzer räumlich und zeitlich aufeinander abzustimmen. Die Luftraumordnung hatte zum Ziel, die größtmögliche Wirksamkeit der Gesamtheit eigener Luftraumnutzer zu gewährleisten und die Gefährdung der eigenen fliegenden Luftraumnutzer durch eigene Kräfte so niedrig wie möglich zu halten.

---

[272] Vgl. Entwurf HDv 100/100, 1997, Ziff. 419-427.

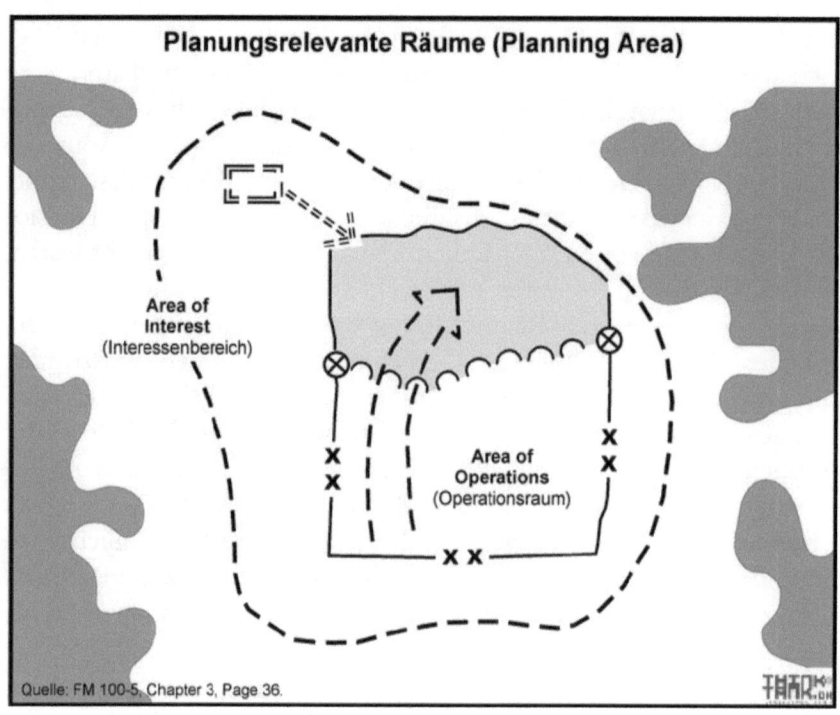

11. Gefechtsarten und Verlegung

11.1 Merkmale der Verteidigung

Defensive Operationen haben den Zweck, Gelände zu halten, Zeit zu gewinnen, dem Feind das Vordringen in einen bestimmten Raum zu verhindern und angreifenden Kräften Verluste zuzufügen oder sie zu vernichten. Derartige Operationen können zwar dem Gegner den Erfolg verwehren, den eigenen Sieg hingegen nicht sicherstellen. Auf höhern Ebenen wird selbst eine Defensivstrategie, mit der dem Gegner der Erfolg verwehrt werden soll, offensive Komponenten benötigen, um eine Niederlage zu verhindern. Aus diesem Grund betrachteten Militärtheoretiker wie Carl von Clausewitz, Antoine-Henri Jomini und Wu (Qi) Sunzi die Verteidigung als weniger entscheidende Form der Kriegführung, sondern sahen in ihr, soweit sie nicht aus übergeordneten strategischen Gründen vorgeschrieben wurde, nur einen vorübergehenden Notbehelf.[273] Angesichts der hohen Anzahl von Massenvernichtungswaffen sowie der Steigerung der Qualität und Quantität der konventionellen Kampfmittel verfügten die Streitkräfte über eine gewachsene Kampfkraft. Folglich erhielten die taktischen und operativen Verbände auch in der Verteidigung entschlossene Ziele. Beim geplanten Einsatz von konventionellen Waffen lag der Schwerpunkt in der Verteidigung auf dem Halten von Gelände. Bei Operationen mit Kernwaffen bestand das Ziel der Verteidigung vor allem darin, dem Gegner Verluste zuzufügen und seine Truppen zu zerschlagen. Die Verteidigung konnte entweder zeitweilig als selbstständige strategische Operation oder auch durch einzelne Korps oder Divisionen im Rahmen strategischer Angriffsoperationen geführt werden. Mit der Verteidigung sollten Voraussetzungen für ein schnelles Erringen der Initiative und für den Übergang zum Angriff geschaffen werden.

11.1.1 Charakteristische Besonderheiten für die Verteidigung
Im Zusammenhang mit der Entwicklung der Verteidigung ergaben sich prinzipielle Festlegungen. Die wichtigsten waren:

---

[273] FM 100-5, Chapter 8, page 129.

- Konzentration der Kräfte, Mittel in Richtung der Hauptanstrengung zum Schaffen von Voraussetzungen für die Zerschlagung der angreifenden Verbände.
- Frühzeitige Bekämpfung des Gegners in der gesamten Tiefe seiner Aufstellung, dabei vor allem der Verbände der 1. Staffel sowie der Truppen der 2. Staffel bei der Heranführung und Entfaltung.
- Hohe Standhaftigkeit, Elastizität und Aktivität der Verteidigung durch Ausnutzung der Feuermöglichkeiten und der Manövrierfähigkeit der Verbände über die gesamte Tiefe des Verteidigungsstreifens sowie durch enge Koordinierung der Handlungen.
- Geschickte Ausnutzung des Geländes für den Einsatz der Kräfte und Mittel, das hartnäckige Halten von Räumen und Anlegen von Sperren unterschiedlicher Art.
- Variabler Einsatz von 2. Staffeln und Reserven, vor allem zur Führung von Gegenschlägen und -angriffen.
- Enges Zusammenwirken mit den taktischen Fliegerkräften, besonders bei der Bekämpfung von Zielen in großer Tiefe.

Die Verteidigung enthält stets statische Elemente zum Halten von Abschnitten. Die dynamischen Elemente darunter dienen Bewegungen *(Manövern)* mit Kräften und Mitteln, denen meist offensive Handlungen folgen. Um eine hohe Elastizität in der Verteidigung zu erreichen, legten die US-Streitkräfte besonderen Wert auf die Ausnutzung der Tiefe des Raumes. Sowohl starkes Feuer und Manöver als auch offensive Handlungen der Truppen sollten die angreifenden Verbände noch vor dem Auftreffen auf die Verteidigung entscheidend schwächen und die Verteidigungsstreifen der Verbände der 1. Staffel zumindest zum Stehen bringen.[274] Für die Durchführung der Verteidigung galten folgende Merkmale:
- Eröffnung des Feuers, Einsatz von Streuminen und Handlungen von Spezialeinsatzkräften auf große Entfernungen, vor al-

---

[274] Anleitung 043/1/010, S. 41 f.

lem zur Verzögerung und zur Verhinderung der Heranführung der 2. Staffeln.
- Einsatz der Fliegerkräfte zur Abriegelung des Operationsgebietes bzw. des Gefechtsfelds.
- Gefecht der Deckungstruppen im Sicherungsstreifen nach den Grundsätzen der Verzögerung, dabei Konzentration der Kräfte und Mittel in entscheidende Richtungen, frühzeitiges Erkennen der Richtung des Hauptschlages und Stören der Schaffung der Durchbruchsgruppierung.
- *Feuergegenvorbereitung* des Korps nach Überwinden des Sicherungsstreifens auf die Durchbruchsgruppierung des Gegners zur Verhinderung dessen Einbruchs in die Verteidigung sowie Gegenangriffe der Divisionen und Brigaden.
- Gefecht um die Verteidigungsabschnitte der Brigaden zum Halten der Stellungen und Räume, Abriegeln von Einbrüchen, schnelles Verstärken bzw. Ablösen von Truppenteilen der 1. Staffel und zum Zerschlagen gegnerischer Truppen durch Gegenangriffe in Flanken und Rücken der angreifenden Hauptkräfte.
- Streifzughandlungen und Einsatz von Spezialkräften zur Desorganisation der Führung, Vernichtung wichtiger Kräfte sowie Zerstörung von Objekten und zur Aufklärung.
- Variabler Einsatz von 2. Staffeln bzw. allgemeinen Reserven vor allem zur Führung von Gegenschlägen bzw. -angriffen oder zur Abriegelung von Einbrüchen durch luftbewegliche Korps- und Divisionsreserven.
- Sicherung von Kräften und Mitteln im rückwärtigen Divisions- und Korpsgebiet gegen durchgebrochene sowie luft- und seegelandete Kräfte.

Die vorgenannten Handlungen konnten kombiniert zur Anwendung kommen und waren für den gesamten Verteidigungszeitraum kennzeichnend. Die Hauptelemente der Verteidigung der taktischen und operativen Verbände waren Sicherungsstreifen, die bei der Division vor der vorderen Linie der Verteidigung in einer Tiefe von

10 bis 60 km angelegt wurden. Bei Kriegsbeginn konnte die Deckungszone (der Deckungsabschnitt) auf dem Kriegsschauplatz beim Korps mit dem der Division übereinstimmen, in der ab Mitte der 1960er-Jahre umfangreiche Atomminen *(Atomic Demolition Munition, ADM)* geplant waren[275]. Die Sprengkraft der *ADMs* und deren Version, *SADM (Special Atomic Demolition Munition)*, betrug 0,2 bis 45 Kilotonnen. Letztere Atommine besaß mehr als die dreifache Zerstörungskraft der Hiroshima-Bombe.[276] Im Verlauf des Ost-West-Konflikts wurden drei Atomminengürtel mit etwa 5.800 Sprengschächten über das gesamte Territorium der Bundesrepublik Deutschland vorbereitet, sie erstreckten sich auf einer Gesamtfläche von Kiel bis München und von Fulda bis Aachen. Der Verteidigungsstreifen des Korps betrug 80 bis 150 km, der der Division 30 bis 60 km. Dem Korps standen 300 bis 600 Kernmittel zur Verfügung, der Division zwischen 40 bis 80. Den Korps konnten bis 300 Flugzeugstarts, der Division bis zu 80 Flugzeugstarts zugeteilt werden. Die 2.

---

[275] Von offizieller Seite wurde alles unternommen, um die Existenz von *ADM* auf deutschem Boden zu verschleiern. Dies bestätigt der offene Brief des Bundesministers der Verteidigung, Kai-Uwe von Hassel, vom 03.05.1965 an die DDR-Bevölkerung: „[…] Die Bundeswehr hat weder Atomwaffen noch ‚Atomminen' zu ihrer eigenen Verfügung. Deshalb habe ich zu diesem angeblichen ‚Atomminengürtel' am 20.01.1965 vor dem Deutschen Bundestag unmissverständlich erklärt: ‚Es gibt keine einzige Atommine im Einsatz. Es gibt kein Atomminenfeld, es gibt keinen Atomminengürtel, es gab keinen Plan, und die Bundesregierung hat nicht die Absicht, einen solchen Plan aufzustellen. Ich meine, es ist gut, wenn heute der Deutsche Bundestag feststellt, dass es derartige Pläne nicht gegeben hat, nicht gibt und nicht geben wird. […]" Vgl. Drews, Dirk: Die Psychologische Kampfführung, Mainz 2006, S. 130. Über den Abzug der *ADM* aus Deutschland gibt es widersprüchliche Informationen, die von 1986 bis zum Ende des Kalten Krieges reichen. Vgl. http://www.atomwaffena-z.info/glossar/a/a-texte/artikel/5107aa9893/atomminenguertel.html.

[276] *Little Boy* war der Codename der ersten eingesetzten Atombombe, die am 06.08.1945 von einem B-29-Bomber der *United States Army Air Forces (USAAF)* über Hiroshima abgeworfen wurde. Daher auch der Name „Hiroshimabombe". Die Nuklearwaffe war ab Anfang 1942 im Zuge des Manhattan Projects entwickelt worden und erreichte eine Sprengkraft von etwa 13 Kt. Bei der Kernwaffenexplosion starben unmittelbar 20.000 bis 90.000 Menschen, viele der Überlebenden leiden bis heute an den Spätfolgen der aufgenommenen radioaktiven Strahlenbelastung. Drei Tage später wurde auf Nagasaki die zweite Atombombe *Fat Man* abgeworfen. Sie war mit einem TNT-Äquivalent von 21 Kt wesentlich stärker.

Staffel bzw. die allgemeine Reserve erhielt einen Unterbringungsraum[277] in der Tiefe des Korps von 60 bis 100 km, in der Division bis 80 km zugeteilt. Die Verteidigungsoperation der Korps war für 3 bis 4 Tage festgelegt. Für das Halten des Sicherungsstreifens waren 1 bis 2 Tage geplant. Nach Ansicht der *US-Army* bestand die Absicht, den Sicherungsstreifen mit Deckungstruppen durch ein verstärktes Panzeraufklärungsregiment und in den übrigen Korps durch verstärkte Brigaden zu halten. Hierzu sollten unter Anwendung der *ADM* Verzögerungshandlungen auf breiter Front durchgeführt werden, was nach Auffassung der NATO noch keinen Übergang zum Kernwaffeneinsatz bedeutete. Nach meiner Auffassung eine wenig plausible Beurteilung der faktischen Lage. Wenn der Gegner den Abschnitt der Sicherungstruppenteile vor den Divisionen der 1. Staffel erreicht hätte, dann sollten die Truppen im Rahmen einer beweglichen Verteidigung den Gegner aufhalten. Damit war nicht ausgeschlossen, dass die Deckungstruppen, vor allem Panzereinheiten, Schläge aus dem Sicherungsstreifen heraus in die Flanke oder den Rücken des Gegners führen würden. Der Charakter der Kampfhandlungen in der Verteidigung blieb im Prinzip unverändert. Im Rahmen der beweglichen Verteidigung sollten die Divisionen der 1. Staffel der Korps bestimmte Räume halten, in einzelnen Richtungen Verzögerungshandlungen führen und damit die gegnerischen Truppen in Räume hineinzwingen, die für ihre Zerschlagung frühzeitig ausgewählt wurden. Dazu wären sowohl Kernwaffenschläge als auch Schläge mit konventionellen Waffen erfolgt. Danach sollte der Gegner durch starke Gegenschläge endgültig vernichtet werden. Bei der Verteidigung mit überwiegendem Raumcharakter war geplant, die Hauptanstrengung der Truppen auf die Abwehr des Angriffes vor der vorderen Linie und auf die Behauptung der vorgeschobenen Verteidigungsräume der Divisionen der ersten Staffel zu konzentrieren. Die Elemente des operativen Aufbaus und der Gefechtsordnung sowie ihr Bestand waren in den NATO-Kontingenten unterschiedlich. Im Verlauf der beweglich geführten Verteidigung sollten starke

---

[277] Ständiger oder zeitweiliger Aufenthalt von Truppen in einem Standort oder Geländeraum zum Zweck der Ausbildung, der Wiederherstellung der Kampffähigkeit oder der Vorbereitung der Truppen auf bevorstehende Kampfhandlungen.

2. Staffeln bzw. Reserven, luftbewegliche und panzerabwehrstarke Truppenteile, Luftlandetruppen und Panzerabwehrhubschrauber in den deutschen Korps und Heeresfliegerkräfte sowie Aufklärungsregimenter in den US-Korps zum schnellen Abriegeln von Einbrüchen und bei Gegenangriffen zum Einsatz kommen.[278] Die Verteidigung unter besonderen Bedingungen schloss Verteidigungshandlungen an Wasserhindernissen, in Ballungsgebieten, im bewaldeten Mittelgebirge oder in Wäldern mit ein.

1971 war die Strategie der *realistischen Abschreckung* postuliert worden.[279] Nach ihr galt es, die konventionelle Komponente der militärischen Triade zu stärken, um die Notwendigkeit zur Eskalation unwahrscheinlicher zu machen. Als Grund hierfür wurde angeführt, dass die Option der vorbedachten Eskalation angesichts der Kapazitäten des Warschauer Pakts nicht glaubhaft sei. 1974 trafen die USA deshalb Vorbereitungen für *begrenzte nukleare Optionen (limited nuclear options)*. Der Ausdruck *flexible response* beschreibt die allgemeine nukleare Reaktion, die den umfassenden strategischen Schlag gegen zivile und militärische Ziele einkalkuliert hatte. In diesem Fall diente sie als Vorstufe und als Bindeglied zwischen der vorbedachten Eskalation und der allgemeinen nuklearen Reaktion, um die selektive Zerstörung von Zielen der WVO einzuleiten.[280] Nach Einschätzung der WVO hatte die Strategie den Zweck, militärische Macht zu kompensieren und dem veränderten Kräfteverhältnis Rechnung zu tragen. Die Strategie hatte nicht nur den Einsatz des US-amerikanischen Potenzials zum Inhalt, sondern im wachsenden Umfang auch die Ressourcen der Verbündeten. Die Streitkräfte der USA und der anderen NATO-Mitgliedstaaten bereiteten sich auf Kriegshandlungen beliebigen Ausmaßes vor. Mit Rücksicht auf die Besonderheit des europäischen Kriegsschauplatzes richtete sich das Augenmerk auf dichtbesiedelte urbane Gebiete. Deshalb bestand vor

---

[278] Anleitung 043/1/010, S. 46.
[279] Pauls, Rolf F., Botschafter in Washington, an das Auswärtige Amt vom 02.04.1971, Nixon Doktrin und Strategie der realistischen Abschreckung. In: Akten zur Auswärtigen Politik der Bundesrepublik Deutschland, Hans-Peter Schwarz, München 2002, S. 564.
[280] Zöll, Ralf, Lippert, Ekkehard, Rössler, Tjarck, Bundeswehr und Gesellschaft. Ein Wörterbuch, Opladen 1977, S. 167.

allem in der *US-Army* das Bestreben, in großem Umfang Streifzüge (Kommandounternehmen, bewaffnete Überfälle) in das Hinterland der WVO zu unternehmen und demonstrative Handlungen zu praktizieren.

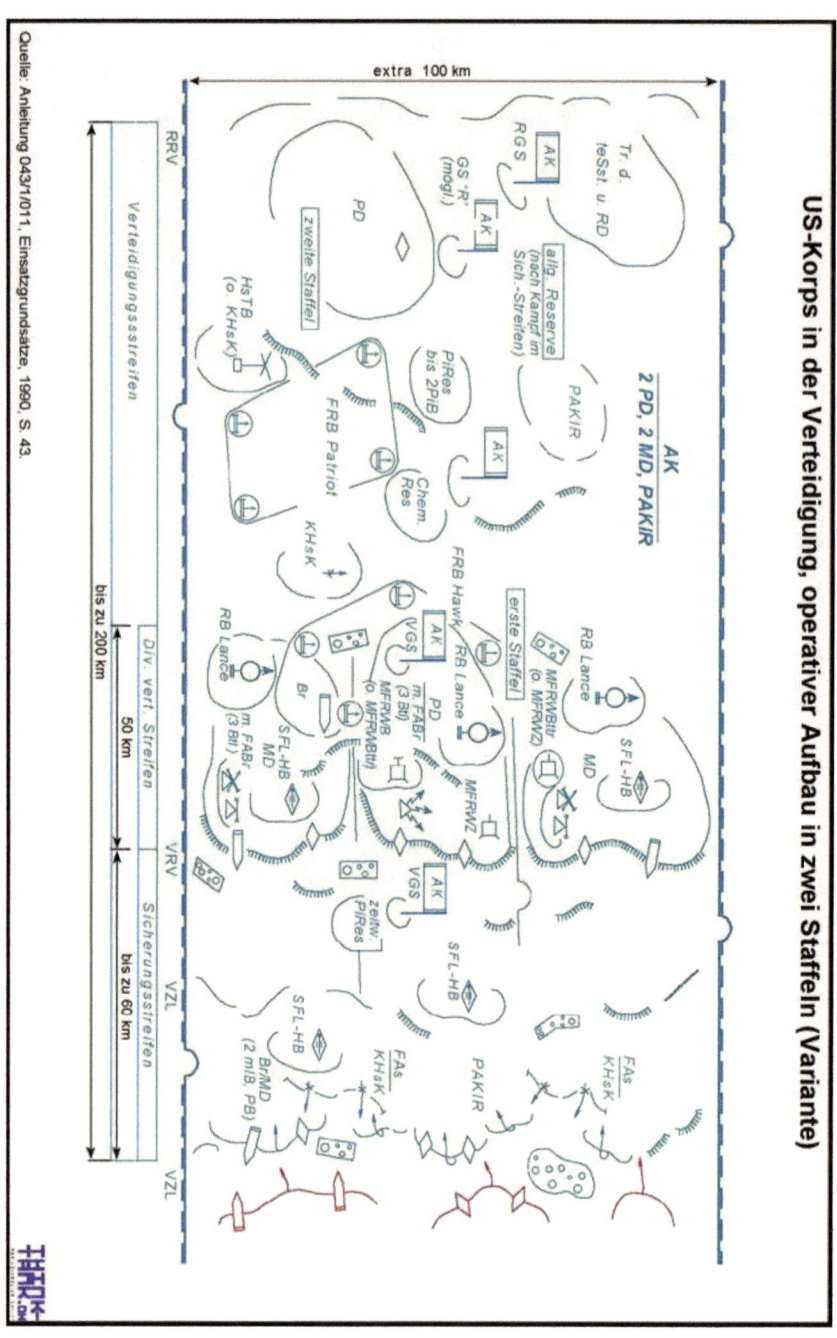

11.2 Merkmale des Angriffs

Offensive Operationen sind nach den Grundsätzen der *US-Army* die entscheidende Form der Kriegführung, das letzte Mittel des Truppenführers, dem Feind seinen Willen aufzuzwingen. Wenngleich strategische, operative und taktische Überlegungen die Durchführung der Verteidigung erfordern mögen, setzt der Sieg über eine feindliche Streitmacht auf jeder Ebene zu einem früheren oder späteren Zeitpunkt den Übergang zur Offensive voraus. Selbst in der Verteidigung werden zum Erlangen und Behalten der Initiative effektive Operationen erforderlich sein – dies je mehr, umso fließender das Gefecht ist.[281] Die WVO verwendet eine alternative Begriffsbestimmung und kennzeichnet den Angriff als grundlegende Art des Gefechts. Nur der entschlossene Angriff, der mit hohem Tempo und in großer Tiefe durchgeführt wird, ermöglicht die vollständige Zerschlagung des Gegners. Der Angriff wird durch die Durchführung von Gefechten, Schlachten und Operationen verwirklicht.[282] Die Merkmale für den Angriff waren in der NATO und WVO gleichartig. Seine Kennzeichen waren:

- schnelle Konzentration der Kräfte, Mittel in Richtung des Hauptschlages,
- überraschende, mit großer Wucht geführte Angriffshandlungen, vor allem gegen schwache Stellen in der gegnerischen Verteidigung unter Ausnutzung des Feuers der Artillerie, der Schläge der Luftstreitkräfte und Heeresfliegerkräfte (Armeefliegerkräfte),
- Aufrechterhaltung eines hohen Angriffstempos, Ausweiten des Erfolges in die Flanken und in die Tiefe zur endgültigen Zerschlagung des Gegners,
- Verhindern der Stabilisierung der Verteidigung, Einnehmen und Halten entscheidender Räume und Abschnitte für die Weiterführung des Angriffs, Abwehr von Gegenschlägen und Gegenangriffen,

---

[281] FM 100-5, Chapter 6, page 91.
[282] DV 046/0/001, S 13.

- enges Zusammenwirken mit den taktischen Fliegerkräften (Frontfliegerkräften), vor allem zur Bekämpfung von Zielen in großer Tiefe,
- aufeinanderfolgendes Überwinden (Forcieren) von Gewässerhindernissen auf breiter Front,
- Einsatz von Luftlande- und luftbeweglichen Truppen zur raschen Einnahme wichtiger Räume und Abschnitte. Handlungen von Spezialkräften in großer Tiefe,
- ununterbrochener Einsatz von Kräften und Mitteln der elektronischen Kriegführung zur Störung und Lähmung der Truppenführung des Gegners und zum Schutz der eigenen Führung.

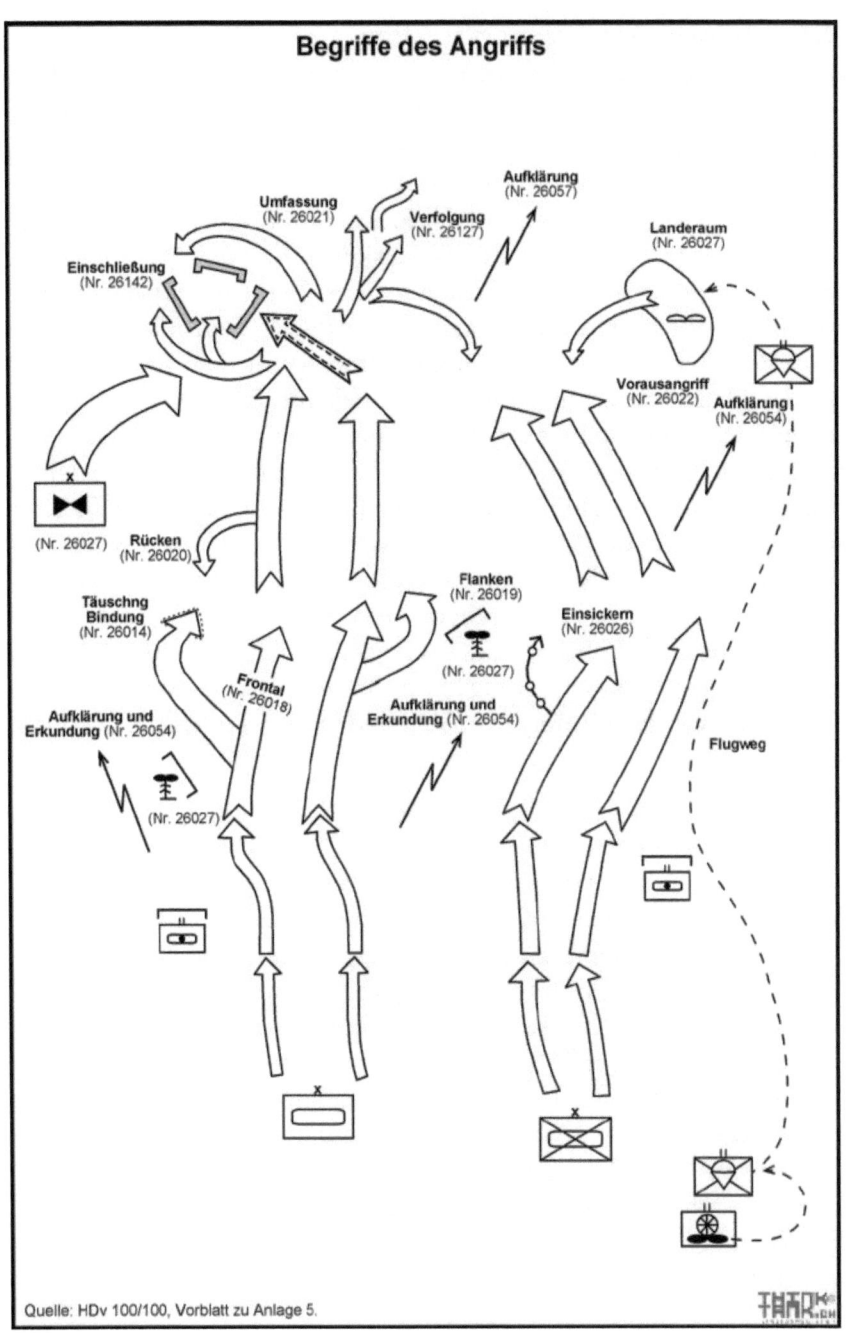

11.2.1 Methoden des Übergangs zum Angriff

Zur Hauptmethode des Angriffs wurde der *Angriff nach Heranführung aus der Tiefe*. Im Zusammenhang mit der Vorbereitung des Angriffsstreifens des Korps in der Breite bis 80 km und dem Ausmaß der Operation in der Tiefe bis 150 km wurden die Kampfhandlungen in einzelne Richtungen geplant. In der Konzentrierung der Hauptschläge bestand das Hauptprinzip der Kriegskunst der NATO-Streitkräfte darin, Schläge in den zur Erringung des Erfolges entscheidenden Richtungen zu führen. Der Angriff konnte aus dem Marsch heraus ohne Beziehen eines Bereitstellungsraumes geführt werden, um den Gegner überraschend anzugreifen, schnell die Initiative zu erringen und aufrechtzuerhalten sowie die gegenüberstehende Gruppierung zu zerschlagen. Eine zweite Option war der Angriff nach Bereitstellung in dezentralisierten Räumen fernab der Reichweite taktischer Raketen und der Artillerie des Gegners. Eine weitere Methode war der *Angriff aus der unmittelbaren Berührung*. Er entstand im Verlauf von Kampfhandlungen entweder zur Weiterführung des Angriffs oder in der Verteidigung zur Führung eines Gegenangriffs. Außerdem konnte nach erfolgter Umgruppierung zum Angriff übergegangen werden, vor allem unter Einführung von Verbänden und Truppenteilen der 2. Staffel.

11.2.2 Hauptarten des Angriffs

Zu den wichtigsten Arten des Angriffs gehörten der *Sofortangriff* und der *Angriff nach längerer Vorbereitung*. Beim *Sofortangriff* sollten die eilig zur Verteidigung übergegangenen Truppen des Gegners mit noch unzureichend organisiertem Verteidigungssystem überraschend angegriffen werden. Diese Angriffsart erforderte schnelle Manöver mit Kräften und Mitteln sowie überraschende Stöße in die Flanken und in den Rücken des Gegners. Kennzeichnend für den *Angriff nach Vorbereitung* war das Vorhandensein einer durch den Gegner gut ausgebauten Verteidigung mit dichtem Sperrsystem. Für diese Art des Angriffs waren gut vorbereitete starke Schläge der Landstreitkräfte, der Artillerie und anderer Feuermittel, Kernwaffen und chemische Kampfstoffe eingeschlossen, Voraussetzung. Hierfür waren eine sorgfältige Vorbereitung der angreifenden Truppen, eine hohe Aufklärungsintensität, große Dichten an Kräften und Mitteln in den Richtungen des Hauptschlages bzw. Hauptstoßes sowie die Bekämpfung auf der gesamten Tiefe des gegnerischen operativen Aufbaus gefordert. Weitere Arten des Angriffs waren *Angriffshandlungen mit begrenztem Ziel*. Dazu gehörten beispielsweise für die Bundeswehr die gewaltsame Aufklärung, der Vorausangriff zur Aufklärung, die Zerstörung von Feuermitteln und das Einnehmen wichtiger Räume. Die *US-Army* sollte sogenannte Streifzüge durchführen. Dies konnten zeitweilige Handlungen auf gegnerischem Territorium zum Zerstören ausgewählter Objekte oder zur Zerschlagung bestimmter Kräfte, zum Aufklären von Gruppierungen, Kampftechnik und Ausrüstung oder Einbringen von Gefangenen sein. Diese Kampfhandlungen waren in der Regel mit der Rückkehr zu den Hauptkräften oder durch Aufnahme durch sie verbunden. Außerdem konnten im Rahmen der Verteidigung und Verzögerung Gegenangriffe geführt werden. Nicht zuletzt waren auch *Angriffshandlungen zur Täuschung* beabsichtigt. Typisch dafür waren Scheinangriffe oder Demonstrationshandlungen. Die Angriffsarten konnten entweder selbstständig, meist aber kombiniert durchgeführt werden.

11.2.3 Formen des Angriffs

Während des Angriffs hätten unterschiedliche *Formen*[283] angewendet werden können. Dazu gehörten der *Durchbruch*, die *Umfassung*, die *Umgehung* und der *frontale Angriff*. Als unerlässliche Voraussetzung für einen erfolgreichen Angriff galt die Schaffung einer Überlegenheit an Kräften, vor allem an Panzern, Artillerie und Flugzeugen. Die NATO-Truppen waren bestrebt, zum *Durchbruch* durch die gegnerische Verteidigung die Hauptanstrengungen an relativ schmalen Durchbruchsabschnitten zu konzentrieren. Bei der Konzentrierung der Kräfte war im Durchbruchsabschnitt des Korps eine Breite von 6 bis 12 km, in dem der Division eine Breite von 3 bis 6 km vorgesehen. Die Dichte an Panzern je Frontkilometer konnte 35 bis 70 Stück betragen, an Artillerie im Minimum 30 bis 50 Rohre, in einem

---

[283] Hier kann für die Bezeichnung *Formen* auch der Begriff *Arten* Verwendung finden. Vgl. FM 100-5, Chapter 6, pages 100-106.

besonders stark ausgebauten Verteidigungssystem 150 und mehr Rohre.

Das Oberkommando der US-Streitkräfte bevorzugte wie schon im 2. Weltkrieg die Fliegerkräfte. Dazu waren im Interesse des Angriffs der Korps der NATO 350 bis 400 Flugzeugstarts am Tag geplant.[284] Die US-Truppen beabsichtigten erst dann zum Angriff überzugehen, wenn die Luftstreitkräfte die gegnerische Verteidigung erfolgreich bekämpft und einen „Bombenteppich" gelegt hatten. Die *Umfassung* war als grundlegende Manöverform betrachtet worden, weil mit ihr am wirkungsvollsten überraschende Schläge in Flanken und Rücken der Verteidigungsgruppierung und damit die Zerschlagung der gegnerischen Truppen hätten geführt werden können. Sobald die Möglichkeit bestand in den Rücken einer starken gegnerischen Gruppierung vorzustoßen, war dessen *Umgehung* notwendig.

Der *frontale Angriff* war in der Regel auf eine unvorbereitete Verteidigung vorgesehen oder wenn Umgehung bzw. Umfassung nicht möglich gewesen wären. Der Charakter der Angriffshandlungen änderte sich grundsätzlich nicht. Als Hauptprinzip der Kriegskunst galt nach wie vor die permanente Bewegung der Truppen in einer solchen Gefechtsordnung, die eine schnelle Vernichtung des Gegners und die Vereitelung der gegnerischen Kampfhandlungen ermöglichte. Die Aufgabe des Korps bestand im Durchbrechen des gegnerischen Armeeverteidigungsstreifens. Dazu gehörten die Armeen der 1. Staffel und die Entwicklung des Angriffs in die operative Tiefe. Die Division hatte die Aufgabe, den Hauptverteidigungsstreifen der Armeen der 1. Staffel zu durchbrechen, die durch die gegnerischen Divisionen besetzt gewesen wären. Die Tiefe der Aufgabe des Korps, als *Endaufgabe* oder *Endziel* bezeichnet, betrug 100 bis 150 km und war auf 3 bis 4 Tage festgelegt. Die Aufgabe der US-Division betrug 40 bis 60 km in 1 bis 2 Tagen;[285] sie reduzierte sich beim Durchbruch

---

[284] Panow, Die Entwicklung der Kriegskunst. In: Panow u. a., Geschichte der Kriegskunst, S. 567. Anleitung 043/1/011, 1990, S. 14.

[285] Die Tiefe des Raumes bezieht sich auf die Breite und Tiefe der Operation oder des Gefechts, die es erlauben sollen, den Kampf des Gegners in seiner gesamten räumlichen Ausdehnung gleichzeitig zu bekämpfen. Dabei können verschiedene Truppenkörper Kampfhandlungen gleichzeitig in unterschiedlichen Richtungen führen. Der Kampf konnte durch mobile mechanisierte Korps mit Panzern und

einer gut ausgebauten Verteidigung ohne Kernwaffen auf 20 bis 30 km. Die Aufgabe des Korps und der Division wurde in Abhängigkeit von ihrem Inhalt in eine oder mehrere Zwischenaufgabe(n) bzw. Zwischenziel(e) unterteilt. Ein der gegnerischen Gruppierung vorgelagerter Sicherungsstreifen (Deckungsabschnitt) konnte den Inhalt und die Tiefe der Aufgabe beeinflussen. Dabei konnten folgende Aufgaben gestellt werden:

- für das Korps das Überwinden des Sicherungsstreifens und der Durchbruch der Verteidigung der Divisionen der 1. Staffel,
- für die Division das Überwinden des Sicherungsstreifens und die Zerschlagung der darin eingesetzten Deckungstruppen oder das Überwinden des Sicherungsstreifens und der Durchbruch durch die Verteidigung der Regimenter der 1. Staffel.

Bei der Vorbereitung des Angriffs erfolgt die Bildung der erforderlichen Gruppierung unter Einbeziehung der notwendigen Verstärkungs- und Unterstützungskräfte und -mittel. Der operative Aufbau des Korps und die Gefechtsordnung der Division bestanden in der Regel aus zwei Staffeln, sie konnten auch eine Staffel unter Bildung einer allgemeinen Reserve umfassen. In der *US-Army* war die Bildung von drei Staffeln möglich.

Flugzeugen erfolgen, die im feindlichen Hinterland den Gegner an einer Neuformierung seiner Kräfte hindern sollten. In der WVO waren dafür taktische und operative Manövergruppen vorgesehen.

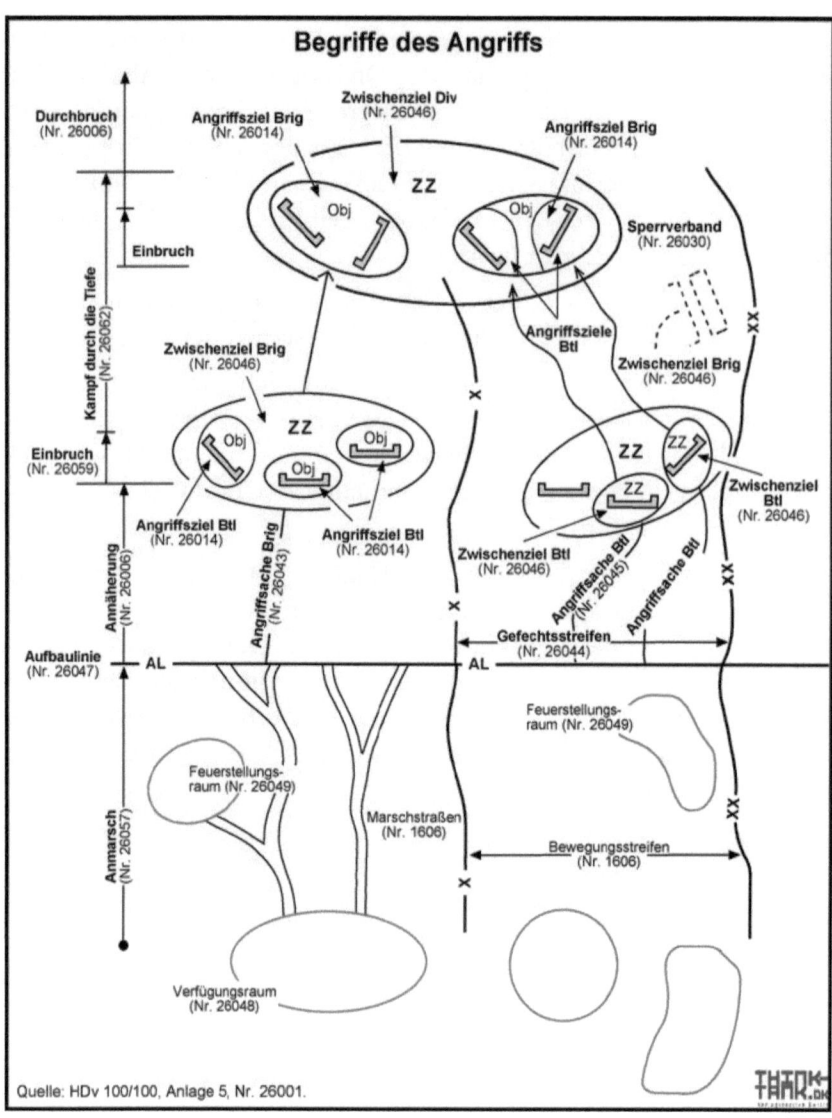

11.2.4 Maßnahmen zur Vorbereitung des Angriffs

Die Vorbereitung des Angriffs umfasste:

- Massierung von Kräften, Mitteln und Anstrengungen in Richtung des Hauptschlages. Nach Möglichkeit erst unmittelbar vor Angriffsbeginn,
- Umgruppierung zur Schaffung einer starken Angriffsgruppierung,
- Planung des Einsatzes von Kernwaffen und chemischen Kampfstoffen,
- Aufbau eines tiefgestaffelten Feuersystems, vor allem der Artillerie, Panzer- und Luftabwehr (Truppenluftabwehr) sowie Planung von Schlägen der taktischen Fliegerkräfte,
- frühzeitige Aufklärung durch den koordinierten Einsatz der Aufklärungskräfte und -mittel über die gesamte Tiefe der Operation,
- dezentralisierte und gedeckte Bereitstellung der Verbände und Truppenteile, nach Möglichkeit fernab von der Reichweite der wichtigsten Feuermittel des Gegners. Dafür wurden die Ausgangsräume mindestens 30 km hinter der vorderen Linie der Truppen geplant.

Die Durchführung des Angriffs war darauf ausgerichtet:

- die taktischen Verbände in ihren vorgesehenen Angriffsstreifen schnell zu entfalten. Die Dauer der Entfaltung einer Division beim Marsch auf 5 bis 6 Marschstraßen konnte 6 Stunden in Anspruch nehmen,
- eine starke Feuervorbereitung oder kurze Feuerüberfälle gegen die Kräfte und Mittel des Gegners zu führen. Die Dauer der Feuervorbereitung konnte 20 Minuten betragen, bei Einbeziehung von Kernwaffenschlägen 30 Minuten,[286]

---

[286] Die Ausführungen weisen darauf hin, dass die US-Streitkräfte dem Einsatz von Massenvernichtungsmitteln große Bedeutung beimaßen. Ungewiss bleibt, wie der Angriff der Panzer- und mechanisierten Truppen in den von Kernwaffen zerstörten Raum hinein erfolgen sollte. Die beabsichtigte Disposition widersprach – so wie in

- schnell mit den Kampftruppen in die Verteidigung des Gegners einzubrechen und die Verteidigungsstreifen der Divisionen der 1. Staffel in den Richtungen des Hauptschlages in kurzer Zeit zu durchbrechen,
- durch den koordinierten Einsatz der Kräfte und Mittel den Erfolg so schnell wie möglich in die Tiefe auszuweiten, zur Verfolgung überzugehen und die Kräfte des Gegners endgültig zu zerschlagen.[287]

Angriffe unter besonderen Bedingungen umfassten Angriffshandlungen mit Überwinden (Forcieren) von Gewässerhindernissen, in Ballungsgebieten, vor allem in Städten und Ortschaften, im bewaldeten Mittelgebirge und in Wäldern.

---

der WVO – realistischen militärischen Überlegungen und stellte eine Verharmlosung der unmittelbaren Wirkung und der folgenschweren Auswirkungen des Kernwaffeneinsatzes dar. Bei diesem Einsatz wären viele Opfer zu beklagen gewesen, die Infrastruktur des Landes wäre zerstört und große Teile des Territoriums kontaminiert worden. Auch das Ausmaß an Folgeschäden für Mensch, Natur und Umwelt im direkten und im angrenzenden Operationsgebiet wären unermesslich gewesen, auch wenn niemand sie exakt voraussagen konnte. Der Einsatz von Kernwaffen hätte weitere militärische Probleme nach sich gezogen, etwa den Ausfall der Führungssysteme sowie den wahrscheinlichen Verlust der eigenen Kampfbereitschaft und der Kampfkraft der Truppen. Warum die verantwortlichen Offiziere und Generale die verheerende Wirkung des Einsatzes von Kernwaffen offenbar unterschätzten, ist bis heute nicht nachvollziehbar. Vgl. Kriegsschauplatz Deutschland. S. 95.

[287] Anleitung 043/1/011, 1990, S. 38 f.

GE-Korps im Angriff (Variante)

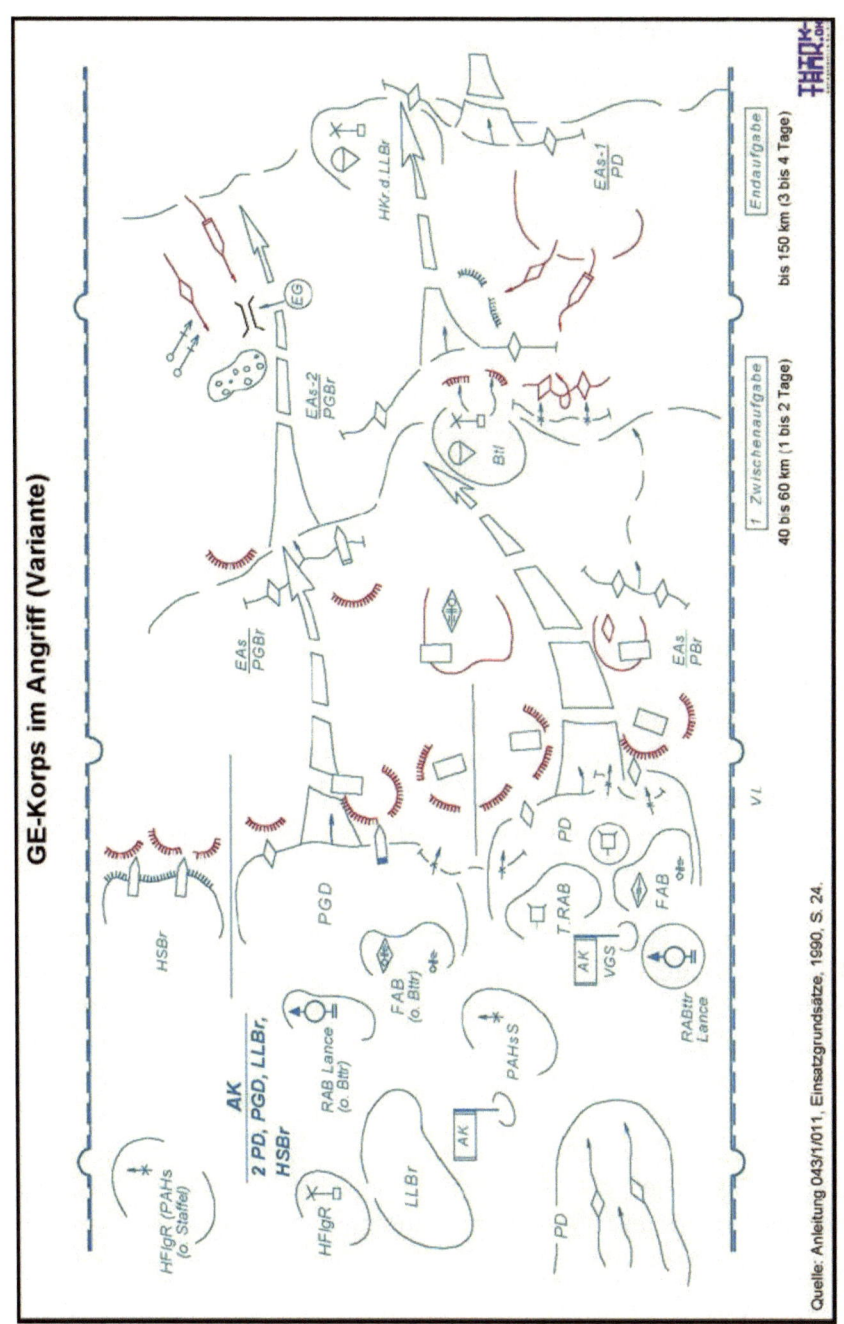

Quelle: Anleitung 043/1/011, Einsatzgrundsätze, 1990, S. 24.

11.3 Merkmale des Marschs

Unter den Bedingungen der modernen Kriegführung, der Dislozierung der NATO-Kontingente und Schaffung der erforderlichen Ausgangsgruppierung für den Krieg war die Rolle der Truppenverlegungen, insbesondere der Märsche, bedeutend angewachsen. Die Truppen der NATO mussten ständig zur Verlegung bereit sein, teilweise über große Entfernungen unter der Gefahr des Einsatzes gegnerischer konventioneller und Massenvernichtungswaffen und seiner Fliegerkräfte, Luftlandetruppen, Aufklärungs- und Diversionsgruppen sowie der Zerstörung von Straßen und Übersetzstellen. Dies erforderte eine sorgfältig Vorbereitung der Truppen auf den Marsch und auf den Transport, eine geschickte Organisation und eine allseitige logistische Sicherstellung sowie einen hohen Ausbildungsstand der Truppenteile und Einheiten zur Durchführung von Märschen. Die Truppen konnten die Verlegung im Marsch, im Eisenbahn-, See- (bzw. Schiffs-) und Lufttransport oder in kombinierten Methoden durchführen. Bei jeder Methode der Verlegung mussten die Truppenkörper im befohlenen Raum rechtzeitig und in voller Bereitschaft zur Erfüllung von Gefechtsaufgaben eintreffen.[288] Folglich hatte der Marsch in der abschließenden Phase der Überführung der NATO-Streitkräfte in den Kriegszustand, bei ihrer Heranführung an die innerdeutsche Grenze und im Verlauf des Krieges entscheidende Bedeutung für die organisierte Verlegung der Stäbe und Truppen in ihre Einsatzräume und für die schnelle Entfaltung der Gruppierungen. Die NVA-Aufklärung legte besonderen Wert auf die Kenntnis der Einsatzgrundsätze für den Marsch der NATO-Landstreitkräfte, weil daraus wichtige Schlussfolgerungen für den Beginn und den Verlauf der Operation gezogen werden konnten. Dank der Aufklärung des Marschs, der Marschordnung und der Organisation der Führung der gegnerischen Gruppierung konnte es gelingen, die Initiative zu erringen, dem Gegner bei der Entfaltung und Feuereröffnung zuvorzukommen und zur Abwehr oder zum Angriff überzugehen.[289] Durch die Fähigkeiten der NVA-Aufklärung bei der Organisation und Durchführung des Marschs der gegneri-

---

[288] Vgl. DV 046/0/001, S. 323.
[289] Resnitschenko (Hrsg.), Taktik, S. 355.

schen Gruppierungen konnte der Truppenführer unter anderem analysieren:
- den Bestand, den Zustand und die Lage des Gegners,
- seine Möglichkeiten zum Einsatz von Massenvernichtungswaffen, Fliegerkräften und Präzisionswaffen, von Aufklärungs- und Diversionsgruppen sowie Luftlandeeinheiten,
- den Ort und die Zeit des möglichen Zusammentreffens mit dem Gegner sowie den vermutlichen Charakter seiner Handlungen,
- die Lage, den Bestand und Zustand der vermutlichen Hauptkräfte und der Nachbarn,
- die Ordnung der gegenseitigen Kennung,
- das Führungssystem und
- die starken und schwachen Seiten des Gegners.[290]

Die vorgenannten Gesichtspunkte schufen Voraussetzungen für die Beurteilung des Gegners und der eigenen Truppe, vor allem für quantitative und qualitative Analysen des Bestandes beider Seiten, damit Gefechtsmöglichkeiten und die Richtung des Hauptstoßes oder die Konzentrierung der Hauptanstrengungen genauer bestimmt werden konnte.

Im Folgenden werden aus der Sicht der NVA-Aufklärung die Bedeutung des Marschs für die Vorbereitung der Operation bzw. des Gefechts genauer erörtert.

In den NATO-Streitkräften war eine hohe Organisiertheit und Stetigkeit der Märsche auch bei überraschend auftretenden Veränderungen der Lage bzw. Störungen gefordert. Die Verlegungen sollten möglichst in der Nacht oder bei schlechter Sicht erfolgen.

11.3.1 Hauptarten des Marschs

Neben dem *Marsch* zur Aufnahme von Kampfhandlungen zählten der *Rückmarsch* und der *Marsch in der Tiefe der Aufstellung* zu den Hauptarten

---

[290] Vgl. DV 046/0/001, S. 50 f. Siehe auch Resnitschenko (Hrsg.), Taktik, S. 361.

des Marschs. Beim *Marsch zur Aufnahme von Kampfhandlungen zu Kriegsbeginn*, als wichtigste Art der Entfaltung der NATO-Streitkräfte, wurde die Heranführung [291] zur Einnahme der Ausgangsgruppierung an der innerdeutschen Grenze in folgender Reihenfolge erwartet:
- ungünstig dislozierte Truppen, wegen großer Marschentfernung und ungünstiger Lage der Standorte außerhalb der Bundesrepublik,
- Aufklärungs- und Deckungstruppen,
- Hauptkräfte.

Der Aufmarsch an der innerdeutschen Grenze wurde innerhalb von 3 Tagen erwartet, wobei man auch davon ausging, dass sich ungünstig dislozierte Truppen später, nach Heranführung der Aufklärungs- und Deckungstruppen, entfalten konnten.
Zwischen der aufeinanderfolgenden Entfaltung der 3 Teile konnten Pausen entstehen. Die Analysten gingen davon aus, dass diese bis zu 3 Tage dauern könnten. Trotz oder auch wegen des gut entwickelten Straßennetzes in Westeuropa war das zivile Verkehrsaufkommen erheblich, sodass die Pausen zwischen den Teilen realistisch erschienen. Die 5. Armee der NVA hatte nach eigenen Berechnungen für die Heranführung aus den Standorten in die Bereitstellungsräume an der westlichen Staatsgrenze der DDR 48 Stunden geplant. Auch das war eine ambitionierte Zeitvorgabe, die in Friedenszeiten überprüft und erfüllt wurde. Es wurde erwartet, dass die ungünstig dislozierten Truppen, die bis zu 200 km von der innerdeutschen Grenze entfernt lagen, so verlegt werden konnten, dass sie sich zeitgleich mit den Hauptkräften in ihren Konzentrierungsräumen entfalten konnten. Aufklärungs- und Deckungstruppen der Bundeswehr hatten frühzeitig Abschnitte und Räume an der innerdeutschen Grenze zu beziehen, um die Deckung der Entfaltung benachbart handelnder

---

[291] Nach Ansicht der WVO bedeutet *Entfaltung* die Bewegung der Truppen vor dem Gefecht oder in dessen Verlauf zur Einnahme der Vorgefechts- oder Gefechtsordnung aus der Marschordnung oder anderen Lagen, die mit dem Erreichen des bestimmten Abschnitts (Raums) in befohlener Gruppierung beendet ist.

Vereinigungen, vor allem der Niederlande und Belgiens, zu gewährleisten. Die Verlegung sollte auf den in NATO-Planungen festgelegten Marschstraßen erfolgen, die durch Eisenbahntransporte, vornehmlich für schwere Kampftechnik und für ungünstig dislozierte Truppen, ergänzt worden wären. Zudem war die Verlegung von Truppenkontingenten durch Luft- und Seetransporte geplant gewesen.

Der *Marsch* eines Truppenkörpers zur *Aufnahme von Kampfhandlungen im Verlauf des Krieges* konnte unter Schutz anderer Truppen durchgeführt werden oder das Ziel verfolgen, die Berührung mit dem Gegner aufzunehmen bzw. wiederherzustellen. Dabei hatten die Truppen in gefechtsbereiten Formationen zu marschieren. Die unterstützenden und sicherstellenden Einheiten sollten so in die Marschordnung eingegliedert werden, dass sie die Kampfeinheiten beim Eintritt in das Gefecht schnell und wirkungsvoll unterstützen konnten. Sollte der Marsch im Schutz anderer Truppen erfolgen, dann konnten Raketen-, Artillerie-, Panzerabwehrtruppen, Truppen der Luftabwehr und andere den Marsch selbstständig durchführen. Der *Rückmarsch nach planmäßigem Abbruch der Kampfhandlungen* war unter anderem durchzuführen, wenn Verbände nach Herauslösung aus der 1. Staffel Sammel- oder Bereitstellungsräume in der Tiefe beziehen und dort auf die Erfüllung weiterer Aufgaben vorbereitet werden sollten oder wenn die Kampfhandlungen planmäßig eingestellt wurden. *Märsche in der Tiefe der Aufstellung* waren vor allem bei Umgruppierungen und beim Beziehen von Zwischenkonzentrierungsräumen[292] zu erwarten. Besonders im Rahmen der Entfaltung und Bereitstellung von Verstärkungsverbänden und bei Heranführung ungünstig dislozierter Truppen wurde diese Option bevorzugt. Je nach Lage konnte bei den beiden letztgenannten Arten die Marschordnung erheblich abweichen. Märsche sollten im Rahmen der Division selbstständig oder unter Führung des Korps oder höherer Kommandobehörden durchgeführt werden. Nur in seltenen Fällen, vor allem während der Entfaltung und bei der Einführung als 2. Staffel bzw. Reserve in die Schlacht, hätte das Korps mit seinen gesamten Kräften gleichzeitig

---

[292] Geländeraum, in dem die Truppen für die Erfüllung bestimmter Gefechtsaufgaben oder nach ihrer Erfüllung zusammengefasst werden.

marschieren können. Hier besteht ein Unterschied zu den Vereinten Streitkräften der WVO. Im operativen Aufbau der 1. Front der WVO hatten die Divisionen der Armeen der 2. Staffel gemeinsam zu marschieren, um den Einsatzraum oder Abschnitt der Armee zur festgelegten Zeit zu erreichen. Als Grundlage für die Organisation und Durchführung des Marschs der Division wurde eine Tagesleistung von 200 bis 280 km angenommen. Allgemein wurden der Division ein Marschstreifen[293] oder 3 bis 6 Marschstraßen[294] zugewiesen. Die Zuteilung mehrerer Marschstraßen verkürzte die Marschlänge, verringerte die Marschdauer und erhöhte die Bereitschaft zum Eintritt in das Gefecht. Die mittleren Marschgeschwindigkeiten gemischter Kolonnen betrugen, abhängig von der Verlegung im Gelände oder auf Straßen, am Tag 25 bis 40 km/h, bei Nacht mit Licht 25 bis 30 km/h und ohne Licht 15 bis 30 km/h. Bei kürzeren Marschstrecken oder auf Autobahnen konnten höhere Marschgeschwindigkeiten erreicht werden. Bei der *Vorbereitung des Marschs* erfolgte das Festlegen der Marschordnung der Division abhängig vom Platz und der Gefechtsordnung der marschierenden Kräfte. Veränderungen der Marschordnung während des Marschs sollten vermieden werden, hätten aber nicht selten im Verlauf aus verschiedenen Gründen schon nach wenigen Stunden notwendig werden können. Zu den Elementen einer Marschordnung gehörten vor allem Aufklärungskräfte, Sicherungskräfte, Hauptkräfte, wobei auch weitere Elemente gebildet werden konnten.

---

[293] Ein für die Durchführung des Marsches festgelegter Geländeteil, der an den Flanken durch Trennungslinien (Grenzen) eingeschränkt ist. Innerhalb des Marschstreifens werden Marschstraßen festgelegt.
[294] Ausgewählte Straßen zur Durchführung von Truppenbewegungen.

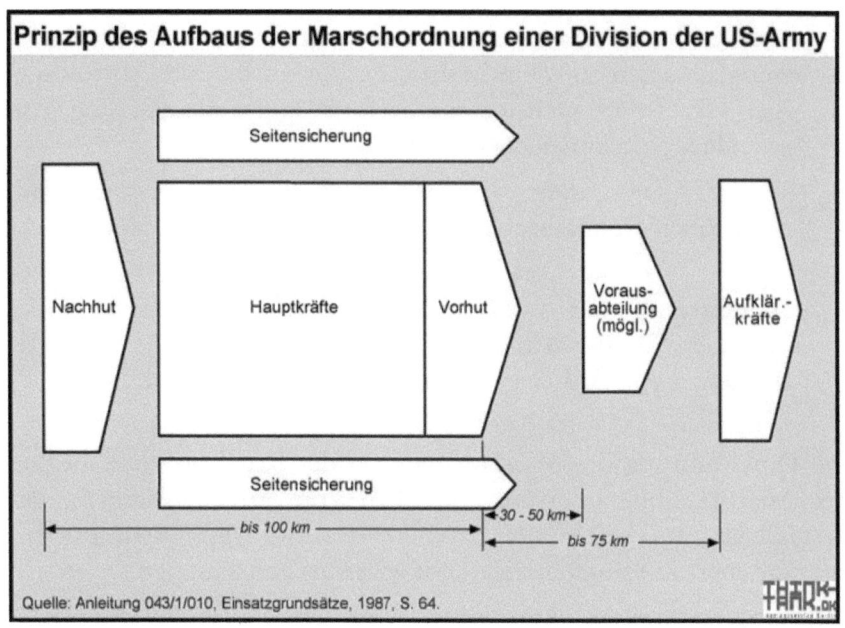

Die Division hatte den Marsch auf mehreren Marschstraßen durchzuführen. Dabei marschierten nach Möglichkeit die Hauptkräfte im Interesse einer straffen Truppenführung und einer zügigen Bewegung in Marschkolonnen zusammenhängend auf einer Marschstraße. Die Länge der Marschordnung einer Division betrug, abhängig von den marschierenden Kräften, der Anzahl der Marschstraßen und vom Kampfbestand, 100 bis 170 km auf 4 Marschstraßen und 50 bis 90 km auf 6 Marschstraßen. Die *Durchführung des Marschs* war gekennzeichnet durch:

- ununterbrochene und flexible Truppenführung, ständige Aufklärung und Sicherung, schnelles Reagieren auf überraschende Veränderungen der Lage,
- Präzisieren der Marschordnung,
- Umgehen oder Beseitigen von Zerstörungen, Festlegen neuer Marschstraßen,
- Beseitigen der Folgen des Waffeneinsatzes des Gegners, Aufrechterhalten einer hohen Marschbereitschaft und Leistungsfähigkeit, unter anderem durch kleine und große Rasten,

213

- starke Sicherung und Ausnutzung von Tarn- und Deckungsmöglichkeiten auf dem Marsch und in Rasträumen sowohl gegen visuelle als auch technische Luft- und Erdaufklärung, Anwendung von künstlichem Nebel,
- hohe Organisiertheit, Marschablauf durch Festlegen von Ablauf und Regulierungsabschnitten sowie Kontroll- und Meldepunkten,
- Bereitschaft zur schnellen, stufenweisen Entfaltung der Truppen für die Aufnahme von Kampfhandlungen bzw. das Beziehen von Ausgangs- oder Bereitstellungsräumen.

Die Durchführung des Marschs endet in der Regel mit dem Beginn des Angriffs ohne oder mit Beziehen von Ausgangsräumen, der Verteidigung im befohlenen Streifen, des Begegnungsgefechts bei unerwartetem Zusammentreffen mit gegnerischen Truppen.[295]

---

[295] Anleitung 043/1/010, S. 25-29. HDv 100/100, 1987, Kapitel 6, 1601-1635.

12. Entwicklungstendenzen des operativen Denkens

12.1 Sicherheitsvorsorge im Bündnisgebiet

Nach der Selbstauflösung der Warschauer Vertragsorganisation, der Sicherheits- und Militärstrukturen der Sowjetunion, der deutschen Wiedervereinigung und durch die Orientierung osteuropäischer Staaten zum „Westen" ist eine neue Sicherheitslandschaft entstanden. Sie hat bereits zu einer umfassenden Neubewertung des Sicherheitsauftrages der NATO, der dafür benötigten Kräfte und Mittel sowie der notwendigen Organisationsstrukturen geführt. Der erweiterte Sicherheitsbegriff schließt politische, wirtschaftliche, ökologische, soziale, humanitäre und militärische Dimensionen ein. Waffenproliferation, weltweite Bevölkerungsexplosion, Wanderbewegungen, Gegensätze zwischen Nord und Süd, aber auch zwischen Ost und West, Veränderungen der Umwelt und des Klimas bis hin zum internationalen Drogenhandel und Terrorismus erschweren das Zusammenleben der Zivilgesellschaften.

Richtungsweisend für die Entwicklung der NATO ist vor allem das im November 2010 durch die Staats- und Regierungschefs der Mitgliedstaaten in Lissabon angenommene strategische Konzept der NATO. Dieses Strategiepapier reflektiert den gemeinsamen Sicherheitsansatz der damals 28 Mitglieder. Es bildet die Basis für die Entwicklung der Verteidigungspolitik, des operativen Konzepts, der Struktur der Streitkräfte und der Verteidigungsplanung der Allianz. Ferner werden daraus die politischen und militärischen Grundrichtungen des Bündnisses abgeleitet. Das Konzept enthält politische und militärische Leitmotive, die differenziert zu bewerten sind. Hinsichtlich der Weiterentwicklung des operativen Denkens in der NATO und darüber hinaus werden folgende Aspekte relevant sein: die allgemeine internationale Entwicklung, die Bedeutung des neuen strategischen Konzepts, das Verhältnis zwischen der NATO und Russland, die politische und militärische Verantwortung beider Seiten, die Bedeutung des strategischen Denkens sowie des operativen Denkens in einer globalisierten Welt.

Ein zusammenwachsendes demokratisches Europa leistet in einer zunehmend vernetzten Welt einen wichtigen Beitrag als Stabilitätsanker, weil seine Mitglieder nicht mehr dem inzwischen überwundenen Machtegoismus folgen. Europa setzt sich im internationalen Beziehungsgeflecht dafür ein, dass militärische Kraft nicht als erstes Mittel staatlicher Machtentfaltung betrachtet wird, sondern vielmehr in den Hintergrund tritt und vornehmlich der Sicherung dient. Diese sichernde Rolle Europas ist umso wichtiger, als sich der Einsatz militärischer Mittel aufgrund seiner Wirkungen und Risiken gegen die Interessen von Industriestaaten und deren Wirtschaftssysteme richten wird. Die Bundesrepublik Deutschland und die europäischen Staaten werden weiterhin ihre Aufmerksamkeit mehr auf außereuropäische Risiken lenken müssen. Ereignisse in einer anscheinend weit entfernten Region können schnell die Sicherheit Deutschlands beeinträchtigen, entweder durch Destabilisierung der internationalen Ordnung oder durch Gefährdung der Wirtschafts- und Sozialordnung. Führende Industriemächte werden ihren Handel und ihren Wohlstand nur halten und vermehren können, wenn freier Welthandel und ungehinderter Zugang zu Ressourcen möglich sind. Nur dann werden die entwickelten Staaten in der Lage sein, durch Kapital-, Technologie- und Wissenstransfer ärmeren Ländern zu helfen und ihren grundsätzlichen Beitrag zur Lösung der Herausforderungen der Zukunft zu leisten. Lässt sich die Wirtschafts- und Sozialordnung, vor allem in den westeuropäischen Staaten, nicht sichern, werden nicht nur dort Wohlstand, Stabilität und Sicherheit schwinden, sondern auch in anderen Teilen der Welt.

Die Bundesrepublik Deutschland, eine der weltweit größten Wirtschaftsnationen, wird immer wieder von Neuem entscheiden müssen, ob und unter welchen Bedingungen sie sich auf der Grundlage von Beschlüssen der Vereinten Nationen oder anderer kollektiver Sicherheitsbündnisse mit deutschen Streitkräften an Operationen außerhalb des NATO-Gebietes beteiligen möchte. Bei aller gebotenen Zurückhaltung durch die schwere historische Hypothek dürfen die Schatten der Vergangenheit den Weg in ein gleichsam militärgestütztes friedensstabilisierendes und -sicherndes deutsches Engagement nicht verstellen. Insofern sollte im Rahmen kollektiver Sicherheitsoperationen der Einsatz deutscher Soldaten Gegengenstand regierungshandelnder und zustimmender parlamentarischer Entscheidungen sein und nicht durch erkennbar instrumentalisierte, vorgeschobene Verfassungsdiskussionen ausgehebelt werden.

Mit Blick auf die Ambivalenz der menschlichen Natur bleibt es ein ständiges Bemühen, die Kluft zwischen Arm und Reich, Bevölkerungsexplosion und Armut, Neid gegenüber den Industriestaaten, Gewaltanwendung gegenüber schwächeren Staaten, irrationale fundamentalistische Bewegungen – in Verbindung mit moderner Waffentechnologie, womöglich unter Einfluss immensen Staatskapitals – einzuhegen und eine friedlichere Welt hervorzubringen. Neben Diplomatie, Appellen an Vernunft, Recht und Mäßigung bedürfen der stets gefährdete Frieden und die fragile Weltordnung auch der Mittel der Rechtsexekution und kontrollierter kollektiver Zwangsmaßnahmen. Dies erfordert nicht nur den zukünftigen Einsatz militärischer Mittel, sondern macht neben strategischem Denken gleichberechtigtes operatives und taktisches Denken notwendig. Damit ist operatives Denken weiterhin von nicht zu unterschätzender Bedeutung.

12.2 Sicherheitsumfeld im europäischen Raum

Die in der Nordatlantischen Allianz freiwillig eingegangene kollektive Sicherheitsvorsorge demokratischer Staaten ist ein stabilisierender Faktor. Folgerichtig sollte die Politik der Kooperation der west- und mitteleuropäischen Länder am Prinzip der kollektiven Sicherheit in der transatlantischen Bindung innerhalb des OSZE-Rahmens festhalten und diese weiterentwickeln. Zum Schutz Europas und zur Parität der nuklearen Kräfte gehören die Präsenz der USA und ihre Sicherheitsstrukturen. Ob dies auch in Zukunft im Rahmen der NATO oder auf Basis eines neu formierten Bündnissystems geschieht, ist eine hochrangige politische Strukturfrage, die in engem Zusammenhang mit dem operativen Denken von morgen steht. Diejenigen, die das bewährte Integrationsprinzip der NATO ohne Not infrage stellen, haben nicht verstanden, dass die Militärstruktur neben ihrem militärischen Auftrag auch eine multinationale Partnerschaft gestaltet, die keine nationale Struktur ersetzen kann. Generationen von Soldaten der NATO haben in der multinationalen Zusammenarbeit gelernt, über die Enge des klassischen Nationalstaates hinauszudenken. Europa ist nirgendwo so Realität geworden wie bei den Soldaten der NATO.

Seit ihrer Gründung gehört zum Selbstverständnis der Nordatlantischen Allianz der volle Erhalt der Souveränität der Mitgliedstaaten und damit das Konsensprinzip, unabhängig von der Führungsrolle der USA. Selbstreflexion, Selbsterkenntnis und die Bereitschaft zur Veränderung sind Punkte, auf die es in einer solchen Organisation ankommt. Sie ist besonders geeignet, sich konsequent mit Fragen der Multinationalität auseinanderzusetzen, in der inhaltliche, methodische Kompetenzen der operativen Führung weiterentwickelt werden, die ein hinreichend differenziertes und tragfähiges Fundament für den multinationalen Einsatz darstellen. Dies bedeutet vor allem das Verständnis über das taktische und operative Denken, dabei die Einsicht in die in den vorherigen Kapiteln erörterten Themenbereiche. Sie erlauben in die Systematik der Planung, Organisation und Führung, in Verfahren, Formen und Methoden des Einsatzes von Truppenkörpern einzudringen und übereinstimmende Ansichten zu finden. Eine gründliche Beschäftigung mit dem taktischen und operativen Denken ist dabei unumgänglich, öffnet diese doch den Blick für die Komplexität der militärischen Wirklichkeit und deren Herausforderungen. Dazu gehören die Akzeptanz der Unterstellungsverhältnisse und der jeweiligen Autoritäten als ein pädagogisches Phänomen unterschiedlicher nationaler Strukturen. Das Erkenntnisvermögen der so wahrgenommenen Realität kann eine solide Voraussetzung für das Denken in militärischen Kategorien bilden. Es verdeutlicht zudem, wie komplex erzieherische Einflussnahme sein kann und in welch starkem Maß kulturelle und ethische Einstellungen gesellschaftlichem Wandel unterworfen sind.

Die Erziehung und Ausbildung vollzieht sich über Kommunikation, deshalb ist die Verwendung der englischen Sprache selbstverständlich. Außerdem sind Qualifikation, kulturelle Identität oder auch unterschiedliches historisches, politisches und soziales Führungsverhalten aneinander anzugleichen, um in Belastungssituationen wirksame Ergebnisse zu erreichen.

Im Zentrum neuer gesamtstrategischer Konzepte der Kooperation, des Dialogs, einschließlich der Rüstungskontrolle und der Verteidigungsfähigkeit, stehen das politisch gesteuerte Krisenmanagement einschließlich gradueller flexibler militärischer Lösungsansätze. Die Anwendung militärischer Mittel wird in einer Konfliktsituation die

Ultima Ratio sein. Dennoch müssen Fähigkeiten zu einer groß angelegten Bündnisverteidigung erhalten und weiterentwickelt werden, um damit militärische Gegner abschrecken zu können.

Auch wenn die Zentralregion[296] durch den Rückzug der sowjetischen bzw. russischen Truppen in den westlichen und südwestlichen Militärbezirk nicht mehr als akute militärische Bedrohung wahrgenommen wird, bleibt sie die Drehscheibe für Operationen und Verstärkungen der Flankenregionen, insbesondere im Rahmen des Schutzes der NATO-Ostgrenze von Nord-Norwegen bis zur Türkei und außerhalb des NATO-Gebietes für *out of area*-Einsätze. Die Länder Frankreich, Italien, Großbritannien, Deutschland und die USA bleiben die Kernländer mit den größten militärischen Potenzialen, weshalb sie die Rolle als *Framework Nations*[297] übernommen haben.

Die Annexion von Gebietsteilen eines OSZE-Mitgliedstaates und militärische Unterstützung von Separatisten in anderen Landesteilen, Flüchtlingsströme infolge bewaffneter Konflikte, Terrorakte, Sabotage, organisierte Verbrechen, Unterbrechung der Zufuhr von Ressourcen einerseits, anderseits die Bedrohung durch den internationalen Terrorismus, fragile Staatlichkeit, weltweite Einsätze wie in Afghanistan, am Horn von Afrika und anderswo, die Verschiebung von Mächtegleichgewichten, Energiesicherheit, Bedrohung durch Cyberangriffe, aber auch die Erweiterung auf 29 Mitgliedstaaten – all das stellt die Allianz vor die Notwendigkeit einer Strategieabstimmung. Dies bedeutet, dass sich die veränderten Herausforderungen in Fähigkeiten, Kräften und Mitteln eventuell auch in den Planungen der NATO widerspiegeln müssen. Hierzu bedarf es einer zielführenden NATO-Strategie und der Bereitstellung eines „operativen Minimums". Die internationale Entwicklung wird geprägt durch die Zunahme der weltweiten Konkurrenz, von Spannungen in verschiedenen Bereichen zwischenstaatlicher und überregionaler Zusammen-

---

[296] Belgien, Deutschland, Luxemburg, die Niederlande, Polen, die Slowakische Republik, die Tschechische Republik und Ungarn.
[297] *Framework Nations Concept* (Rahmennationenkonzept der NATO), https://www.bmvg.de/de/aktuelles/ framework-nations-concept-zusammenarbeit-intensiviert-11200 (abgerufen am 04.12.2017).

arbeit, durch Rivalität der Wertesysteme und Entwicklungsmodelle sowie Instabilität wirtschaftlicher und politischer Entwicklungsprozesse auf globaler und regionaler Ebene. Es vollziehen sich Umverteilungen des Einflusses zugunsten neuer Zentren wirtschaftlichen Wachstums, aber auch politischer und religiöser Anziehungen.[298]

12.3 Die Militärdoktrin der Russischen Föderation

Die weltweite Entwicklung wird in Russland ähnlich wie in der NATO eingeschätzt, allerdings steht das Land dem Bündnis distanziert gegenüber, es fühlt sich von den USA bedroht. Aus diesem Grund stellt Russland hinlänglich präsente Streitkräfte mit vielfältigen Fähigkeiten bereit. Sinn und Zweck dieser Anstrengungen sind in der Militärdoktrin von 2014 begründet und in den Wirkungszusammenhang gestellt.

In den letzten Jahren hat die Russische Föderation ein umfassendes Modernisierungsprogramm in allen Kategorien von Waffensystemen der Land-, Luft- und Seestreitkräfte sowie der strategischen Kriegführung realisiert.[299] Russland ist jederzeit in der Lage, mit seinem Militärpotenzial Operationen durchzuführen. Die Modernisierungsprogramme in den Teilstreitkräften sind Ausdruck eines neuen Selbstbewusstseins der russischen Administration und ihres erstarkten Willens, die Streitkräfte in ihrer Zusammensetzung zu optimieren und die Kampfbereitschaft zu maximieren. Es geht vor allem darum, die Streitkräfte mit modernen und zukunftsorientierten Waffensystemen sowie mit militärischem Groß- und Spezialgerät auszustatten. Dabei wird die Ausrüstung durch die Einführung neuer Technologien, beispielsweise Digitalisierung, Schutzpanzerung, Abstandswaffen, Sensorik, Cyber-Warfare-Kapazitäten und andere moderne Standards, erweitert. In diesem Zusammenhang sind zudem moderne Waffensysteme, Fahrzeuge und Gerät, Präzisions- und Hyperschallwaffen zu nennen, aber auch Systeme der elektronischen Kampfführung

---

[298] Die Militärdoktrin der Russischen Föderation, Erlass Nr. Pr-2976 vom 25.12.2014, Ziff. II.9.
[299] Unter Kriegführung, auch als Kriegswesen, Kriegskunst oder operative Kunst definiert, ist allgemein die Art und Weise zu verstehen, wie Kriege geführt werden. Das Wissen und Können zur Anwendung praktischer Methoden der Kriegführung wird auch als Kriegshandwerk bezeichnet.

(EloKa) und Waffen, die auf neuen physikalischen Parametern beruhen und im synergetischen Einsatz den Dimensionen von Atomwaffen vergleichbar sind. Darüber hinaus wurden Führungsinformationssysteme, automatisierte Führungs- und Waffenleitsysteme, unbemannte Luftfahrzeuge und andere vernetzte Waffensysteme weiterentwickelt und eingeführt.[300]

12.4 Bedrohungsperzeptionen

Die Fülle der Bedrohungen wird im Westen wie im Osten erkannt. Vor allem wird der Fortschritt entwickelter Industriestaaten durch radikale Elemente und extremistische Gruppen, welche die Zivilisation ablehnen und sie in die Vergangenheit, in Chaos und Barbarei zu stürzen suchen, erschwert.[301] Darüber hinaus werden die Gegensätze komplizierter und mehrschichtiger.

Wegen der gewonnenen Erkenntnisse über die Verwendung, Planung, Organisation, Durchführung und Kontrolle von Streitkräften wurden sowohl in Russland als auch in der NATO wissenschaftliche Organisationsbereiche[302] eingerichtet, die unter anderem die Dimension militärischen Handelns, das Phänomen des Krieges, seine Ursachen und Folgen sowie das politische Gemeinwesen im Interesse der Friedenssicherung und des Schutzes des Lebensraumes untersu-

---

[300] Die Militärdoktrin der Russischen Föderation, Erlass Nr. Pr-2976 vom 25.12.2014, Ziff. III.
[301] Vgl. Putin, Wladimir, Valdai-Club 2017, Putins gesamte Rede in deutschem Wortlaut, Sotchi, 19.10.2017, http://npr.news.eulu.info/2017/10/22/valdai-club-2017-putins-gesamte-rede-in-deutschem-wortlaut/ (abgerufen am 04.11.2017). Im Mainstream der Presselandschaft der Bundesrepublik Deutschland wurde diese Rede vollkommen ignoriert.
[302] In Russland befasst sich damit der Generalstab in Moskau, und zwar unter Einbeziehung von Kapazitäten anderer wissenschaftlicher Einrichtungen. In der NATO ist es das *Allied Command Transformation (ACT)*, eines der beiden strategischen Hauptquartiere der NATO, zuständig für die Transformation. Der Befehlshaber ist der *Supreme Allied Commander Transformation (SACT)* in Norfolk, Virginia. Dort liegt der Fokus auf der Strategie und der Transformation des Bündnisses, in Zusammenarbeit mit dem *Allied Command Operations, ACO/SHAPE*, zuständig für Operationen der NATO. Unterstellte Einrichtungen sind das *Joint Warfare Centre (JWC)* in Stavanger, Norwegen, das *Joint Force Training Centre (JFTC)* in Bydgoszcz, Polen, und das *Joint Analysis and Lessons Learned Centre (JALLC)* in Monsanta, Portugal.

chen. Hierzu ist überlegenswert, die „Militärwissenschaft" *(Military Science)* als Strukturelement in den Streitkräften der NATO einzuführen, möglicherweise an Universitäten, Militärakademien oder anderen wissenschaftlichen Einrichtungen, die sich vor allem mit der Gewinnung von Erkenntnissen über Struktur, Ausrüstung, Methoden und Formen des bewaffneten Kampfes, der Ausbildung und Erziehung von Soldaten unterschiedlicher Ebenen sowie Sicherstellung der Streitkräfte im Frieden und im Krieg befassen. Dazu gehören auch Fragen der Kriegskunst, mit anderen Worten der Strategie, Operation und Taktik sowie die Untersuchung der ökonomischen Möglichkeiten des Landes im Frieden und im militärischen Einsatz.[303]

Die russische Militärtheorie unterschied bisher zwischen dem konventionellen Krieg und dem Kernwaffenkrieg. Diese Kriegsarten wurden wiederum in chemische und bakteriologische Kriege unterteilt. In der NATO wird der Begriff Militärtheorie nicht verwendet. Allerdings wird zwischen einem konventionell geführten Krieg ohne ABC-Waffen-Einsatz und dem Kernwaffenkrieg bzw. einem Krieg mit Einsatz bakteriologischer oder chemischer Waffen unterschieden. Zu den gängigen Kategorien wie Land-, Luft-, See- und Kosmischen Kriegführung (militärische Nutzung des Weltraums) ist eine weitere hinzugekommen: der Kampf im Informationsraum (Cyberkrieg), der sich auf eine weitgehende Computerisierung und Vernetzung militärischer sowie ziviler Bereiche stützt. Dabei rückt die physische Zerstörung von gesellschaftlichen Nervenzentren durch Cyberattacken in den Fokus, da das alltägliche Leben inzwischen weitgehend digital gesteuert wird. Cyber- und Hackerangriffe können Regierungen, Organisationen, Behörden und Unternehmen durch Eingriffe in numerische/digitale Steuerungskomplexe ernsthaft schädigen. Im militärischen Sinne zählen Regierungen, Ministerien, Streitkräfte, Polizei, Geheimdienste und Sicherheitsunternehmen, Wirtschafts-, Energie-, Medien-, Finanz-, Transport- und logistische

---

[303] *Militärwissenschaft* ist in der NATO als Wissenschaft (noch) nicht anerkannt, aber es werden durchaus akademische Arbeiten und Studieneinrichtungen genutzt, in der Bundesrepublik etwa die Universitäten der Bundeswehr (UniBw), Führungsakademie (FüAK), Bundesakademie für Sicherheitspolitik (BAKS), Stiftung Wissenschaft und Politik (SWP) u. a.

Unternehmen zu den lebenswichtigen staatlichen und gesellschaftlichen Institutionen.

In Ost und West herrscht weitgehend Übereinstimmung über die Herausforderung der kommenden Jahre und darüber, wie die internationale Gemeinschaft sich entwickeln wird. Freilich ist es unmöglich, sämtliche Tendenzen vorherzusehen, die Chancen und Risiken, denen die Staaten gegenüberstehen, zu berücksichtigen. Dennoch: Je eher sich die Weltgemeinschaft auf die Beantwortung grundsätzlicher Fragen der Zukunft einstellt, umso schneller kann sie darauf reagieren. Qualitativ neue Prozesse entfalten sich und technologische Erkenntnisse schreiten unentwegt voran. Der Wettbewerb und Verknappungen in der globalen Welt verschärfen sich, was Konflikte und Widersprüche hervorrufen wird. Angesichts der Vielfalt historischer, geopolitischer, ethnologischer, ökonomischer, religiöser und anderer zukünftiger Konfliktformen sollen nun deren zukünftige Auswirkungen auf den militärischen Bereich im Fokus stehen.

12.5 Aufgaben und Rollenverteilung in der Atlantischen Allianz

In der politischen und strategischen Ebene ist die Aufgaben- und Rollenteilung im Bündnis weiterzuentwickeln. In der ehemals eindimensionalen Konfrontationslage des Kalten Krieges stützten sich die Mitglieder der Allianz auf die Maxime, dass unter der Beitragsverpflichtung nach Artikels 5 des NATO-Vertrages, verstärkt durch die Bindung der integrativen Militärstruktur, sich jeder Staat darauf verlassen konnte, dass im Verteidigungsfall die Fähigkeiten der Partner allen zur Verfügung stehen würden. Daneben gab es einen gemeinsamen „Pool" von Fähigkeiten, die es unter anderem ermöglichten, nationale Fähigkeiten, beispielsweise das System der integrierten Luftverteidigung oder die NATO-Frühwarnflotte AWACS, gering zu halten. Die Basis für eine ausgewogenen Aufgaben- und Rollenverteilung waren und sind eine weitgehende politische Interessengemeinschaft und Gesten gegenseitigen Vertrauens in einem auf die Zukunft gerichteten Bündnis kollektiver Sicherheit und Verteidigung. Freilich können und wollen die Mitgliedstaaten aufgrund ihres unterschiedlichen Bruttoinlandsprodukts (BIP) immer nur beschränkte Mittel zur Verfügung stellen. Rationalisierungszwang, schmale Budgets und der geschrumpfte Umfang der Streitkräfte nach Ende des Ost-West-Konflikts erfordern multinationale Truppenstrukturen und die operative Effizienz bei multinationalen Operationen. Dies begründet eine gemeinsame Außen- und Sicherheitspolitik (GASP) der Europäischen Union (EU). Die EU sieht sich nicht als Konkurrenz zur NATO. Stattdessen beabsichtigt sie, die europäischen NATO-Staaten zu stärken. Hierzu haben im November 2017 23 der 28 EU-Staaten dem Europäischen Rat mitgeteilt, in der Verteidigung künftig gemeinsame Wege zu gehen. Vier EU-Staaten, Dänemark, Irland, Portugal und noch EU-Staat Großbritannien, waren nicht dabei. Durch eine ständige strukturierte Zusammenarbeit *(Permanent Structured Cooperation, PESCO)* wollen sich die Mitgliedstaaten im Rahmen der Gemeinsamen Sicherheits- und Verteidigungspolitik (GSVP) besonders engagieren – was eine Synchronisierung der nationalen Streitkräftestrukturen und die Durchführung gemeinsamer Rüstungsprojekte möglich macht. Kleinere Nationen werden sich auf Rollen konzentrieren, die ihnen sicherheitspolitisches Gewicht im Krisen- und Konfliktmanagement geben, während sie Fähigkeiten für breit angelegte Operationen den größeren Partnern überlassen. Dies gilt übrigens auch für industrielle und technologische Kernbereiche, die eine wirtschaftliche und technologische Mitsprache sichern. Vor dem Hintergrund einer nüchternen Aufgaben- und Rollenverteidigung[304] ergibt sich unter der Forderung zur Rationalisierung und Kostenminderung vornehmlich die Spezialisierung unter den Nationen. Dabei bieten sich auch Aufgabenbereiche der Ausbildung, logistischen Unterstützung, des Sanitätsdienstes u. a. m. an.

---

[304] Zwischen den reduzierten NATO-eigenen Strukturen und denen der einzelnen Nationen ist eine Lücke entstanden, die durch das Rahmennationen-Konzept *(Framework Nations Concept)* geschlossen oder gemildert werden soll. Ein Staat, die sogenannte Rahmennation, stellt die militärische Grundausstattung einschließlich Bereiche wie Logistik und Führungseinrichtungen, und kleinere Staaten bringen Spezialfähigkeiten, wie etwa Luftabwehr oder Pioniere, ein. Auf diese Weise müssen nicht mehr alle europäischen NATO-Staaten alle militärischen Fähigkeiten vorhalten, und trotzdem ergibt sich ein kompletter Verbund. Vgl. BMVG: *Framework Nations Concept* vom 29. Juni 2017, https://www.bmvg.de/de/aktuelles/framework-nations-concept-zusammenarbeit-intensiviert-11200 (abgerufen am 04.12.2017).

Dies erfordert einen grundsätzlichen politischen, aber auch militärischen Willen in der NATO. Einen solchen aufzubringen könnte umso leichter fallen, als es nicht nur um Rationalisierungsgewinne, sondern um konkrete europäische Sicherheits- und Verteidigungspolitik sowie um das Zusammenwirken im europäischen und atlantischen Raum geht.

12.6 Militärische Erkenntnisse zum künftigen Kriegsbild
Der veränderte Charakter militärischer Konflikte sowie der Entwicklung der Mittel des bewaffneten Kampfes und Methoden ihrer Anwendung bedingen neue Formen und eine höhere Qualität der Vernetzung operativer Führungssysteme, von deren Sicherstellung und Logistik.[305]
Dieser Anspruch an die Truppenführung erfordert eine umfassende Automatisierung, die sich auf intelligente Maschinen stützt, also auf Künstliche Intelligenz, die lernt, die Entschlussfassung für den weltweiten Einsatz von Truppen zu optimieren. In wenigen Jahren wird Künstliche Intelligenz eine noch größere Rolle spielen als bisher, vor allem dann, wenn eigenständige Algorithmen in der Lage sind, defekte oder infizierte Software selbst zu behandeln. Zukünftige Kampfhandlungen werden durch ein hohes Tempo, rasante Lageänderungen und einen schnellen Wechsel im Kräfteverhältnis gekennzeichnet sein. Dies bedeutet, dass es vor allem darauf ankommt, früher und angemessener als der Gegner zu agieren sowie permanent Einfluss auf die Vorbereitung und den Verlauf von Gefechten und Operationen zu nehmen[306]. Frontale Kampfhandlungen großer

---

[305] Vgl. Weißbuch zur Sicherheitspolitik und zur Zukunft der Bundeswehr, Berlin 2016, S. 22, 65, 67, 71, 76, 78, 102 f., 107 f., 110.
[306] Komplexer gewordene Stäbe mit zahlreichen Teilgefechtsständen und Zellen erfordern effektives Zusammenwirken. Dies erhöht die Anforderungen an Führergehilfen, u. a. Zellen, Teilgefechtsstands-, Gefechtsstandführer und Stabschefs. Ausbildungseinrichtungen wie *Joint Warfare Centre* (Stavanger), *Joint Force Training Centre* (Bydgoszcz), das *Gefechtssimulationszentrum des Heeres* (Wildflecken) und andere bieten die Möglichkeit, realitätsnah, kostengünstig und umweltschonend zu üben. Gezielte Ausbildung und Auswertung sowie die ständige Entwicklung der Modelle dienen der Gewinnung von Erkenntnissen für die operative und

Formationen, vor allem von Kräften der strategischen und operativen Ebene, werden der Vergangenheit angehören. Der Kampf *ohne unmittelbare Berührung* mit dem Gegner, mit anderen Worten: der „Krieg auf Distanz", wird in den Vordergrund rücken. Dabei wird die Bedeutung gemischter mobiler Truppen, sogenannter *Battlegroups* und *Special Forces*, aufgrund von verbesserten Führungs- und Ausklärungssystemen, elektronischen Kampfmitteln sowie maximierter Kampfbereitschaft im Informationsraum beträchtlich zunehmen. Um schneller und wirksamer agieren zu können, wird es notwendig sein, neben den traditionellen Kräften die luftmechanisierten und anderen spezialisierten Kräfte weiter zu vervollkommnen.

Ziele der operativen Ebene werden weiterhin durch folgende Kräfte und Mittel verfolgt werden: durch Angriffe in die gesamte Tiefe der Operation, die globale Einwirkung im Informationsraum, die ständige Bekämpfung der gegnerischen Gefechtsordnung mit Feuer sowie durch umfangreiche Bewegungen zu Lande, aus der Luft, von See her sowie aus dem Kosmos. Folglich wird sich die operative und taktische Bekämpfung des Gegners kontinuierlich verstärken und die gesamte Tiefe dessen Operationsgebiets bzw. des gesamten Kriegsschauplatzes einnehmen. Bereits jetzt ist die Digitalisierung in den Streitkräften in West und Ost so weit vorangeschritten, dass Aufklärungs-, Zielerfassungs- und Waffensysteme so zusammenwirken, dass Informationen innerhalb von Sekunden ausgetauscht, analysiert und den Nutzern zur Verfügung gestellt werden können. Diese Konzepte gewährleisten kurze Reaktionszeiten und ermöglichen die schnelle und präzise Bekämpfung von Zielen in taktischen, operativen und strategischen Dimensionen.

Neuartige Waffen, die auf physikalischen Prinzipien beruhen, werden gemeinsam mit automatisierten Aufklärungs- und Feuerkomplexen[307] Anwendung finden. Beispielsweise ist der Einsatz von präzisen Aerosolbomben und Lenkflugkörpern, die über mehrere Hundert

---

taktische Führung sowie für die Weiterentwicklung von Führungs- und Einsatzgrundsätzen besonders der Landstreitkräfte.

[307] Feuerunterstützung mir indirekten Wirkmitteln im Systemverbund Führung-Aufklärung-Wirkung-Unterstützung (F-A-W-U), das heißt u. a. Verbund von Führungs- und Waffensystemen, Auswahl der Munition bis zum Schutz der Plattform.

Kilometer das Zielgebiet erreichen können, möglich. Diese Waffen sind durch die Zündung des Aerosols (eines Benzin-Luftgemischs) in der Lage, einen riesigen Feuerball sowie eine gewaltige Druckwelle zu erzeugen und damit innerhalb von Minuten Truppenteile, Flugplätze, Lager und andere Ziele auszulöschen. Darüber hinaus werden asymmetrische Kampfhandlungen in den Vordergrund treten, sodass vermeintliche Vor- und Nachteile zwischen den Kombattanten durch technische Mittel der einen oder anderen Seite schnell wieder ausgeglichen werden können. Daraus folgt, dass Kampftruppenteile und -verbände im Operationsgebiet optional erst dann zum Einsatz kommen, wenn der Gegner zerschlagen werden soll.

Strategisch, operative und taktische Handlungen sind in einem engen Zusammenhang zu betrachten. Operative und taktische Truppenführer stehen vor der Herausforderung, dass sich die Lage schnell verändert, Führungsebenen übereinander liegen oder verschiedene Befehlsebenen unabhängig voneinander Entscheidungen treffen. Um Letzteres einzugrenzen, ist die zeitgerechte Synchronisation zwischen den Ebenen mehr denn je von Bedeutung.

Die Digitalisierung in der Gesellschaft befähigt die Streitkräfte, sich methodisch effizienter auf den Kampfeinsatz vorzubereiten. Dazu müssen die integralen Möglichkeiten der Teilstreitkräfte[308] weitererforscht werden, damit sich das Potenzial aller in den bewaffneten Kampf zu integrierenden Truppen erfassen lässt.

12.7 Kooperation statt Konfrontation

Mehr Sicherheit kann nur durch die Verbindung von Verteidigungsbereitschaft und Dialog geschaffen werden. Seit dem sogenannten Harmel-Bericht von 1967 gehört der Doppelansatz von Abschreckung und Verteidigung einerseits, Entspannungspolitik und Dialog anderseits zur Strategie der NATO. Dies erfordert auch heutzutage, Kommunikationskanäle mit Moskau zu nutzen – ebenso wie

---

[308] Der Begriff *integral* verdeutlicht hier die Notwendigkeit des umfassenden Zusammenwirkens aller am Prozess beteiligten Kräfte und Mittel. Militärisch-industrielle Kurier *(Военно-промышленный курьер)*, No 8 (476), 27.02.-05.03.2013, http://vpknews.ru/sites/default/files/pdf/VPK_08_476.pdf (abgerufen am 05.08.2016), https://de.wikipedia.org/wiki/Waleri_Wassiljewitsch_Gerassimow (abgerufen am 08.08.2016).

gegenseitige Transparenz und Vertrauensbildung zu stärken. Dazu zählt wesentlich der Austausch im NATO-Russland-Rat, für dessen Nutzung sich unter anderem auch Deutschland in politisch schwierigen Zeiten nicht immer konsequent eingesetzt hat. Nach zwei Jahren Unterbrechung hatte der Rat im April 2016 erstmalig wieder getagt, als er direkt im Anschluss an den Warschau-Gipfel zusammenkam.[309]
Unabhängig von den oben genannten militärischen Aspekten sind sicherheitspolitische Lösungen vor allem gemeinsam zu suchen, mit dem vorrangigen Ziel, Kriege zu verhindern, Menschrechte zu achten sowie Rüstungsbestände zu kontrollieren und diese kollektiv zu verringern.
Von besonderer Wichtigkeit ist im militärischen Konfliktfall zweifellos nicht nur der innere und äußere Schutz der Bevölkerung, sondern auch von Objekten, Kommunikationseinrichtungen und politisch relevanter Infrastruktur vor Angriffen des Gegners. Die Lösung dieser Aufgabe ist vielfältig und im Bündnis bisher nicht umfassend untersucht worden. Strategisch-operativ tritt die „Duellsituation" in den Hintergrund, dafür rücken der „Krieg auf Distanz" und Konflikte zwischen den Kulturen in den Fokus. Russische Analysten sind der Auffassung, dass sich heutige Konflikte zunächst innerhalb der Staaten und weniger zwischen den Staaten ereignen. Sie besäßen häufig religiösen, ethnischen und sozialen Charakter und würden meist von ungewöhnlichen Gewalttaten und Grausamkeiten begleitet.
Nach militärischem Verständnis bedeutet moderne Kriegführung vor allem, anders zu denken und zu handeln, als der potenzielle Gegner es erwartet. Ziel muss sein, dessen Schwächen zu erkennen und schnell auszunutzen, um sich so einen Vorteil zu verschaffen. Dadurch können Zeitpunkt, Mittel und Ziele selbst gewählt werden. Die asymmetrische Kriegführung, auch als hybride Kriegführung bezeichnet, ist keine selbstständige Kriegsart, sondern eine Zusammenfassung unterschiedlicher Formen der Kriegführung. Keine der Kampfformen ist grundsätzlich neu. Sie alle werden nur anders, eben

---

[309] Vgl. Lucas, Hans-Dieter, Die NATO nach dem Gipfel in Warschau. Anpassung an neue Sicherheitsherausforderungen, Europäische Sicherheit & Technik, August 2016, S. 67-69.

in postmoderner Weise, konzipiert und eingesetzt.[310] Ein nächster Schritt wäre der Einsatz von automatischen Waffen wie Drohnen und Kampfroboter. Der Übergang zu vollautomatisierten Waffen, sogenannten autonomen Waffensystemen, dürfte dann den „Roboterkrieg" einleiten. Der Trend könnte dahin gehen, autonomen Systemen aufgrund ihrer zeitlichen Effizienz sogar Zielentscheidungen zu überlassen und den Gegner selbsttätig rechtzeitig auszuschalten.

Der „Technologisierte Krieg" wäre somit eine hinreichende Bezeichnung für die Anwendung von innovativen oder neuartigen Kräften und Mitteln militärischer Gewalt, die bei politischen, ökonomischen, ideologischen, psychologischen, terroristischen und anderen Kampfformen Bedeutung erlangen. Die Bezeichnung veranschaulicht die Bedeutung der modernen Kriegführung, nämlich den Trend zu präzisen Schlägen aus großer Distanz bei gleichzeitiger Risiko- und Verantwortungsreduzierung. Dies erfordert, besonders Fähigkeiten wie Informationsgewinnung und Aufklärung, Vernetzung und Koordinierung, indirekte und verdeckte Handlungen im Rahmen der unkonventionellen Kriegführung weiterzuentwickeln, und ebenso die Weiterentwicklung und Verwendung neuer Technologien. Gleichsam verbinden letztere Elemente die Bereiche Führung, Kommunikations- und Computersysteme mit Aufklärungs-, Überwachungs-, Zielerfassungs- und Wirksystemen. Dabei wirken defensive und offensive Instrumente technologisch eng zusammen. Dies verändert die Kriegführung auf allen Führungsebenen nachhaltig und ermöglicht neue Interventionsformen.[311]

Die Art und Weise der Kriegführung wird vom Charakter und von den Zielen des Krieges ebenso bestimmt wie vom Entwicklungsstand des Militärwesens und auch von der Kriegführung des jeweiligen Gegners. Einfluss auf die moderne Kriegführung haben mithin geografische Bedingungen, nationale Besonderheiten, Nationalitätenkonflikte, soziale Spannungen, religiöser Extremismus, ethnische und

---

[310] Vgl. Ehrhart, Hans-Georg, Postmoderne Kriegführung: In der Grauzone zwischen Begrenzung und Eingrenzung kollektiver Gewalt. In: Sicherheit und Frieden, Bd. 34 (2016), 2, S. 101–102.
[311] Ehrhart, Hans-Georg, Krieg im 21. Jahrhundert, Baden-Baden 2017, S. 36–40.

religiöse Feindseligkeiten oder Feindschaften.[312] Die Technologien und Theorien zur Kriegführung werden immer wieder verbessert, sodass diese sich zwar auf herkömmliche Formen und Methoden stützen, aber wegen ihrer technischen Weiterentwicklung ein bisher unvorstellbares Zerstörungspotenzial erreichen.

Da sich die Methoden moderner Kriegführung seit Ende des Ost-West-Konflikts geändert haben, sind adäquate Abläufe für die Vorbereitung und Führung moderner Kriege notwendig. Dabei geht es vor allem um eine Erfolg versprechende Prävention und weniger um Repression. Ziel muss die Erhöhung der Möglichkeiten sein, in kritischen Phasen zu deeskalieren oder wenn nötig sorgsam und besonnen Gewalt anzuwenden. Grundsatz dabei sollte immer die strategisch defensive Kriegführung bleiben. Der chinesische General, Militärstratege und Philosoph Sunzi (Sun Tsu), Autor des Werkes *Die Kunst des Krieges*, prägte rund 500 Jahre v. Chr. in seinen taktischen Erwägungen den bemerkenswerten Satz: „In allen Schlachten zu kämpfen und zu siegen, ist nicht die größte Leistung. Sondern sie besteht darin, den Widerstand des Feindes ohne einen Kampf zu brechen."[313]

Im Ergebnis der Betrachtung geht es um die heutige Funktionalität der Streitkräfte, ihre Struktur, Wirksamkeit und Zweckmäßigkeit, mithin um eine militärwissenschaftlich begründete Zukunftsforschung; darüber hinaus um kluge Ergebnisse in der Weiterentwicklung der Streitkräfte und um prognostische militärische Intentionen zur Lösung zukünftiger politischer und militärischer Konflikte. Letztlich müssen die Veränderungen und Innovationen in das operative Denken und das sich daraus ergebende Handeln Eingang finden. So werden die verschiedenen Perspektiven dem operativen Denken zukünftig genügend Raum geben, um gemeinsam nachzudenken und zweckmäßige Lösungen zu finden. Deshalb sind die

---

[312] Vgl. Militärdoktrin der Russischen Föderation, Erlass Nr. Pr-2976 vom 25.12.2014. Ziff. II.13.
[313] Clavell, James, The Art of War, Norderstedt 1988, S. 20, https://books.google.de/books?id=JMz2aGyO9ooC& pg=PA20&lpg=PA20&dq=In+allen+Schlachten+zu+k%C3%A4mpfen (abgerufen 02.12.2017).

militärischen Herausforderungen ständig zu analysieren und zielführende Lösungen zu finden.

Die Natur der Sache wird komplizierter, mehrschichtiger und zunehmend asymmetrisch. Freilich ist diese Auflistung unvollständig. Staat und Gesellschaft sollten angemessen mit militärischer Gewalt als einem Instrument glaubwürdiger Abschreckung umgehen. Wegen der besonderen Bedeutung der Streitkräfte tragen gerade die Militärs eine hohe Verantwortung. Sie erarbeiten Vorschläge, die von der Politik beachtet werden sollten, während die Gesellschaft ausreichende Finanzmittel für militärische Fähigkeiten bereitstellen müsste.

12.8 Das neue strategische Konzept der NATO

Das neue strategische NATO-Konzept erscheint eher das Ergebnis einer Richtungsdebatte als eine Willenserklärung der Mitgliedstaaten zu sein. Die unterschiedlichen Herangehensweisen und Prioritätensetzungen der Mitgliedstaaten erforderten es, eine Übereinkunft zwischen unterschiedlichen Positionen zu finden. Das Konzept reflektiert den Charakter des politischen Kompromisses zwischen den demokratischen Partnern der Allianz. Insofern spiegelt es in realistischer Weise den gegenwärtigen Zustand im Innern der NATO wider. Mit der am 19. Oktober 2010 in Lissabon unter dem Titel *Aktives Engagement, Moderne Verteidigung* beschlossenen neuen Strategie versucht die NATO, sich effektiv mit neuen Fähigkeiten und neuen Partnern gegen andersartige Bedrohungen in einer sich wandelnden Welt einzustellen.[314]

---

[314] Vgl. Varwick, Johannes, Das neue strategische Konzept. In: Aus Politik und Zeitgeschichte (APuZ) 50/2010. Siehe auch: *Active Engagement, modern Defense. Strategic Concept for Defense and Security of the Members of the North Atlantic Treaty Organisation. Adopted by Heads of State and Goverment at the NATO Summit in Lisbon, 19-20 November 2010*, https://www.nato.int/cps/ic/natohq/topics_82705.htm (abgerufen am 01.11.2017). Ebenso: Strategisches Konzept für die Verteidigung und Sicherheit der Mitglieder der Nordatlantikvertrags-Organisation, von den Staats- und Regierungschefs in Lissabon verabschiedet. Aktives Engagement, moderne Verteidigung, https://www.google.de/search?hl=de&source=hp&ei=0rj5WdGQD9CZkwWboZOoDg&q=Strategisches+Konzept+f%C3%BCr+die+Verteidigung+und+Sicherheit+der+Mitglieder+der+Nordatlantikvertrags-Organisation% (abgerufen am 01.11.2017).

Auf dem Gipfel 2014 in Wales beschloss die NATO Maßnahmen zur Erhöhung der Einsatzbereitschaft der Allianz, um die Sicherheit der Bündnispartner zu garantieren. Auf dem Gipfel des Bündnisses in Warschau 2016 entschieden sich die Mitgliedstaaten dafür, die Einsatzfähigkeit ihrer nationalen Armeen zu verbessern. Die 28 Staats- und Regierungschefs verständigten sich darauf, jeweils ein Bataillon mit etwa 1000 Soldaten in Polen, Lettland, Litauen und Estland zu stationieren. Zudem schuf die NATO bereits ein neues *Joint Forces Command (JFC)* für Verbindungen über den Atlantik, um Kräfteverlegungen effektiv durchführen zu können. Ferner wird daran gearbeitet, ein *Rear Area Operation Command* in Mitteleuropa einzurichten. Die Bundesrepublik Deutschland hat großes Interesse, dass ein derartiges Kommando in Deutschland aufgestellt wird. Darüber hinaus sollen grenzüberschreitende Bewegungen administrativ deutlich vereinfacht werden.

Doch zurück zum strategischen Konzept der NATO. Zu den Kernaufgaben der Zukunft gehören die Wahrung der Freiheit und Sicherheit der Mitgliedstaaten in den Bereichen kollektive Verteidigung *(collective defen*ce*)*, Krisenmanagement *(crisis management)* und kooperative Sicherheit *(cooperative security)*. Unter Bezug auf Artikel 5 des NATO-Vertrages wird erklärt, dass sich die NATO-Mitglieder gegen eine Aggression oder gegen aufkommende Sicherheitsherausforderungen gemeinsam verteidigen, wenn diese die Existenz einzelner Mitglieder oder der Allianz als Ganzes berühren. Die konventionelle Bedrohung wird jedoch nicht ignoriert. Gründe dafür sind Vorhandensein oder Beschaffung moderner substanzieller militärischer Fähigkeiten in Regionen und Ländern der Welt. Dazu gehören:

– die Verbreitung ballistischer Flugkörper, Kernwaffen und anderer Massenvernichtungswaffen,
– Tätergruppen und deren Verfügbarkeit über nukleare, chemische, biologische oder radiologische Kapazitäten,
– Instabilität an den NATO-Grenzen sowie
– Angriffe auf die Informationstechnologie einzelner Staaten und des Bündnisses.

Zudem wird ausgeführt, dass alle Staaten in wachsendem Maß auf offene und zuverlässige Kommunikation, Transporte und Transit angewiesen seien, da davon der internationale Handel, die Energiesicherheit und der Wohlstand abhingen. Dasselbe gilt für eine Reihe wichtiger technologischer Trends, darunter die Entwicklung von Laserwaffen, elektronische Kriegführung und Technologien, die den Zugang zum Weltraum verhindern. Sie haben weltweite Auswirkungen auf militärische Fähigkeiten der NATO. Und nicht zuletzt ergeben sich erhebliche Beschränkungen hinsichtlich der Umwelt und von Ressourcen, darüber hinaus Gesundheitsrisiken, Klimawandel, Wasserknappheit und steigender Energiebedarf, die das künftige Sicherheitsumfeld, vor allem die Planung und Operationen der NATO erheblich beeinträchtigen werden.

12.8.1 Verteidigung und Abschreckung
Abschreckung basiert auf einer geeigneten Mischung aus nuklearen und konventionellen Fähigkeiten, gleichsam ist sie ein Kernelement der Gesamtstrategie. Solange es Kernwaffen gibt, wird die NATO ein nukleares Bündnis bleiben. Sie wird über das gesamte Spektrum an Fähigkeiten verfügen, die für die Abschreckung und Verteidigung gegen jede Bedrohung der Sicherheit notwendig ist. Die Allianz entwickelt diese Fähigkeit weiter, um einen Angriff mit ballistischen Flugkörpern zu verhindern. Eine aktive Zusammenarbeit in der Raketenabwehr wird unter Einschluss Russlands und anderer euroatlantischen Partnern angestrebt.
Die NATO beabsichtigt, zukünftig gleichzeitig große gemeinsame Operationen und mehrere kleinere Operationen auch in strategischer Entfernung durchzuführen zu können. Dazu sind robuste mobile konventionelle Kräfte zu entwickeln und zu erhalten. Ferner sind Fähigkeiten zu entwickeln, die vor der Bedrohung durch chemische, biologische, radiologische und nukleare Massenvernichtungswaffen schützen, Cyber-Angriffe verhindern und die nationalen Cyber-Abwehrfähigkeiten stärken. Alsdann sind effiziente Fähigkeiten aufzubauen, um den internationalen Terrorismus aufzuspüren und sich gegen ihn zu wehren. Auch bedarf es der Gewährleistung einer substanziellen transnationalen Bedrohungsanalyse innerhalb der Allianz, zumindest der intensiveren Konsultationen mit den Partnern,

auch mit Russland. Außerdem sind Fähigkeiten zur Terrorbekämpfung und zum Schutz kritischer Infrastruktur, beispielsweise der Energieversorgung, weiterzuentwickeln.

Die NATO prognostiziert, ein umfassendes Dispositiv zur Abschreckung und Verteidigung gegen die gesamte Bandbreite der Bedrohungen des Bündnisses zu prüfen, wobei ein verändertes internationales Sicherheitsumfeld Berücksichtigung finden solle. Ein wichtiges Ergebnis wäre, wenn sich die Regierungen der Allianz entschließen, Fähigkeitslücken gemeinsam zu schließen, um die Sicherheit über den europäischen Raum hinaus effektiv und effizient zu gewährleisten.

12.8.2 Weiterentwicklung des Krisenmanagements

Krisen und Konflikte können nach Einschätzung der NATO außerhalb der Grenzen des Bündnisses eine direkte Bedrohung der Sicherheit darstellen. Daher wird die Allianz sich engagieren müssen, Krisen zu verhindern, zu bewältigen, die Lage nach einem Konflikt zu stabilisieren und den Wiederaufbau zu unterstützen. Es werden zahlreiche Maßnahmen vorgestellt, die zur Verbesserung der Konflikt- und Krisenbewältigung beitragen. Dabei ist mit zivilen Spezialisten aus Partnerstaaten und -institutionen enger zusammenzuarbeiten.

12.8.3 Kooperative Sicherheit

Neben den Bereichen Rüstungskontrolle, Abrüstung und Nichtverbreitung wird die Bereitschaft bekundet, demokratische europäische Staaten als Mitglieder des Bündnisses aufzunehmen. Durch eine engere Zusammenarbeit mit Staaten und Organisationen rund um den Globus soll ein Netz von Partnerschaftsbeziehungen gewährleistet werden. Die Zusammenarbeit zwischen der NATO und Russland wird strategisch als wichtig gedeutet, weil es zur Schaffung eines gemeinsamen Raumes des Friedens, der Stabilität und der Sicherheit beitragen kann. Die NATO erklärt, dass sie keine Bedrohung für Russland darstelle. Sie wünscht eine echte strategische Partnerschaft und wird entsprechend handeln, wobei von Russland Gegenseitigkeit erwartet wird. Diesen Postulaten müssen tragfähige Ideen und der tatsächlich Wille für Lösungen im beiderseitigen Interesse folgen. Besondere Erwähnung finden politische Konsultationen und die

Zusammenarbeit in gemeinsamen Interessensbereichen. Gemeint sind damit: Terrorismus-, Drogen- und Pirateriebekämpfung und die Förderung der internationalen Sicherheit unter Nutzung des Potenzials des NATO-Russland-Rats.

Die Auswertung des neuen strategischen Konzepts der NATO ergibt, dass es sich um ein klassisches Papier für ein politisches Bündnis handelt. Es betont die Absicht, sich nachdrücklich für die Entwicklung freundschaftlicher Beziehungen im Rahmen des Euro-Atlantischen Partnerschaftsrats und der Partnerschaft für den Frieden einzusetzen.

Freilich ist die NATO ein einzigartiges Sicherheitsbündnis, das militärische Kräfte disloziert, die in der Lage sind, in einem begrenzten Umfeld gemeinsam zu operieren. Die Sicherheitsprobleme sind vielschichtig und sollen verbindlich geregelt werden. Inwieweit die NATO tatsächlich Operationen im Rahmen ihrer integrierten militärischen Kommandostruktur führen kann, wird sich zeigen. Gegenwärtig verfügt das Bündnis weder über die notwendigen Kernfähigkeiten, noch besitzen einzelne Bündnispartner ausreichend eigene Fähigkeiten, um Zukunftsfragen nachhaltig zu lösen. Außerdem fehlt es bisher an genügenden finanziellen, militärischen und personellen Ressourcen, um notwendige Missionen tatsächlich durchzuführen, die für die Sicherheit des Bündnisses erklärtermaßen von Bedeutung sind.

Die Fähigkeiten der NATO sind gemeinsam zu entwickeln und zu nutzen. Die Standards, Strukturen und die gemeinsamen Zielvorstellungen sind allerdings nur schrittweise zu erreichen. Dabei sind auch operative und taktische Kenntnisse zu verbessern, um eine Harmonisierung der Fähigkeiten und ein Höchstmaß an Effizienz zu gewährleisten. Auch die Art der Beschaffung von Waffensystemen muss auf den Prüfstand gestellt werden. Neben der Ineffizienz der Beschaffung teurer Waffensysteme ist es vor allem notwendig, deren Nutzungsdauer zu verlängern und die langfristige Verfügbarkeit zu gewährleisten.

Die Absicht der NATO, sich selbst zu erneuern, ist eine der grundsätzlichen Herausforderungen des 21. Jahrhunderts. Ob es ihr gelingt, die Leistungsfähigkeit als weltweit erfolgreiches politisch-militärisches Bündnis zu manifestieren, hängt wesentlich von ihrer Entschlossenheit ab, einen Konsens über strategische und operative Fragen in einer sich wandelnden Sicherheitsstruktur herzustellen. Letztlich braucht die NATO ein stufenweises Konzept für Frieden, Krise, Spannung und den bewaffneten Konflikt. Dabei ist ein grundsätzliches operatives Denken unabdinglich. Dies erfordert es, den Zusammenhang von Krisenmanagement und operativem Denken weiter zu durchdringen. Die besonderen Fähigkeiten zum operativen Denken kamen in der Vergangenheit erst im bewaffneten Konflikt zum Tragen. Vorher geht es um Fragen der Alarmierung, Mobilmachung und des Aufmarschs. Natürlich kann das bei einem Überraschungsangriff zusammenfallen, dann haben Alarmierung, Mobilmachung und Aufmarsch die Voraussetzungen für eine zielführende Operationsführung zu schaffen. Andernfalls kommen Notfallpläne zur Anwendung. Der realistische Abgleich zwischen den sicherheitspolitischen Ambitionen und den konkreten Einsatzfähigkeiten der Teilstreitkraft der einzelnen Mitgliedstaaten und der NATO im Ganzen wird sich ausdrücklich im konkreten Handeln[315] widerspiegeln.[316]

12.9 Folgerungen

Aus operativer Sicht sind die Planungen und Festlegungen der Ziele für die Streitkräfte Voraussetzung für die verschiedenen Arten des multinationalen Einsatzes der Teilstreitkräfte sowie deren Ausbildung

---

[315] Dazu gehören auf operativer Ebene derzeit das *NATO Air Policing* im Baltikum, zahlreiche NATO-Übungen in Osteuropa, aktuelle Rüstungs- und Modernisierungsinitiativen wie *C-130 Leasing, Alliance Ground Surveillance (AGS), Strategic Airlift Capability (SAC)* etc.

[316] Vgl. Varwick, Konzept. In: APuZ 50/2010, S. 28-29. *Active Engagement, modern Defense. Strategic Concept for Defense and Security of the Members of the North Atlantic Treaty Organisation. Adopted by Heads of State and Goverment at the NATO Summit in Lisbon, 19-20 November 2010*, https://www.nato.int/cps/ic/natohq/topics_82705.htm (abgerufen am 01.11.2017). Vgl. auch: Strategisches Konzept für die Verteidigung und Sicherheit der Mitglieder der Nordatlantikvertrags-Organisation, von den Staats- und Regierungschefs in Lissabon verabschiedet. Aktives Engagement, moderne Verteidigung, https://www.google.de/search?hl=de&source=hp&ei=0rj5WdGQD9CZkwWboZOoDg&q=Strategisches+Konzept+f%C3%BCr+die+Verteidigung+und+Sicherheit+der+Mitglieder+der+Nordatlantikvertrags-Organisation% (abgerufen am 01.11.2017).

in Operationen unter Koalitionsbedingungen. Daraus ergeben sich folgende grundsätzliche Fragen: Welche Merkmale kennzeichnen den modernen Krieg? Worauf müssen sich die Streitkräfte der Allianz vorbereiten? Wie sollten sie ausgerüstet und ausgebildet werden? Besonders wird die Ausbildung, vornehmlich für begrenzte, multinational Einsätze unterschiedlicher Art und Dimension, betrachtet werden müssen.

Krisenzeiten erfordern *Bereitschaftsphasen* zur zügigen Herstellung der Einsatzbereitschaft umfangreicher oder nur bestimmter Kräfte in Bereitschaftsräumen in den Standorten oder in deren Nähe. Hierfür ist nicht nur eine entsprechende logistische Basis wie Stützpunkte und Depots vorzusehen, sondern die gesamte Infrastruktur für die Verlegung von Truppen, Material und Gerät zu prognostizieren. Im Zuge weiterer Maßnahmen können Truppenteile und Verbände Übungsräume beziehen, um sich dort auf den Einsatz vorzubereiten. Insofern ist das neue *Rear Area Support Command* und das *JRC Atlantic* eine Konsequenz dieser Forderungen, die in der NATO erkannt worden sind.

Neuartige Konzepte setzen ein Durchdenken der Streitkräftestrukturen, der Verlegung, der logistischen Unterstützung und der zivil-militärischen Zusammenarbeit sowie der Führung der Kräfte in den Dimensionen Zeit und Raum voraus. Hierzu gehören die Zertifizierung des *Multinational Corps Northeast (MNC NE)* in Stettin als operativer Stab für multinationale Großverbände und die Führungs- und Kontrolleinrichtungen, sogenannte *NATO Force Integration Units (NFIU)*, in Osteuropa.

Zur Vorbereitung von NATO-Einsätzen stehen nunmehr Kommandobehörden, Verbände, Truppenteile und Einheiten zur Verfügung, um Aufträge ohne großen zeitlichen Verzug durchführen zu können.

Die zuvor erörterten Fähigkeiten zur Beurteilung der Lage nach taktischen, operativen und strategischen Aspekten muss Gegenstand der Ausbildung sein. Deutschland wird seiner internationalen Verantwortung und Rolle gerecht werden müssen, was ausdrücklich bedeutet, das taktische und operative Denken wiederzubeleben.

Die Herausforderungen an die Streitkräfte machen es notwendig, die zukünftigen Sicherheitshorizonte[317] an die Gesellschaft im Allgemeinen und an die Bundeswehr im Besonderen zu stellen. Es gilt, einen gesamteuropäischen Blickwinkel, der die Krisengebiete um Europa herum umfasst, zu entwickeln, um die Gefährdung unserer fragilen Wirtschafts- und Gesellschaftsordnung zu verifizieren.[318]
Hans-Henning von Sandrart, Oberbefehlshaber Allied Forces Central Europe der NATO, dachte nicht nur vorausschauend, sondern auch multidimensional und teilstreitkräfteübergreifend. Er begann bereits Mitte der 1980er-Jahre, Gedanken zur operativen Führungslehre zwischen Taktik und Strategie zu entwickeln. Ihm war seinerzeit bewusst, „dass die geistige und professionelle Einmauerung in die vorgefertigten nationalen Boxen der engen Verteidigungsräume der ‚Schichttorte' der Vorneverteidigung über 30 Jahre zu einer intellektuellen Stagnation geführt hatte, die auf Dauer so nicht anhalten konnte. Es war uns klar, dass die Zukunft mehr geistige und technische Beweglichkeit im operativen Maßstab fordern würde. Auch galt es, deutsches militärisch konzeptionelles Denken auf eine breite Basis zu stellen, um in der internationalen, vornehmlich englischsprachigen professionellen Diskussion, die sich zunehmend operativen Themen zuwandte, mithelfen zu können, auch um zu beweisen, dass der deutsche Soldat noch etwas zur geistigen Weiterentwicklung militärischen Denkens beizutragen hat."[319]
Die Vergangenheit ist nicht linear in die Zukunft fortzuschreiben. Der aktuelle Kurs geht auf einen Paradigmenwechsel zurück.

12.10 Weiterentwicklung des operativen Denkens

Das oben erörterte neue strategische Konzept der NATO beschreibt den Weg zum Ziel; es wird dabei durch bereits eingetretene oder zu erwartende Veränderungen beeinflusst. Ferner setzt das Konzept den Rahmen für militärische Planungen und für die Anwendung militärischer Gewalt, innerhalb dessen sowohl der Einsatz von Kräften wie

---

[317] Gemeint ist der Gefahrenhorizont im Interessenbereich, im Operationsraum und an der Schnittstelle zwischen beiden.
[318] Vgl. Weißbuch zur Sicherheitspolitik, S. 21, 28, 61, 69, 77, 110.
[319] Vgl. BAMA, N 821/5, Sandrart, Hans-Henning von, Gedanken zur zukünftigen Sicherheitsvorsorg in Mitteleuropa, Brunssum, September 1991.

auch die Anwendung von Gewalt durch die Streitkräfte legitimiert werden.

Gegenwärtig und zukünftig verändern oder erweitern sich die Forderungen an die operative Ebene. Während in Zentraleuropa die klassische operative Führung von Großverbänden der Land-, Luft- und Seestreitkräfte zu leisten ist, wird im außereuropäischen Umfeld der „Kleinkrieg" vorherrschen, in dem nach strategischen Vorgaben internationaler Organisationen mit taktischen Mitteln Konflikte eingegrenzt bzw. verhindert werden. Dabei fällt der operativen Ebene nicht die Aufgabe zu, taktische Gefechte, sondern das übergeordnete *Operative Management* zu koordinieren. Dazu gehören Verlegung, Rotation der Kräfte im In- und Ausland, multinationale Logistik, Koordinierung gemeinsamer Ressourcen, Abstimmung mit internationalen Organisationen u. a. m.

Zukünftige Sicherheitsherausforderungen lassen sich geistig erfassen, wenn das militärische Denken weiterhin auf die bestimmende taktische Ebene unterhalb der operativen Führungsebene zurückgeführt werden kann. Das Gefecht wird nach wie vor von Truppenkörpern nach Ziel, Raum und Zeit abgestimmt und durchgeführt. Es beschreibt die grundlegende Form der taktischen Handlungen der Land-, Luft- und Seestreitkräfte und ist praktisch das einzige Mittel, den Gegner militärisch zu bezwingen. Im operativen Rahmen werden die vorgenannten klassischen Faktoren des operativen Denkens in multinationale Kampfhandlungen der Koalitionskräfte eingeordnet.

Operatives Denken zeigt sich hauptsächlich darin, wie die Abhängigkeiten und Wechselwirkungen zwischen den Faktoren systematisch erfasst, kreativ und intuitiv kombiniert werden.[320] Vor allem müssen sich Führungskräfte in den Teilstreitkräften darum sorgen, dass ein Verharren im taktischen Denken den Beruf des Soldaten nicht zum „Militärtechniker" entwertet. Ferner eröffnet das Denken in operativen Dimensionen mit der damit verbundenen Anbindung an strategische und staatspolitische Kriterien gleichsam ethisch-moralische Dimensionen des Soldatenberufs.

---

[320] Keller, Daniel, Stefan Räber, Militärstrategisches und operatives Denken – Übungsszenarien. In: Allgemeine Schweizer Militärzeitschrift 08/2017, S. 29-31.

Die Rückkehr zum operativen Denken macht es leichter, sich neuen, vielfältigen, nicht vorhersehbaren und komplexen Sicherheitsaufgaben zuzuwenden, die auch zu provokanten Fragen der Haltung im Rahmen der Rollenverteilung der Mitgliedstaaten der Allianz führen können. Die NATO-Mitgliedstaaten werden Sicherheitsherausforderungen unterschiedlicher Dimensionen gegenüberstehen. Derartige Situationen könnten entweder den sektoralen Bündnisfall auslösen oder die deutsche Beteiligung an einer internationalen Interventionstruppe im europäischen, atlantischen oder UNO-Rahmen fordern. Bei aller gebotenen deutschen Zurückhaltung sollten die Einsatzbereitschaft der Bundeswehr und die Streitkräftestruktur der politischen Führung glaubwürdige Entscheidungen erlauben, ohne Zweifel an ihrer Ausführbarkeit entstehen zu lassen.

Deutschland steht vor der Situation, dass die veränderte Sicherheitslage den Einsatz seiner Soldaten, wenn auch in begrenztem Umfang, wahrscheinlicher werden lässt als die Sicherheitssituation zu Zeiten des Ost-West-Konflikts, der unter der furchtbaren, aber wirksamen Sicherheitsgarantie der nuklearen Abschreckung stand. Vor dem Hintergrund der gesellschaftlichen und sicherheitspolitischen Entwicklung stellt sich immer wieder die Kernfrage nach einer zukünftigen Struktur der inneren und äußeren Sicherheit, die gesellschaftlich verträglich ist, die deutsche Bündnis- und Integrationsfähigkeit unzweifelhaft aufrechterhält, deutsche Soldaten auch im Rahmen verantwortungsvoller Machtpolitik handlungsfähig macht und den Schutz der staatlichen Integrität von allen NATO-Mitgliedern sichert.

Es ist keineswegs neu, dass alle erforderlichen ideellen und materiellen Voraussetzungen erfüllt sein müssen, um eine Armee zu einem zuverlässigen, bündnisfähigen und auch international einsatzfähigen politischen Instrument zu entwickeln. Deshalb ist die operative Glaubwürdigkeit der Streitkraft, aber vor allem ihr Selbstverständnis im Rahmen einer größeren Europäischen Völkergemeinschaft und der Bürgerpflichten im nationalen und weiteren europäischen Rahmen unerlässlich.

12.11 Charakteristische Merkmale des operativen Denkens in überschaubarer Zukunft

Planungsrichtlinien, Leitlinien, Führungsinformationen, zentrale Vorgaben für Führungsgrundsätze, freilich auch Einsatzgrundsätze, verfasst in Vorschriften wie der FM 100-5 der *US-Army*, der Heeresdienstvorschrift HDv 100/100 des deutschen Heeres sowie den weitgehend identischen Vorschriften anderer NATO-Streitkräfte der 1980er-Jahre und deren Fortschreibung in den vergangenen Jahrzehnten, haben sich bei militärischen Operationen und Missionen grundsätzlich bewährt. Nach Beendigung des Ost-West-Konflikts hat sich neben der Landes- und Bündnisverteidigung das Einsatzspektrum der Streitkräfte zugunsten von Friedensmissionen und Aktionen gegen den internationalen Terrorismus gewandelt. Grundlegende Überlegungen wurden zuvor dargestellt und sollen hier in Thesen zusammengefasst werden.

Die zugrunde liegende Studie legt nahe, das operative Denken als eine geistige Herausforderung zu definieren, komplexe militärische Probleme im Rahmen von Operationen zu lösen. Von zentraler Bedeutung ist dabei, bestimmende militärische Fähigkeiten, die sich einander synergetisch ergänzen, im freien Kampf der Kräfte, in einem zugewiesenen Raum und in einem bestimmten Zeitrahmen zusammenzuführen. Durch eine vernetzte, teilstreitkräfteübergreifende Operationsplanung und -führung sowie mittels einer truppengattungsspezifischen Gefechtsführung werden Fähigkeiten für den Einsatz koordiniert, um strategische, operative und taktische Aufgaben erfolgreich zu lösen.

Die Umfänge der operativen Führung, angesiedelt zwischen politischer und militärischer Führung der Kräfte im Einsatz, entsprachen in der Regel bisherigen politischen und militärischen Optionen, beispielsweise im Irak, in Afghanistan *(International Security Assistance Force, ISAF)*, im Kosovo *(Kosovo Forces, KFOR)* oder im Rahmen der *Operation Enduring Freedom* (OEF) in unterschiedlichen Regionen der Welt.

Operatives Denken fordert sowohl in der Bundeswehr als auch im Bündnis ein streitkräftegemeinsames Denken. Dies ist neu und stellt die Allianz vor besondere, ernsthafte Herausforderungen. Deshalb wäre es hilfreich, das organisatorische „Auseinanderdriften" innerhalb der NATO zu hinterfragen. Beispielsweise hat ein Teil der Staaten eine Streitkräftebasis und Cyber-Organisationsbereiche, andere hingegen nicht. Auch dies hat Auswirkungen auf das operative Denken. Des Weiteren beeinflusst die Einführung des „Rahmen-Nationen-Prinzips" das operative Denken. Denn vorrangig Rahmen-Nationen müssen operativ Denken. Die anderen stellen lediglich Fähigkeiten taktischer Wirkung und sollten sich auch darauf konzentrieren.

Künftig müssen Truppen im Rahmen von *Combined Joint Operations* kurzfristig mit ersten Kräften innerhalb von wenigen Tagen antreten können. Dies setzt voraus, dass sich Bündnisstreitkräfte auf entsprechende Kommandostrukturen der EU und der NATO stützen können, um die operative und taktische Führung jederzeit zu gewährleisten.

Die wahrscheinlichen Aufgabenbereiche der Bündnisstreitkräfte sind internationale Konfliktverhütung und Krisenbewältigung. Dazu stellt die Bundeswehr in angemessenem Umfang einsatzbereite Kräfte zur Verfügung. Die Bandbreite der Qualifizierung und Professionalisierung des Führungspersonals und der Ausbildung der Truppe in der erforderlichen Güte sind zentrale Aufgaben der Ausbildungseinrichtungen der Bundeswehr sowie der operativen und taktischen Truppenführer. Aus der Vielfalt möglicher Fähigkeiten und Fertigkeiten zur Auftragserfüllung werden nachfolgend einzelne Aspekte thesenhaft betrachtet.

- Die NATO-Streitkräfte erfüllten ihre bisherigen Aufträge gestützt auf Grundsätze für das Gefecht der Verbundenen Waffen und den Einsatz der Verbundenen Kräfte, zur Krisenbewältigung in Friedensmissionen, zu Rettungs- und Evakuierungseinsätzen, Hilfeleistungen sowie zum Kampf gegen den internationalen Terrorismus.

- In dem neuartigen Bedrohungsspektrum wird kaum zwischen innerer und äußerer Sicherheit zu unterscheiden sein, was neue Formen der Zusammenarbeit zwischen den Verantwortungsträgern zur Bewältigung der Herausforderungen verlangt. Dies bedarf der Entwicklung von Konzepten der vernetzten Sicherheit, vor allem hinsichtlich der Zusammenarbeit ziviler und militärischer Organisationen im Rahmen der Sicherheitspolitik im In- und Ausland, ausdrücklich in Krisenregionen. Außerdem gehört die Abstimmung diplomatischer Initiativen genauso dazu wie wirtschaftliche, entwicklungspolitische, polizeiliche, humanitäre und militärische Maßnahmen.

- Die neuen Herausforderungen können nur durch einsatzbereite und zertifizierte Strukturelemente umgesetzt werden. Die Dimensionen des zukünftigen Einsatzes von Streitkräften, vornehmlich im Rahmen internationaler Krisenreaktion, sind weitgehend vom Budget der jeweiligen Mitgliedstaaten abhängig, das durch Regierungen bzw. Parlamente festzustellen und durch die Bevölkerung allenfalls zu akzeptieren ist.
- Die oben beschriebenen globalen Risiken und Bedrohungsszenarien erfordern zugleich ein operatives Konzept, das Planung, Organisation, Führung und Einsatz von Streitkräften im Zusammenwirken mit anderen Organisationen abbildet. Das operative Konzept der früheren Bündnisverteidigung zur Vorneverteidigung durch Kräfte, Zeit und vor allem Raum ist mit den neuartigen Konzepten nicht zu vergleichen. Es werden andere Kräfte in einem engeren Zeitrahmen und in entfernten Räumen inner- und außerhalb Europas zum Einsatz kommen. Dazu sind Krisen- und Kriegsbilder über ein neuartiges militärisches Handeln zu ermitteln, taktisch und operativ zu durchdringen und Lösungen zu erarbeiten. Vor allem bedeutet dies die Forderung, die operative Führung insgesamt weiterzuentwickeln.
- Noch ist unklar, wo und in welchen Teilen der Welt sich Krisen und Kriege entwickeln werden, in denen NATO-Streitkräfte zum Einsatz kommen können. Je nach Einsatzort bestimmt die politisch-strategische Führung das Ziel des militärischen Einsatzes. Die militärstrategische Führung definiert das zu erreichende militärische Ziel, plant, koordiniert und führt den Einsatz. Die operative Führung regelt und befiehlt in ihrem operativen Konzept, wie die taktische Führung das Gefecht oder den Einsatz durchzuführen hat. Kennzeichnend für operative Führung sind und bleiben der verbundene Einsatz der Streitkräfte *(Joint Operations)* und die Multinationalität. In kombinierten

Operationen werden alle militärischen Maßnahmen durch Synchronisation der unterstellten Kräfte gesteuert und die Durchführung mit nationalen und internationalen Organisationen im Einsatzgebiet abgestimmt. Darüber hinaus bestimmt sie, mit welchem Ziel militärische Operationen wie, wann und mit welchen Mitteln durchzuführen sind.[321]

- Nachschub und Versorgung von Truppen entscheiden oft über Erfolg oder Misserfolg der Operation. Es ist sehr wahrscheinlich, dass die Bundesrepublik als logistische Drehscheibe der NATO in Europa fungieren wird.[322] Voraussetzung für Betrieb, Übungen und Einsatz der Streitkräfte sind Logistik und technische Unterstützung. Neben der Gefechts- und Einsatzführung ist die Verlegung *(Redeployment-Staging-Onward-Movement-Integration, RSOMI)* in das Einsatzgebiet eine entscheidende Phase, um multinationale Truppen vor Ort zusammenzuführen. Zukünftige Einsatzgebiete, beispielsweise für Kontingente der Bundeswehr, können sich einige Tausend Kilometer entfernt befinden. Die Verlegung der Kräfte und Mittel kann per Schiff, Flugzeug und im Landmarsch erfolgen. Diese Verlegung erfordert besondere Fähigkeiten in den Bereichen Planung, Personal, logistische Führung, militärische Sicherheit, Pionierwesen, Informationsverarbeitung und -management, zivil-militärische Zusammenarbeit und Führungsunterstützung, ferner bei Materialversorgung, Transport und Umschlag sowie ABC-Abwehr, Sicherung und sanitätsdienstlicher Versorgung – um nur einige Aspekte zu nennen. Bereits diese Aufzählung verdeutlicht, was den Soldaten, besonders den operativen und taktischen Führern, abverlangt wird und welchen Anforderungen sie sich zukünftig zu stellen haben. Freilich birgt die Vielfalt des Zusam-

---

[321] Vgl. Millotat, Christian, Operatives Denken und Führen in der Bundeswehr auf dem Weg zur Einsatzarmee, ÖMZ 1/2006, S. 275-282, der sich hier auf die „Operative Leitlinie für den Einsatz der Streitkräfte" von Hans Peter Kirchbach von 1999 bezieht.

[322] Deutschland wird voraussichtlich mit weiteren Partnern für ein *NATO Rear Operations Headquarter* verantwortlich sein. Ob dieses *HQ* durch eine oder mehrere Rahmenvertragsnationen gebildet oder eine NATO-Struktur geschaffen wird, wird die Zukunft zeigen.

menwirkens von Kräften und Mitteln auf dem Marsch zum Einsatzort Friktionen, auf die jederzeit schnell reagiert werden muss, um Verzögerungen zu minimieren und den Einsatz nicht zu gefährden. Gegenwärtig sind ungehinderte militärische Verlegungen von Truppen und Ausrüstungsgütern innerhalb der EU-Binnengrenzen nicht geregelt. Allein die Führung im Rahmen eines übergreifenden Krisenmanagements bei Verlegungen benötigt Kräfte, um auf die Lage sachgerecht zu reagieren.

- Effizientes militärisches Handeln macht eine ressortübergreifende Zusammenarbeit[323], aber auch eine stärkere internationale Kooperation zwingend erforderlich. Dafür ist Kompetenz und Expertise notwendig, die einer gemeinsamen Offizierausbildung bis hin zu einer stärkeren fachspezifischen Ausbildung bedürfen. Darüber hinaus müssten regionale Behördenleiter in allen NATO-Staaten, vorrangig in Osteuropa, auf die Zusammenarbeit mit multinationalen Truppen ausgebildet werden.
- Die Frage ist, wie die Ausbildung für die operative Ebene und das Zusammenwirken mit dem zivilen Organisationsbereichen gestaltet wird und welche Fähigkeiten vorhanden sein müssen. Gewiss kann einiges durch Verwendungsaufbau und Ausbildung am Arbeitsplatz erlernt werden. Auf die Spezifik müssen vor allem das *NATO Defense College (NDC)* in Rom, das *Joint Warfare Centre (JWC)* in Stavanger, Norwegen, aber auch andere höhere Bildungseinrichtungen eingehen, damit Lehrpläne darauf ausgerichtet werden können. Die konsequente Internationalisierung der Lehrprogramme für die operative Ebene schafft die Vorrausetzung dafür, allen Lehrgangsteilnehmern dieselben Grundlagen zu vermitteln. Sie ermöglichen die kontinuierliche Auseinandersetzung mit internationalen und interkulturellen Lerninhalten und qualifiziert die Auszubildenden zur einheitli-

---

[323] Die Ressort-übergreifende Zusammenarbeit ist nicht neu, nur muss sie im Sinne zielführender Operationen handeln. Sie ist vorzubereiten und zu üben. Dies gab es in der Theorie bereits in den 1980er-Jahren bei WINTEX und anderen Übungen. Dabei haben allerdings die zivilen Stellen, von Land zu Land verschieden, zurückhaltend oder gar nicht mitgearbeitet.

chen Teilhabe an einer über nationale Grenzen hinweg vernetzten Welt.
- Welche Rolle die Bundeswehr im Rahmen der Sicherheitspolitik in Zukunft wahrnehmen wird, hängt vom Auftrag, vom Personal, der Ausrüstung, der Ausbildung und den zur Verfügung stehenden Ressourcen ab.[324] Wie zuvor erörtert, sieht das strategische Konzept der NATO bis 2020 die Aufgaben kollektive Verteidigung, Krisenmanagement und kooperative Sicherheit vor. Diese anspruchsvollen Arbeitsbereiche erfordern die Anhebung eines bedrohungsgerechten Verteidigungshaushaltes zur Sicherung qualifizierten Personals, für einsatzfähiges und modernisiertes Material sowie leistungsfähige Ausstattung der Soldaten mit militärischen Mitteln zur Erfüllung der Aufgaben und Aufträge. Schwerpunkte dabei sind die Bereiche Führung, Aufklärung und Wirkung – Erfordernisse, die nicht neu sind. Damit die Verteidigungsausgaben nicht ins Unermessliche steigen, ist eine breite Abstimmung zwischen europäischen und US-amerikanischen Rüstungsunternehmen notwendig. Dies ist möglich, wenn die Vielfalt der Waffensysteme in der NATO eingedämmt werden würde.[325] Diesbezüglich ist das EU-Vorhaben *Permanent Structured Cooperation (PESCO)* ein möglicher Schritt.
- Solche praktischen Erwägungen stoßen nicht bei allen Regierungen und Rüstungskonzernen auf Zustimmung, weil jede Regierung ihr eigenes Kalkül verfolgt. Daraus ist zu ersehen, dass es einzelnen Staaten mehr um wirtschaftliche Interessen als um eine ambitionierte Militärintegration innerhalb der EU geht. Auch nicht um die Möglichkeit, sich im Interesse der Volkswirtschaften, in der Zusammenarbeit bei Forschung und Entwicklung sowie Rüstungsbeschaffung zu ergänzen.
- Bezüglich der EU-NATO-Koordination sind Argumente zielführend, die der Öffentlichkeit die notwendige Erhöhung von Militärausgaben begründen. Angemessene Möglichkeiten der Zusammenarbeit des Bündnisses sind Projekte der bilatera-

---

[324] Vgl. Weißbuch zur Sicherheitspolitik, S. 123-139.
[325] Vgl. Ebd., S. 108-110.

len Zusammenarbeit zwischen den Mitgliedstaaten oder der Teilhabe an Operationen und Missionen. Dies geschieht zwar, ist aber erfahrungsgemäß in demokratischen Staaten schwer umzusetzen.
- Angesichts knapper Ressourcen sind Wege vor allem in Schlüsselbereichen zu finden, die gemeinsam finanziert und multinational betrieben werden – zum Beispiel nach dem Konzept der Luftraumüberwachung durch die AWACS-Flotte, das sich seit den 1980er-Jahre bewährt hat.
- Gleichwohl sind Rüstungskontrolle, Abrüstung und Nichtweiterverbreitung sowie eine restriktive Rüstungsexportpolitik von großer Bedeutung für eine vernetzte Sicherheitspolitik in der Allianz und darüber hinaus. Dabei geht es um die überprüfbare Reduzierung bestimmter Waffensysteme, Vertrauen und Stabilität zwischen möglichen Konfliktpartnern und darum, das Risiko einer bewaffneten Auseinandersetzung zu minimieren. Im Mittelpunkt stehen die Aktivierung und Weiterentwicklung zahlreicher Abkommen, die bereits im Ost-West-Konflikt vertraglich vereinbart wurden.[326]
- Bedauerlicherweise ist hier kein wegweisender Fortschritt festzustellen. Deshalb sollte statt Rüstungssteigerung und Modernisierungen auch weiterhin an Rüstungsbegrenzungen und vor allem an Verifikationsmaßnahmen festgehalten werden. Operatives Denken wäre immer dann notwendig, wenn Rüstungsbegrenzungen an ihre Grenze stoßen und Handlungsunfähigkeit zu Bedrohungen führen würde.

Der chinesische Philosoph und General Sunzi behandelte vor mehr als 2.500 Jahren die Wehrhaftigkeit, oft mit „Kriegskunst" übersetzt, und dabei Fragen des zweckmäßigen und ökonomischen Einsatzes der Kriegsmittel, aber auch Aspekte der Kriegsvermeidung. Hervorgehoben werden die eigene Kenntnis und die des Gegners, die Bedeutung der Kunst der Menschenführung, die den gebildeten Soldaten fordert. Zudem skizziert der General Fragen der Nutzung

---

[326] Hellmich, Wolfgang, Perspektiven für Sicherheits- und Verteidigungspolitik, Auswirkungen auf die Streitkräfte. In: Blauer Bund e.V., Oktober 2016, S. 26-30.

des Geländes, der Logistik, des Feuergefechts und der Aufklärung u. a. m. In 13 Kapiteln werden Theorien aufgestellt, die in ihrer Weiterentwicklung bis in unseren Kulturraum Beachtung fanden. Diese Gedanken, eingebettet in das weite Feld militärpolitischer Betrachtungen, sind Erkenntnisse, die ihrem Wesen nach nicht an Bedeutung verloren haben.

Ich bin der Überzeugung, dass vor allem militärische Führer, aber auch politische Verantwortungsträger dieses Werk sorgsam lesen sollten. Denn dann würden sie einerseits mehr Verständnis für das militärische Denken in den Streitkräften aufbringen, anderseits die Notwendigkeit der besonderen Leistungsfähigkeit der Soldaten anerkennen. In diesem kleinen Buch finden sich Regeln, gegen die Führungskräfte immer wieder verstoßen und deshalb nicht erfolgreich sind. Wir sollten erkennen, dass sich eine Reihe militärischer Grundsätze auf Einsichten des chinesischen Generals stützen, sich über Jahrhunderte entwickelt haben und unter den gegenwärtigen gesellschaftlichen Bedingungen abermals zu vervollkommnen sind.[327]

Die Vielfalt der Handlungsfelder für die Streitkräfte und die damit verbundenen Anforderungen an die militärischen Führer machen deutlich, dass die Soldaten aller Ebenen ihr Handwerkszeug beherrschen müssen, sowohl in der Planung als auch in der Praxis. Altbewährtes Wissen und Können über bisherige Grundzüge des operativen Denkens sind erneut zu durchdenken und unter veränderten Bedingungen bestmöglich anzuwenden. Neben der originären Weiterentwicklung der militärischen Fähigkeiten und Fertigkeiten sollte das operative Denken durch entsprechende Optimierung in der gebundenen Ausbildung weiter gefördert werden.

12.12 Konsequenzen

Gesellschaftliche Entwicklungen und internationale Konflikte beeinflussen das sicherheitspolitische Umfeld des Westens, vor allem der USA und Europas, aber auch der östlichen Welt, namentlich Russlands und Chinas. Bestimmte Szenarien sind nicht auf die Hemisphäre begrenzt. Deshalb sollte die Allianz ihre Beziehungen zu Russland und China stabilisieren und gleichzeitig den gesellschaftli-

---

[327] Clavell, James (Hrsg.), Sunzi: Die Kunst des Krieges, München 2001.

chen, politischen, wirtschaftlichen, technologischen und militärischen Austausch intensivieren. Fortan können unterschiedliche Denkansätze zu plausiblen Lösungen führen.

„Die Bundeswehr muss sich an der anspruchsvollsten Aufgabe der Landes- und Bündnisverteidigung orientieren und zudem die Kräfte und Mittel zum internationalen Krisenmanagement und zur nationalen Krisenvorsorge bereitstellen. Gleichzeitig steigt die Anzahl der weltweiten Einsatzgebiete kontinuierlich. Im Ergebnis heißt dies: Die Bundeswehr ist in einer Bandbreite gefordert wie selten zuvor. Sie muss fähig und vorbereitet für gleichzeitiges Handeln sein."[328]

Neben dem gemeinsamen Kampf gegen Terrorismus betrifft dies den Umgang mit verschiedenartigen Konflikten. Pragmatische Politik bedeutet dabei, für Konfliktfelder offen und handlungsbereit zu sein oder zumindest frühzeitig brauchbare Lösungen der Eindämmung zu finden. Eine Politik, die auf die einseitige Isolierung von Staaten abzielt, ist dabei wenig ergiebig.

Die Relevanz zukünftiger Konfliktfelder wird wachsen, wobei die Gefahren vielschichtiger und unübersichtlicher werden. In kooperativer Zusammenarbeit und Anwendung machtpolitischer Mittel können sie eher eingegrenzt werden.

Planungszyklen und Rüstungsvorhaben sind langwierig, oft dauern sie Jahrzehnte. Deshalb ist es notwendig, denkbare Krisenszenarien zu verifizieren, um zeitnah zweckmäßige Entscheidungen zu treffen. Die Frage nach der besten Ausrüstung wird in der Regel erst im Nachhinein beantwortet. Daher kommt der Fähigkeitsanalyse und Verwendbarkeit von Wehrmaterial für unterschiedliche Szenarien eine besondere Rolle zu.[329]

Merkmale der operativen Führung sind teilstreitkräftegemeinsames Handeln *(Joint combined)* und multinationales Zusammenwirken. Planung, Koordinierung und Führung von *Joint Operations* sind erfolgreich, wenn in den multinational gegliederten Stäben die Lage gemeinsam beurteilt und die Planung so aufeinander abgestimmt wird, dass die Stärke der jeweiligen Teilstreitkraft oder Kontingente optimal zur Geltung kommt. Die Nutzung synergetischer Effekte,

---

[328] Vgl. Weißbuch zur Sicherheitspolitik, S. 144.
[329] Jeschonnek, Friedrich K., Brief vom 03.12.2017 (Archiv des Autors).

gemeinsame Kontrolle und gemeinsames Nachsteuern im Verlauf der Operation gehören ebenfalls dazu.
Multinationale Strukturen erfordern das harmonisieren von Doktrinen und Kompromissen der Beteiligten. In solchen Strukturen eingesetzte Soldaten müssen gemeinsam aus- und weitergebildet werden. Kompatible Führungsmittel und eine effiziente Einsatzunterstützung sind Voraussetzung für eine erfolgreiche operative und taktische Führung.[330] Operatives Denken vollzieht sich im multinationalen Rahmen. Daher kommt es vor allem für die Rahmennationen *(Framework-Nations)* darauf an, das operative Denken, Planen und Handeln zu fördern und hierzu entsprechende Befähigungen ihrer Spitzenkader sicherzustellen.[331]
Nicht nur auf operativer Ebene erfolgt die multinationale Integration, sondern bereits auf der taktischen Ebene, in Einzelfällen bis innerhalb von Kampfverbänden. Ein Beispiel ist das Panzerbataillon 414 mit einer niederländischen Kompanie.[332] Hier hat sich im Vergleich zu den 1980er-Jahren hinsichtlich tiefer Integration und Mischung der Einheiten einiges getan. In den 1980er-Jahren glaubte man nicht an eine effektive Multinationalität. Heute ist man aufgrund von Einsatz- und Übungserfahrungen deutlich optimistischer. Dies bedeutet aber auch, dass die gemischten Truppenteile viel mehr zusammen üben müssen. In der Französisch-Deutschen Brigade[333] ist die tiefe Integration nach Aussagen von Kritikern an einem gewissen Zeitpunkt steckengeblieben.[334]
Gradmesser des operativen Denkens ist seine Plausibilität. Es ist die Aufgabe der militärischen Führer und ihrer Gehilfen dieser Ebene, relevante Herausforderungen und Chancen sowie den notwendigen Handlungsbedarf zu erkennen oder zu antizipieren. Noch ist offen,

---

[330] Vgl. Millotat, Operatives Denken, ÖMZ 3/2006, S. 275-282.
[331] Jeschonnek, Friedrich K., Brief vom 03.12.2017 (Archiv des Autors).
[332] Das zur holländischen 43. Mechanisierten Brigade der 1. Deutschen Panzerdivision gehörende Panzerbataillon 414 ist mit seinen vier Kompanien im niedersächsischen Bergen-Lohheide stationiert.
[333] Die Deutsch-Französische Brigade mit rund 6.000 Mann ist eine binationale Infanteriebrigade aus französischen und deutschen Truppen mit Sitz des Stabes in Müllheim (Baden-Württemberg).
[334] Jeschonnek Friedrich K., Brief vom 05.12.2017 (Archiv des Autors).

welche Folgen tatsächliche politisch-militärische Entwicklungen zeitigen. Jedoch geben die oben aufgezeigten Entwicklungstendenzen Anlass, über mögliche Dimensionen nachzudenken. Auch wenn immer mit Überraschungen zu rechnen ist, können Trends in den Bereichen Technologie, Waffenentwicklung, Taktik und in den Szenarien, einschließlich der sich ergebenden Erkenntnisse der jeweiligen Feindbeurteilung im möglichen Einsatzgebiet, genügend Auskunft über kausal verknüpfte Zusammenhänge geben.[335] Deshalb sollten in Diskussionen die Zukunft der operativen Ebene und Auswirkungen von Veränderungen auf diese Ebene stets angemessen einbezogen werden. Als hilfreicher Maßstab oder als Template könnte die Operative Leitlinie von General Hans-Henning von Sandrart dienen.

Obwohl Nationalstaaten unterschiedliche geopolitische Strategien und Sichtweisen verfolgen, können sie mit Geduld und unter Abwägung der Schritte mit allen Beteiligten und unter Berücksichtigung ihrer Interessen hinreichende Ergebnisse erzielen, die für alle eine Win-Win-Lösung darstellen. Verantwortung für die Zukunft besteht heute darin, dass die Streitkräfte, gestützt auf die Politik, ihr Bestes geben, um ihre Aufträge in Frieden, Krise und Krieg zu erfüllen. Dabei sind pragmatische Lösungen eher mit Respekt als mit Aversion zu erarbeiten.

Die oben genannten Gesichtspunkte setzen den Rahmen, in dem die Konfliktfelder unter Einbeziehung operativen Denkens gelöst werden könnten. Darüber nachzudenken, vor allem Lösungen zu finden, ist eine grundsätzliche Verpflichtung militärischer Entscheidungsträger bzw. militärischer Regierungsberater.

---

[335] Vgl. Schmidle, Robert E., Grundlagen strategischen Denkens. In: Peischel, Wolfgang, Wiener Strategie-Konferenz 2016, Norderstedt 2017, S. 172-173.

13. Bewertung

Insgesamt wurde die Kriegskunst der Streitkräfte der NATO, vor allem der USA, von der WVO als aggressive Militärdoktrin wahrgenommen. Trotz gradueller Unterschiede der strategischen Nachkriegskonzeptionen waren sie ein Spiegelbild der „Politik der Stärke", weil es permanent darum ging, das Nuklearpotenzial zu verstärken und die konventionellen Kampfmittel weiterzuentwickeln. Die strategischen Konzeptionen, die sich während des Ost-West-Konflikts aufgrund des Kräfteverhältnisses zwischen NATO und WVO veränderten, hatten ebenso Einfluss auf die Struktur der Streitkräfte und auf die Kriegskunst beider Seiten. Das Fundament der NATO-Streitkräfte bildete die nukleare und zahlenmäßige Stärke der Streitkräfte. Die Ausrüstung der Streitkräfte mit Kernwaffen und die Vervollkommnung der konventionellen Bewaffnung führten zur Weiterentwicklung der Streitkräfte. In deren Folge erhöhten sich die Feuer- und Schlagkraft, die Beweglichkeit, die Manövrierfähigkeit und die Selbstständigkeit der taktischen und operativen Verbände.

Durch Entwicklung der Nuklearwaffen änderte sich der Charakter des Krieges. War in den 1950er-Jahren noch angenommen worden, dass ein künftiger Krieg den Charakter eines Kernwaffenkrieges haben würde, bestand in den 1960er-Jahren die Vorstellung, dass neben einem allgemeinen Kernwaffenkrieg, „begrenzte" Kernwaffenkriege möglich wären, aber auch Kriege nur mit konventionellen Waffen. Unter einem „begrenzten" Krieg wurde nicht ein „kleiner" oder lokaler Krieg verstanden, sondern ein Krieg in Europa, der sich gegen die Vereinten Streitkräfte der WVO richtete. Er sollte mit begrenzten Zielen unter „Aussparung" des Territoriums der USA mit konventionellen Mitteln oder mit Kernwaffen, als letztes Mittel mit taktischer, operativer und strategischer Zielsetzung, geführt werden.[336]

---

[336] Nach der Aufrüstung der Sowjetunion mit SS-20-Raketen fürchteten Experten im westlichen Bündnis ein Ungleichgewicht des Schreckens – plötzlich schien in Europa ein begrenzter Atomkrieg möglich. Im Klartext heißt das, ein Krieg sollte auf Europa beschränkt bleiben, zumindest im Anfangsstadium. Denn beiden Führungsmächten wäre dann immer noch Zeit geblieben, die „Notbremse" zu ziehen und den Krieg zu beenden, ehe er zum absoluten „Showdown" käme. Mit anderen Worten: Die USA beabsichtigten einen begrenzten Krieg in Europa, also auch einen begrenzten Atomkrieg, auf europäischem NATO-Territorium

Dazu wurden Methoden zur Vorbereitung und Führung von Kampfhandlungen ausgearbeitet. Aufmerksamkeit galt allen Arten der Operation und des Gefechts. Der Angriff sollte in Richtungen, in der Regel aus der Bewegung, in großer Tiefe und in hohem Tempo geführt werden. In der Verteidigung wurden ebenso entschlossene Ziele festgelegt, um einen Angriff des Gegners zu vereiteln, ihm bedeutende Verluste zuzufügen und die Bedingungen für den Übergang zum Angriff zu schaffen. Die Verteidigung sollte beweglich und mit hoher Aktivität geführt werden.

In den 1980er-Jahren verstärkte sich das Interesse, den Krieg mit konventionellen Waffen zu führen. Die Grundsätze zum Aufbau der Streitkräfte und zur Kriegskunst spiegelten sich in den *General Defense Plans (GDPs)* und den *Strike Plans* der NATO wider und wurden in lokalen Kriegen überprüft.[337] Wesen und Inhalt der Operationsplanungen *(GDPs)* der NATO sowie die Veränderungen in der Struktur, Bewaffnung und Ausrüstung der NATO-Streitkräfte bildeten die Grundlage für die Erarbeitung der operativen Planung der Vereinten Streitkräfte der WVO in den Jahren 1983, 1985 und 1988.

Die Zusammenarbeit in der NATO basierte von Beginn an auf gemeinsamen Anstrengungen der Verbündeten, den Frieden zu erhalten und die geistigen, kulturellen und zivilisatorischen Werte der westlichen Welt zu bewahren. Diese freiwillige Koalition hatte trotz begrenzter sicherheitspolitischer Organisiertheit die verbündeten Völker näher zusammengeführt. Das Bündnis aus 15 souveränen Staaten, das im Rahmen der Landes- und Bündnisverteidigung seine Integrität nach außen vertrat, war trotz der solidarischen Absicht zur gemeinsamen Vorneverteidigung an seine Grenzen gestoßen. Einerseits war es wegen der politischen und wirtschaftlichen Interdependenz der Staaten geschwächt, anderseits gab es Grenzen im militärischen Denken, die anscheinend nicht aufgehoben werden konnten.

Die Führung in der NATO vollzog sich in unterschiedlichen Dimensionen, die nicht leicht voneinander abzugrenzen waren: Die

---

auszutragen. Vgl. Lechermann, Franz, Der Weg der Deutschen: Band II: Deutschland im Zwanzigsten Jahrhundert, Hamburg 2013, S. 291-294.
[337] Panow, Kriegskunst. In: Panow u. a., Geschichte der Kriegskunst, S. 569 f.

einen teilen sie in Strategie und Taktik, die anderen in Strategie, Operation und Taktik ein. Nach der HDv 100/100 sind Operationen militärische Handlungen, die zeitlich und räumlich zusammenhängen und auf ein gemeinsames Ziel ausgerichtet sind. Sie werden vor, während und nach Schlachten geführt.[338] Dass der Begriff „Operation" als Bezeichnung für Bewegungen in größeren Verhältnissen von Kräften, Zeit und Raum, die von Korpskommandos und Oberkommandos zu führen sind, verstanden wurde, fehlte in dieser Vorschrift. Obwohl die *US-Army* die traditionelle Dreiteilung aufgegriffen hat, ist diese Konsequenz im deutschen Heer nicht zu erkennen. Die Konzentration des Denkens in der Bundeswehr auf die strategische Ebene und des Heeres vornehmlich auf die taktische Ebene führte allmählich zum Niedergang des hiesigen operativen Denkens.[339]

Aus Sicht des Inspekteurs des Heeres und späteren Oberbefehlshabers des NATO-Kommandobereichs Europa-Mitte, General von Sandrart, war das operative Denken nicht sonderlich ausgeprägt. Seine Operative Leitlinie sollte „Licht in die Angelegenheit" bringen und das operative Denken in der NATO beleben. Das Denken beschränkte sich auf das *Need-to-know-Prinzip*. Den Oberbefehlshabern im Bündnis wurden keine Vorschriften gemacht, sondern stattdessen Weisungen erteilt, operative Planungen besprochen und *Military Guidelines* erörtert. Das Bemühen der NATO-Befehlshaber *AFCENT, NORTHAG* und *CENTAG* fand in den 1980er-Jahren seine Schranken im gemeinsamen Verständnis zur Vorneverteidigung und in der Absichts- und Willenserklärung, eine überzeugende und überlebensfähige Verteidigungsplanung zu schaffen, die eine frühe nukleare Eskalation im Rahmen der *Flexible Response* verhindern sollte und Möglichkeiten schuf, Verhandlungen aufzunehmen.

Im Rahmen interner Gespräche mit hochrangigen NATO-Offizieren konnte ich Aspekte der Befindlichkeit mancher Kommandierender Generale ableiten. Bisher kann die endgültige Bewertung der Operationspläne nicht vorgenommen werden, weil diese bisher nur in Teilen vorliegen und eine Gesamteinschätzung sich deshalb verbietet.

---

[338] Vgl. Entwurf HDv 100/100, 1997, Ziff. 2306.
[339] Greiner, Gottfried, Kommandeur Tagung in Hammelbürg, 06.05.1958. Siehe auch Sandrart, Hans-Henning von, Bundeswehr aktuell, 20.5.1985, S. 2 f.

Nach Auswertung weiterer *GDPs* werde ich im Rahmen einer Historiografie dazu Stellung beziehen. Zu beachten ist, dass in einer „geschlossenen" militärischen Institution Mängel nur nach außen gelangen, wenn sich zuständige Fachleute dazu äußern. Daraus folgt, dass im Rahmen von Untersuchungen dieser Thematik immer nur Teilergebnisse erzielt werden.

Das Atlantische Bündnis ist gewiss keine stringent durchorganisierte gemeinsame Streitmacht, aber sicher eine internationale Organisation ohne Hoheitsrechte, in der die Mitgliedstaaten ihre volle Souveränität und Unabhängigkeit behalten. Dies bedeutete, dass die operativen und taktischen Truppenführer ihren traditionellen nationalen Grundsätzen folgten. Anders ist es mit militärischen Grundsätzen, die sich aus Vorschriften ableiten lassen. Hieraus kann der Analyst das taktische Denken und darüber hinaus Prinzipen des operativen Denkens ableiten. Funktional geht es dabei um die „kriegshandwerklichen" Fähigkeiten. Unter kriegshandwerklichen soldatischen Aspekten gab es sowohl in der NATO als auch in der WVO viele Gemeinsamkeiten. Selbstverständlich bedeutet dies keinen Automatismus in der Durchführung von militärischen Bestimmungen, sondern deren zweckdienliche Anwendung. Soldaten unterschiedlicher Ebenen und Funktion werden nach Anweisungen und Vorschriften, mit Befehl und Gehorsam geführt.

Das operative Denken jener Zeit war eine Einheit von taktischen und operativen Überlegungen, die durch operative und taktische Führer lage- und aufgabenbezogen Anwendung fanden. Es war nicht nur ein wesentlicher Bestandteil militärischen Handelns, sondern auch der militärischen Kultur. Operatives Denken war und ist notwendig, um Operationen und Gefecht erfolgreich führen zu können.

14. Erkenntnisse und Lehren

Militärische Grundsätze bilden Anleitungen zum Handeln. Sie gelten als Prinzipien der Kriegskunst und sind gleichsam Leitsätze für die Planung und Durchführung des Gefechts, der Operation und des Krieges als Ganzes. In der Praxis stehen die Empfehlungen in direkter Abhängigkeit von der schöpferischen Tätigkeit der militärischen Führer, von ihren Fähigkeiten, Truppen zu führen, die Lage zu analysieren und aus ihr die richtigen Schlüsse zu ziehen.[340] Lehren aus der Kriegsgeschichte können in ihrem jeweiligen militärstrategischen Zusammenhang betrachtet werden.[341] Bei den Folgerungen für das eigene Handeln sind die veränderten Rahmenbedingungen, beispielsweise neue Kampfmethoden und waffentechnologische Möglichkeiten, zu beachten. Im Ergebnis der bisherigen Untersuchung und in Rückschau auf kriegsgeschichtliche Ereignisse während des Kalten Krieges können bestimmte Erkenntnisse für das eigene Handeln gezogen werden, die auch weiterhin bestehen bleiben:

– In der deutschen Heerestradition gehörte spätestens seit dem 1. Weltkrieg das Korps zur operativen Ebene, infolgedessen gab es hierfür auch keine Vorschriften, die das Operieren nach Zeit, Raum oder Kräften festgelegt hätten. Das „Freie Operieren" war das Symbol dieser Ebene. Wenn wir die konzeptionellen Überlegungen für Führung und Einsatz, gleich welcher Ebene, Waffen, Ausrüstung, Gliederungen, ja sogar die Uniformen in der NATO und WVO vergleichen, dann wird deutlich, wo die Unterschiede in zwei scheinbar gleichen multinationalen militärischen Organisation lagen. Mithin auch die Vielfältigkeit in der NATO hinsichtlich der Führungsgrundlagen. Insofern scheint der Hinweis wichtig, dass die Führungsebenen in beiden Organisationen nicht die gleichen waren. Dies betrifft vor allem die Korps- und die Armeeebene. Die Armeeebenen in der NATO und in der WVO unterschieden sich nach Gliederung, Zuord-

---

[340] Resnitschenko, (Hrsg.), Taktik, S. 57.
[341] Bezogen auf das militärische Denken im Vergleich zwischen NATO und WVO, namentlich die Formen taktischer und operativer Handlungen, das Zusammenwirken zwischen den Teilstreitkräften und in den Analogien beider Militärkoalitionen in ihrem militärischen Handeln.

nung zur Führungsebene und entsprechend ihrer Rolle in den beiderseitigen Führungsstrukturen.
- Es liegt im Wesen von Landstreitkräften, dass nur sie Raum gewinnen bzw. behaupten können. Die strategische Aufgabe der Luftstreitkräfte in Zentraleuropa war es, die Luftherrschaft über dem Operationsgebiet zu erringen und damit die Voraussetzung für die Operationen der Landstreitkräfte zu schaffen. Darüber hinaus als Bestandteil des operativen Konzepts, das Operationsgebiet im Rahmen *Follow-on-Forces-Attack (FOFA)* zu erweitern und feindliche Kräfte bereits in der Tiefe des Raumes zu bekämpfen. Schwerpunkt des FOFA-Konzepts war es, nachrückende Verbände des Warschauer Pakts bis auf eine Tiefe von 500 km auszuschalten. Grundlage des Angriffsplanes in die Tiefe war zugleich die *Air-Land-Battle-Doktrin* zur Vernichtung der feindlichen Luftstreitkräfte am Boden, daneben die Verhinderung des Aufschließens der 2. operativen Staffeln und Reserven des Gegners. Die tiefen Schläge *Strike Deep* sollten mehr Spielräume für eine bewegliche konventionelle Kampfführung auf eine Entfernung bis 150 km in der Tiefe auf gegnerischem Territorium schaffen.[342]
- Die politische Führung als politisch-strategische Führung erteilt den Auftrag zum Einsatz der Streitkräfte, legt das politische Ziel des militärischen Einsatzes fest und bestimmt, was mit militärischen Mitteln erreicht werden soll und welche Auflagen zu beachten sind. Die militärstrategische Führung koordiniert den Einsatz aller verfügbaren Kräfte so, dass die politisch-strategischen Vorgaben erreicht werden.[343]

---

[342] Hansen, Helge, Brief an den Autor vom 04.07.2017 (Archiv des Autors).
[343] Vgl. Unverhau, Jürgen, Aufmarsch – die Entscheidung der operativen Führung zur Schlacht. In: Grundsätze der Truppenführung im Lichte der Operationsgeschichte von vier Jahrhunderten. Eine Sammlung von Beispielen der Kriegs- und Operationsgeschichte vom Dreißigjährigen Krieg bis heute, Hamburg, Paris 1999. S. 77 f.

- Bei Staaten mit demokratischen Strukturen unterliegt der Einsatz der Streitkräfte gewöhnlich dem Primat der Politik.[344]
- Die operative Führung entwickelt auf der Grundlage militärstrategischer Vorgaben ein operatives Konzept und setzt es in Weisungen und Befehle an die taktische Führung um. Die taktische Führung erarbeitet nachfolgend Befehle und Pläne für die Verbände und Truppenteile.[345]
- Die Verantwortung des militärischen Führers ist unteilbar. Dafür ist die Einheit der Führung unbedingte Voraussetzung. Die ungeteilte Führungsverantwortung, aber auch Willensstärke und Durchsetzungsvermögen befähigen ihn dazu, seine Truppe zu gemeinsamer Leistung zu führen.[346]
- Führen mit Auftrag war und ist oberstes Führungsprinzip im bundesdeutschen Heer. Der militärische Führer gewährt unterstellten Führern Freiheit bei der Durchführung des Auftrags. Sie ist Voraussetzung für schnelles, entschlossenes Handeln und dient der Stärkung der Eigenverantwortlichkeit. Auftragstaktik setzt allerdings die Bereitschaft des Vorgesetzten voraus, das Auftreten von Fehlern in der Durchführung hinzunehmen.[347]
- Unmittelbare Operationen, Operationen in der Tiefe und Operationen im rückwärtigen Gebiet sind in der gesamten Breite und Tiefe des Verantwortungsbereiches nacheinander, gleichzeitig oder zeitlich unabhängig voneinander zu führen. Sie sind als zusammenhängende, gemeinsame, taktische oder operative Aufgabe, als Gesamtoperation, vom zuständigen Truppenführer zu planen und zu führen. Dabei setzen Truppenführer ihren Willen und ihre Absicht in freien Operationen in eigenes Handeln um. Dies umfasst das ständige Ausschöpfen aller

---

[344] Vgl. Weihmann, Herbert, Volkskrieg in Belgien – Ereignisse in Löwen vom 25.-28. August 1914. Recht ist die Grundlage jeden militärischen Handelns. In: Grundsätze der Truppenführung, S. 94.
[345] Vgl. Unverhau, Aufmarsch. In: Grundsätze der Truppenführung, S. 77 f.
[346] Ebd., S. 24 f.
[347] Vgl. Raguet, Jean-Christophe, Der stärkere Wille erzwingt den Erfolg. In: Grundsätze der Truppenführung, S. 32 f.

vorhandenen Möglichkeiten der Wirkung und der Nutzung des Raumes. Zweck freier Operationen ist es, frühzeitig die Initiative zu erringen, sie dauerhaft zu behaupten und den „Rhythmus des Gefechts" zu bestimmen.[348]

- Das Zentrum der Kraftentfaltung und Handlungsfähigkeit umfasst alle maßgebenden Verhältnisse, die das kriegsentscheidende Leistungsvermögen des Bündnisses, einer Nation und ihrer Streitkräfte ausmachen. Aus ihm leiten Streitkräfte ihre Handlungsfreiheit, ihre Kampfkraft, ihre Moral und ihren Siegeswillen ab. Die Operationsbasis ist die Gesamtheit aller militärischen und zivilen Einsatzunterstützungskräfte und -mittel auf einem bestimmten Gebiet, von dem aus die Operation beginnt oder fortgesetzt werden soll. Sie gewährleistet die Durchhaltefähigkeit der Truppe.[349]

- Wesentliche Aufgabe der Truppenführung ist es, Kräfte, Zeit und Raum zu koordinieren und sich dazu aller verfügbaren Informationen zu bedienen. Der Auftrag und die für seine Durchführung bereitgestellten Kräfte und Mittel müssen auf jeder Ebene einander entsprechen. Aufgabe der operativen Führung ist es vor allem, Kräfte im befohlenen Raum rechtzeitig bereitzustellen, zu verlegen, aufmarschieren zu lassen und deren Führungs- und Einsatzunterstützung sicherzustellen.

- Alle benötigten Kräfte und Mittel sind zur richtigen Zeit auf das entscheidende Ziel zusammenzufassen. Zersplitterung der Kräfte ist zu vermeiden. Um an entscheidender Stelle überlegen zu sein, ist es oft notwendig, Risiken in weniger gefährdeten Räumen in Kauf zu nehmen. Das zeitweise Zusammenfassen aller verfügbaren Kräfte an einem Ort begünstigt zudem das Erreichen örtlicher Überlegenheit auch bei ansonsten vorhandener Unterlegenheit und ermöglicht es, den Feind nacheinander in Teilen zu schlagen.

---

[348] Vgl. Menzel, Dietrich, XVIII (US) AbnCorps in der Operation Desert Storm Anfang 1991. Luftbeweglichkeit – Hauptträger von Operationen in der Tiefe. In: Grundsätze der Truppenführung, S. 225 f.
[349] Ebd., S. 57-59.

- Der Raum und die darin befohlene Raumordnung beeinflussen maßgeblich die Planung und Führung einer Operation. Es gilt, im schnellen Wechsel der Gefechtsarten, oft mit offenen Flanken, in weiträumigen Operationen den Raum zum schnellen Zusammenfassen der Kräfte, zur Schwerpunktbildung und Schwerpunktverlagerung auszunutzen.
- Wenn Kräfte zur richtigen Zeit, am richtigen Ort und im entscheidenden Augenblick ihre Stoßkraft zur Wirkung bringen, kann der Gegner auch unter zahlenmäßiger Unterlegenheit nachhaltig geschwächt werden. Daraus folgt, dass ein zweckmäßiger und zeitgerechter Einsatz von Kräften im Gefecht der Verbundenen Waffen selbst gegen einen zahlenmäßig stärkeren Feind zum Erfolg führen kann.[350]
- Informationen aus Nachrichtengewinnung und Aufklärung sind Grundlagen für die Beurteilung militärischer Fähigkeiten und möglicher Absichten anderer Staaten. Einer Überraschung durch den Feind ist vor allem durch Aufklärung, Sicherung, Überwachung und Schutz des eigenen Informationssystems zu begegnen.[351]
- Informationsüberlegenheit schafft die Voraussetzungen, Abhängigkeiten von Kräften, Raum und Zeit untereinander zu erkennen, diese in Einklang zu bringen und den Truppenführer so in die Lage zu versetzen, seine Absicht zu verwirklichen. Die Informationen beeinflussen bei allen Einsätzen die Planungen der Führung und das Verhalten der Truppe, sie sind der Truppe zur Erfüllung ihres Auftrags rechtzeitig bereitzustellen. Fehlende Informationen sind zu beschaffen. Erfolgreicher Kampf um Informationsüberlegenheit ist eine grundsätzliche Voraussetzung für das Erringen und Behaupten der Initiative.[352]

---

[350] Vgl. Unverhau, Jürgen, Gustav Adolf in der Schlacht bei Breitenfeld am 7. September 1631. Feuer und Bewegung – bestimmend für die Stoßkraft der Truppe. In: Grundsätze der Truppenführung, S. 7-15. So auch Raguet, Information beeinflusst die Koordination von Kräften, Zeit und Raum. In: Grundsätze der Truppenführung, S. 24-30.
[351] Vgl. Raguet, Der stärkere Wille. In: Grundsätze der Truppenführung, S. 32 f.
[352] Ebd.

- Überraschung ist für den Erfolg entscheidend. Mit Einfallsreichtum, Fantasie und Kühnheit muss der Truppenführer den Feind auf immer neue Art treffen. Überraschung richtet sich vor allem gegen die feindliche Führung und trägt maßgeblich dazu bei, die Initiative zu erhalten oder wiederzugewinnen.[353]
- Täuschung soll dem Feind ein unzutreffendes Bild der eigenen Lage, Absicht und getroffenen Maßnahmen vermitteln und ihn zu falschem Handeln oder zur Untätigkeit verleiten. Sie ist Bestandteil fast jeder Operation und kann oft über das Gelingen einer Überraschung entscheiden.[354]
- Der Schwerpunkt wird vor allem durch Zusammenfassen von Kräften und Mitteln dort gebildet, wo eine Entscheidung gesucht oder erwartet wird. Eigene Absicht, Feindlage und Gelände bestimmen seine Wahl. Häufig muss er zunächst ins Ungewisse hinein gebildet werden. Im Verlauf des Gefechts oder der Schlacht kann es notwendig werden, den Schwerpunkt zu verlegen oder ihn zu verstärken.[355]
- Der Kulminationspunkt, wie in Kapitel 9.12 beschrieben, ist erreicht, wenn die Fähigkeit zur Initiative und zur erfolgreichen Fortsetzung von Operationen an den Feind überzugehen droht. Der Truppenführer muss ihn während einer Operation laufend neu beurteilen. Die Grenze zwischen letztem kühnen Zupacken und dem Überspannen des Bogens, zwischen Kühnheit und Leichtsinn, zwischen Risikobewusstsein und Verzagtheit ist meist fließend. Sie zu erkennen und zu bestimmen ist Teil der operativen Führungskunst. In der Defensive ist der Kulminationspunkt für den Verteidiger erreicht, wenn seine Kräfte nicht mehr in der Lage sind, auf den Feind angemessen zu reagieren.[356]

---

[353] Vgl. Raguet, Reserven – auf jeder Ebene der Schlüssel zum Erfolg. In: Grundsätze der Truppenführung, S. 47 f.
[354] Raguet, Der stärkere Wille. In: Grundzüge der Truppenführung, S. 32 f.
[355] Raguet, Reserven. In: Grundzüge der Truppenführung, S. 47 f.
[356] Vgl. Menzel, Völkerschlacht bei Leipzig im Oktober 1813. Konzentrisches Vorgehen – Bewegung als schlachtentscheidendes Element. In: Grundsätze der Truppenführung, S. 57-59.

- Bewegungen der eigenen Kräfte sind für den Erfolg wesentlich. Richtung, Schnelligkeit und Wucht bestimmen ihre Wirkung. Auf dem Gefechtsfeld haben Bewegungen vor allem den Zweck, die Truppe in eine Lage zu bringen, in der sie dem Feind überlegen ist. Im Zuge von Bewegungen muss die Truppe häufig Gewässer überwinden. Diese können Bewegungen hemmen, in unerwünschte Richtungen lenken oder einengen.[357]
- Einsatzunterstützung schafft die Voraussetzungen für einen erfolgreichen Einsatz, indem sie einen möglichst hohen Stand der Einsatzbereitschaft der kämpfenden Truppe und deren Durchhaltefähigkeit sicherstellt. Ihre Wirksamkeit beeinflusst maßgeblich die Operationsführung des Truppenführers.[358]
- Reserven an Truppen und Material sind ein wichtiges, oft das letzte Mittel des militärischen Führers, den Verlauf der Operation oder des Gefechts zu beeinflussen. Sie sind der Schlüssel zum Erfolg. Stärke, Zusammensetzung und Platz sowie der richtige Zeitpunkt und die Art ihrer Verwendung sind sorgfältig zu planen. Sind Reserven im Einsatz, so sind neue zu bilden. Sie müssen zur Verfügung des militärischen Führers stehen, der sie befohlen hat. Ihr Platz richtet sich vor allem nach dem Schwerpunkt der Operation und der eigenen Beweglichkeit. Sie sind möglichst geschlossen einzusetzen.[359]

Der Inhalt der Operation sowie die Methoden ihrer Vorbereitung und Führung entwickeln sich weiter. Die Hauptfaktoren für die Weiterentwicklung der Operation sind die Veränderungen bei der Technik, Bewaffnung und dem Personal, einschließlich traditioneller und nationaler Besonderheiten der jeweiligen Streitkräfte.

Die Technik und Bewaffnung nehmen Einfluss auf die Methoden des Gefechts und die Taktik als Ganzes. Sobald moderne Technik militärisch zum Einsatz kommt, wird sie zur Bedrohung. Dies zwingt

---

[357] Vgl. Raguet, Reserven. In: Grundsätze der Truppenführung, S. 47 f.
[358] Vgl. Stassen, Matthias, Einsatzunterstützung im Falklandkrieg im Jahr 1982. Falkland – eine Herausforderung an die Einsatzunterstützung. In: Grundsätze der Truppenführung, S. 204.
[359] Vgl. Raguet, Reserven. In: Grundsätze der Truppenführung, S. 47 f.

oft zur Veränderung der Kampfweise und deren Führung.[360] Letztlich wird durch den technischen Fortschritt die Strategie und mit ihr das operative Denken weiterentwickelt. Die Führung und der Einsatz neuer Waffensysteme werden dadurch erforderlich. Solche Kriterien wie höher, weiter, schneller, mehr, genauer, billiger, leichter und effektiver sind Anspruch und Ergebnis des technischen Fortschritts der Menschheit, der sich in den Vernichtungsmitteln widerspiegelt. Dabei geht es speziell um die Effizienz der Systeme, beispielsweise um deren Reichweite, Zielgenauigkeit, Zerstörungskraft bzw. Vernichtungswirkung, aber auch um deren Verwundbarkeit und Überlebensfähigkeit, um die Steuerung der Systeme und deren Führung im Einsatz.[361] Die Weiterentwicklung militärischer Fähigkeiten war letztlich nur durch vertragliche Begrenzung von Rüstungsvorhaben und durch wechselseitige Kontrollmaßnahmen einzugrenzen. Wenn seinerzeit die Sowjetunion so stark am Nichteinsatz von Nuklearwaffen interessiert war und die im Westen wahrgenommene Bedrohung vor allem von der konventionellen Überlegenheit im Osten ausging, dann lag es auf der Hand, seitens der NATO auf den nuklearen Ersteinsatz zu verzichten und durch die WVO die Überlegenheit der konventionellen Waffen abzubauen. Weil dies in den 1980er-Jahren von beiden Seiten nur zögerlich in den Fokus genommen wurde, war die Stärkung der konventionellen Komponente das vorrangige Mittel der rüstungspolitischen Entwicklung in der NATO.

Insgesamt wird es immer darauf ankommen, Rüstung, Rüstungskontrolle, strategisches und operatives Denken nicht jeweils isoliert, sondern in einem gemeinsamen Rahmen zu betrachten, wodurch der Handlungsspielraum für politisch bessere Lösungen erheblich ausgeweitet werden kann und muss.[362]

---

[360] Resnitschenko (Hrsg.), Taktik, S. 19.
[361] Vgl. Afheldt, Horst und Sonntag, Philipp, Stabilität und Abschreckung durch strategische Kernwaffen – eine Systemanalyse. In: Weizsäcker, Kriegsfolgen, S. 411-415.
[362] Vgl. Biehle, Alternative Strategien, S. 32.

14. Schlussbetrachtung

Die vorgenannten Grundsätze, vor allem jene in der US-Heeresdienstvorschrift, stimmen weitgehend mit denen in der Gefechtsvorschrift der Landstreitkräfte der WVO überein.[363] Die Abhandlungen in der FM 100-5 basieren auf dem damaligen Wissensstand in den Teilstreitkräften der USA und ihrer Bündnispartner. Relevante Daten und militärgeschichtliche Hinweise wurden zur Erklärung der Sachverhalte eingefügt, die zum weiteren Studium anregen. In den Kapiteln werden eine Reihe von Anlagen, Begriffsbestimmungen, Bezugsdokumenten und Abkürzungen beigefügt, die das Verständnis zu den Sachverhalten stützen. Die FM 100-5 ist mehr als eine Vorschrift. Sie ist ein hervorragendes militärisches Handbuch, eine Expertise für den Berufssoldaten, die ihn auf seine Verantwortung und Pflicht einstimmt, im Frieden keine Opfer zu scheuen, um im Krieg erfolgreich kämpfen zu können. Die Vorschrift erklärt, wie das Heer Feldzüge, Operationen und Gefechte plant und führen muss. Sie legt richtungsweisende Grundlagen für Führungs- und Einsatzgrundsätze der Führungsebenen, Kräftestruktur, Wehrmaterial, militärfachliche Schulung und Ausbildung fest. Sie hatte sowohl für die *US-Army* als auch für die NATO-Landstreitkräfte insgesamt Gültigkeit, musste aber den besonderen strategischen und operativen Forderungen des jeweiligen Operationsgebietes sowie den nationalen Forderungen entsprechend angepasst werden. Die FM 100-5 betont zwar die Durchführung konventioneller Operationen, trägt aber zugleich der Tatsache Rechnung, dass das US-Heer imstande sein muss, unter nuklearen und chemischen Bedingungen wirkungsvoll zu kämpfen.[364] Die übersichtliche und chronologische Zusammenstellung des militärischen Wissens des 20. Jahrhunderts nach thematischen Gesichtspunkten kann sehr wohl als Lehrmaterial und Nachschlagewerk eingeordnet werden. Für die militärfachliche Bildung auf dem Gebiet der Kriegskunst und -wissenschaft bietet die FM 100-5 eine wirksame Grundlage, besonders für die operative und taktische Ebene, die auf tatsächlichen Erfahrungen der amerikanischen Militärexperten aufbaut und als Basiswissen für das US-Heer,

---

[363] DV 046/0/001, S. 9-11, 41-43.
[364] FM 100-5, Preface, pages i. f.

aber auch für alle modernen Streitkräfte der westlichen Welt galt. Die ausführliche Anleitung des englischen *Field Manual*, in der Eindeutschung als ‚Feldhandbuch' bezeichnet, kann nach meiner Einschätzung als Richtlinie und zugleich als Lehrbuch Verwendung finden, weil sie einerseits die Grundsätze damaliger Kriegführung beschreibt, anderseits die Erkenntnisse für eine detaillierte Vorbereitung und Durchführung von Feldzügen, Operationen und Gefechten unterstützen kann. Da ich selbst an der Ausarbeitung des Entwurfs der HDv 100/100 aus dem Jahr 1997 beteiligt war, weiß ich um den besonderen Wert der Richtlinienkompetenz der FM 100-5 der *US-Army*, die nach meiner Wahrnehmung nicht die notwendige Beachtung in der HDv 100/100 der Bundeswehr fand. Die FM 100-5 ist zweifellos eine Richtschnur für den militärischen Führer, Ausbilder und Erzieher aller Ebenen. Sie betont die Notwendigkeit der fachlichen Flexibilität und Schnelligkeit der Befehlsgebung, Initiative sowie des Offensivgeistes der Truppenführer. Die untersuchte Ausgabe aus dem Jahr 1986 spiegelt die Weiterentwicklung der Führungs- und Einsatzgrundsätze der *US-Army* wider und ersetzte die am 20. August 1982 herausgegebene US-Heeresdienstvorschrift. Insofern finden die seit diesem Zeitpunkt gewonnenen Erfahrungen in Operationen, in der Ausbildung, bei Übungen und aus Stellungnahmen des Feldheers ihren Niederschlag. Beachtenswert sind die zentralen Gesichtspunkte der *Air-Land-Battle-Doktrin* (‚Land-Luftkrieg-Doktrin') und deren anerkannte Bedeutung für die Kriegführung, ihre Ausrichtung auf den Grundsatz, die Initiative zu erlangen und zu behalten. Ferner haben die Grundsätze unverändert Gültigkeit für das Beharren auf der Forderung nach Zusammenwirken mehrerer Teilstreitkräfte. Die Grundsätze der *ALB-Doktrin*, nämlich Initiative, Wendigkeit, Tiefe und Synchronisation werden wiederholt akzentuiert. Die Umsetzung der militärischen Grundsätze in Strukturen und Prozessabläufe unter Berücksichtigung militärischer Regeln und Zielvorgaben, also im Sinne der tatsächlichen Kriegsplanung, blieb weitestgehend dem Primat der Politik vorbehalten. Die FM 100-5 von 1986 berücksichtigte den aktuellen Forschungsstand und kann durchaus als Zusammenfassung der Grundlagen auf dem Gebiet der Kriegskunst und -wissenschaft des 20. Jahrhunderts gelten. Das Werk ist durch amerikanische Experten des Heereskommandos für Ausbildung, Einsatz und Entwicklung *TRADOC*[365] verfasst worden. Diese Behörde entschied über Inhalt und Umfang der Vorschrift. Mit einem Umfang von 187 doppelspaltigen Seiten, ohne Anlagen, handelt es sich hier um eine ausnehmend umfassende Version. Freilich gibt es kein Patentrezept dafür, was in einer Vorschrift enthalten sein und in welcher Detaillierung sie erarbeitet werden muss. Ungeachtet dessen ist bemerkenswert, dass die Gefechtsvorschrift der Landstreitkräfte der NVA (DV 046/0/001) aus dem Jahr 1983 über einen vergleichbaren Inhalt und dazu gleichen Umfang verfügt. Durch Weglassen militärischer Selbstverständlichkeiten würde die US-Vorschrift nicht an Wert verlieren. „*Less is more*", gemeint ist, dass die Reduzierung auf das Wesentliche erfahrungsgemäß zu einem besseren Ergebnis führt als die Überfrachtung mit geläufigen Ergänzungen. Dessen ungeachtet können die Experten der *US-Army* besser beurteilen, wie breit das Bildungsangebot für ihre Heeressoldaten sein muss und welches Wissen vermittelt werden soll. Abgesehen davon, ist die Heeresdienstvorschrift der *US-Army* ein lehrreiches Zeitzeugnis des militärischen Gedankenguts der US-Streitkräfte im ausgehenden 20. Jahrhundert.

Im letzten Jahrzehnt der Ost-West-Konfrontation hatte sich eine Weltordnung entwickelt, die sich auch auf dem Gebiet der Sicherheits- und Verteidigungspolitik gewandelt hatte und das militärische Denken auf beiden Seiten bestimmte. Den Vertretern beider Militärblöcke war bewusst, dass ein neuer Krieg in Mitteleuropa – auch wenn er „nur" konventionell ausgetragen worden wäre – die Deutschen in Ost und West am härtesten getroffen und es in einem nuklearen Krieg keine „Sieger" gegeben hätte.[366] Im Ergebnis der

---

[365] Das *U.S. Army Training and Doctrine Command (TRADOC)*, zu Deutsch ‚Heereskommando für Ausbildung, Einsatz und Entwicklung', mit *Headquarters, Department oft the Army,* in Ford Monroe im US-Bundesstaat Virginia. *TRADOC* ist u. a. zuständig für Ausbildung und Entwicklung neuer Strategien, Gefechtsführung und deren Umsetzung innerhalb der militärischen Aus- und Weiterbildung sowie deren Standardisierung. Ferner befasst sich die Kommandobehörde mit Bedarfsanalysen, Entwicklung, Beschaffung und Erprobung von Waffensystemen des US-Heeres und nicht zuletzt mit der Erarbeitung von Heeresdienstvorschriften.
[366] Wolfgang Scheler, Theoretische Grundpositionen zur Sicherheitspolitik. Konstanz und Modifikation. In: Dresdener Studiengemeinschaft Sicherheitspolitik e. V., 100/2010, S. 45-66.

Untersuchung kann weitgehend nachgewiesen werden, dass die Militärs in West und Ost zu vergleichbaren Erkenntnissen gekommen sind und es keine signifikanten Abweichungen im grundsätzlichen militärischen Denken gab. Die Darstellung und Bewertung der ausgewählten Begriffsbestimmungen kann bisher als erstes Ergebnis der Untersuchung des operativen Denkens gelten, wobei die Einordnung der im Kern übereinstimmenden Begriffe an sich bereits eine wichtige Erkenntnis ist. Daraus ergeben sich weitergehende Fragestellungen und Forschungsperspektiven. So ist zum Beispiel bei militärischen Einsatzgrundsätzen der Streitkräfte, vor allem der Landstreitkräfte in der Ausbildung, die Begriffsbestimmung von großer Bedeutung. Ein weiterer Untersuchungsgegenstand könnte die Anwendung der Erkenntnisse durch politische und militärische Entscheidungsträger sein, was sich vor allem in der Analyse der tatsächlichen *General Defense Plans* widerspiegeln wird. Darüber hinaus lassen sich unter Nutzung der bisherigen Ergebnisse Hinweise auf Wechselwirkungen zwischen Bedrohungsannahmen, Medien und Einsatzplanungen der Streitkräfte ermitteln oder Verhaltensweisen der Politik und des Militärs ableiten. Die weitere Rekonstruktion und Einbeziehung von Einsatzplanungen der *General Defense Plans* ausgewählter NATO-Kontingente werden weitere Erkenntnisse über den Zusammenhang von Wahrnehmung, das innen- und außenpolitische Verhalten der Mitgliedstaaten und über die tatsächlichen Kriegsplanungen hervorbringen. Zudem werden sie Aufschluss darüber geben, über welche Fähigkeiten die nationalen Korps, eingesetzt auf dem Territorium der Bundesrepublik Deutschland, verfügten und welches operative Denken ihnen zugrunde lag. Wenn auch die Forderung der *US-Army* darin bestand, das erste Gefecht zu gewinnen, wird der Fähigkeit zur Durchführung länger andauernder Feldzüge entscheidendes Gewicht im Hinblick auf die Aufrechterhaltung der Abschreckung und die Erringung des Sieges beigemessen.[367] Auch die sowjetische Militärwissenschaft sah im ausgehenden 20. Jahrhundert die entscheidende Bedeutung im „Sieg" des Gefechts.[368] Mit dieser These spekulierten beide Seiten lange auf die Führbarkeit

---

[367] FM 100-5, Chapter 1, page 1 f.
[368] Resnitschenko (Hrsg.), Taktik, S. 47.

eines begrenzten Krieges in Europa. Jedoch konnten durch die vermittelten strategischen und operativen Sachverhalte, durch die „Tatsachennüchternheit" der politischen und militärischen Entscheidungsträger beider Seiten jene Mutmaßung weitgehend revidiert werden. Das Risiko einer nuklearstrategischen Auseinandersetzung zwischen den antagonistischen Militärkoalitionen inner- und außerhalb Europas war hoch. Folgerichtig hatte in Wirklichkeit niemand die Absicht, einen Krieg „vom Zaun zu brechen". Die Abschreckungsdoktrin der NATO, und die wahrgenommene Offensivfähigkeit der Streitkräfte der WVO auf der anderen Seite, boten hinreichend Gewissheit, dass sich keine Seite zu einem militärischen Wagnis verleiten ließ. Es war ein unbegründeter Glaube, dass sich ein Vorwand zur Kriegseröffnung finden ließe, um den vermeintlichen Gegner anzugreifen. Nach meiner Analyse hatte niemand wirklich die Absicht, die Gegenseite anzugreifen. Beide Militärblöcke verfügten über Verteidigungsdoktrinen, wobei diese von dem jeweils gegenüberstehenden Bündnis als aggressive und expansionistische Doktrin wahrgenommen wurden. Die gegnerischen Seiten wussten freilich auch, dass offensive Kampfhandlungen erst dann beginnen würden, wenn im Vorfeld eine politische Einigung gescheitert und im Zuge des Risikomoments eine Interventionsgefahr präsent geworden wäre. Die Politik, eben auch Mittel zur Beeinflussung der öffentlichen Meinung, war Urheber des Widerspruchs zwischen Ideologie und Wirklichkeit auf beiden Seiten. Das Risiko einer Intervention war unbegründet. Mit anderen Worten: Die Kontrahenten waren berechenbar. Die Androhung militärischer Gewalt galt eher als Machtmittel gegenüber der Gefahr einer politischen Erpressbarkeit. Die Untersuchung der strategischen und operativen Denkmuster, die Entschlüsse der nationalen politischen Entscheidungsträger, der Oberbefehlshaber und Befehlshaber der NATO-Streitkräfte können von besonderem Interesse für die Forschung sein, um damalige Bedrohungsaussagen zu verifizieren und die alarmistische Stimmungslage zwischen NATO und WVO weitgehend zu relativieren. Bei aller Anerkennung der Ratio sollte jedoch nicht übersehen werden, dass in der Realität des Handelns, selbst nach exakter Aufbereitung der Fakten, militärische Entscheidungen auch ins Ungewisse gefällt werden müssen, die sich dann vor allem auf Erfahrung und Intuition der militärischen Führer stützen und eine wichtige Rolle spielen können.

Das operative Denken im 21. Jahrhundert zwingt Politik und Militär zu einer Neubestimmung der strategischen Situation und damit auch zur veränderten Rolle und zu unterschiedlichen Zielen der Streitkräfte in einer veränderten Sicherheitslandschaft, in einer Welt, die entgegen anfänglicher Hoffnungen am Ende des Ost-West-Konflikts nicht friedlicher, sondern eher unruhiger geworden ist. Während Politiker und Soldaten in den vier Jahrzehnten des Kalten Krieges in strategischen, operativen und taktischen Kategorien der Abschreckung und des Führens eines großen Krieges, allenfalls unter nuklearen Bedingungen, dachten, haben sich danach komplexe Sicherheitsrisiken und Konflikten herausgebildet.

Unter diesen Bedingungen darf das operative Denken nicht isoliert betrachtet werden, sondern muss in einen gesamtstrategischen, zumindest aber militärstrategischen Zusammenhang gestellt werden. Dies ist notwendig, um die verschiedenen ministeriellen Zuständigkeiten wie Außenpolitik, Wirtschaft, Finanzen, Entwicklungshilfe, Forschung und Technologie sowie Verteidigung der Mitgliedstaaten der Allianz bewältigen zu können. Dazu ist der interministerielle Ansatz einer „Gesamtstrategie" im Bündnis Voraussetzung.

Mehr als bisher verlangen die künftigen Anforderungen ein operatives Denken in veränderten Zusammenhängen. Der Beruf des Offiziers stellt eine geistig fundierte, handlungsorientierte Tätigkeit dar, die ein breit angelegtes Denken erfordert, um die Herausforderungen des Dienstes professionell zu bewältigen. Dazu muss in ihrem Rahmen die taktische und operative Ernsthaftigkeit mit breiter, auch historischer Bildung verbunden werden. Auswahl, Erziehung, Ausbildung und Tradition des Offiziers lassen Persönlichkeiten erwarten, die in der Lage sind, in freiem und nicht subalternem Gehorsam, Situationen und Aufträge zu bewältigen, welche die Zukunft in Europa und der Welt für sie bereithält.[369]

---

[369] Vgl. BAMA, N 821/7, Sandrart, Hans-Henning von, Operatives Denken – Gestern und Morgen, Vortrag vor der Heimatschutzbrigade 38 in Weißenfels am 17.01.1994.

Gemeinsame operative und taktische Grundsätze innerhalb der NATO sollten dazu ebenso gehören wie eine gemeinsame Offizierausbildung. Zumindest sollten die Ziele und Inhalte der militärischen Ausbildung sowie Lehre und Forschung an akademischen Bildungseinrichtungen besser aufeinander abgestimmt werden.

Anhang

Dokumente

Die Dokumente 1 bis 4 der 1980er-Jahre sind im vollen Text wiedergegeben worden, weil sie in jener Zeit von aktueller und vorausweisender Bedeutung waren und zugleich ein Beispiel für den Charakter des operativen Denkens geben.

Dokument 1
Operative Leitlinie (Leitlinie für die operative Führung von Landstreitkräften in Mitteleuropa), Bundesministerium der Verteidigung, Inspekteur des Heeres, Fü H III 1 - Az 31-05-00, Bonn 20. August 1987.

Dokument 2
NATO-Ostlage-Beurteilung 1978, Die militärischen Tendenzen und Entwicklungen des Warschauer Paktes im letzten Jahr und die Vorausschätzung für das nächste Jahrzehnt. In: Poser, Günter, Militärmacht Sowjetunion 1980, München 1980, S. 150-157.

Dokument 3
Schriftlicher Operationsbefehl HDv 100/200 (Anlage 14/1).

Dokument 4
Schriftliche Ergänzung zum graphischen Operationsbefehl HDv 100/200 (Anlage 17/2).

Dokument 5
Zeittafel der letzten Etappe des Kalten Krieges (1980 bis 1994).

Dokument 6
Militärterminologie im Vergleich (NVA und Bundeswehr), ZMSBw 06927-03.

Dokument 7

Operativ-taktische Kennziffern des Deutschen Heeres (1988).

Dokument 8

Möglicher Einsatz der NATO-Landstreitkräfte bei überraschendem Kriegsbeginn (1988).

Dokument 9

Ausrüstungsbeschaffung der Bundeswehr 1980–1990.

Bundesministerium der
Verteidigung
Inspekteur des Heeres
Fü H III 1 - Az 31-05-00

Dokument 1

Bonn 20. August 1987

OPERATIVE LEITLINIE
Leitlinie für die operative Führung von Landstreitkräften in Mitteleuropa[370]

Vorwort

Diese Leitlinie enthält Grundsätze für die operative Führung von Landstreitkräften im Kommandobereich Europa Mitte und in Schleswig-Holstein aus Sicht des deutschen Heeres. Sie beruht auf der gültigen Strategie des Bündnisses und nationalen konzeptionellen Vorgaben und setzt diese für die operative Führung um.

Im Rahmen dieser Strategie ist es zu Gewichtsverschiebungen zwischen der nuklearen und der konventionellen Komponente gekommen. Operationen konventioneller Kräfte gewinnen vor dem Hintergrund nach wie vor notwendiger strategisch bestimmter nuklearer Abschreckungsfähigkeit an Bedeutung.

Daher müssen die Faktoren Raum, Kräfte und Zeit unter operativen Bedingungen in Mitteleuropa neu bewertet werden. Oberstes Ziel der Bündnisstrategie bleibt die Verhinderung eines Krieges und der Erhalt politischer Handlungsfreiheit gegenüber militärisch gestützter Machtpolitik. Ein Angreifer muss von unserer Fähigkeit überzeugt sein, militärische Operationen erfolgreich führen zu können, wenn sie uns aufgezwungen werden. Dies ist Teil glaubwürdiger Abschreckung.

Einem weiträumig angesetzten, von einer umfassenden operativen Idee getragenen Angriff kann nicht vorwiegend statisch und in nationalen, vergleichsweise schmalen Gefechtsstreifen begegnet werden. Hierzu bedarf es der eigenen operativen Idee zur Verteidigung im integrierten Rahmen, die dem tiefgreifenden Ansatz der Warschauer Pakt (WP)-Kräfte gerecht wird.

Deshalb ist es geboten, neben dem Gefecht nach den Grundsätzen der Taktik die operative Führung in ihren größeren Zusammenhängen und Abhängigkeiten als eigenes Feld der militärischen Führung unterhalb der Strategie zu begreifen.

---

[370] Die Gliederung entspricht dem Original.

Integrierte Führung der Landstreitkräfte fängt auf der operativen Führungsebene an; dort liegen auch die Schnittstellen zwischen national geführten Streitkräften. Der Erfolg der integrierten Verteidigung erfordert daher auf den operativen Führungsebenen ein Denken und Handeln nach einheitlichen Grundsätzen.

Bei der Verteidigung Mitteleuropas darf es keine voneinander getrennte operative Land- und Luftkriegführung geben. Die Notwendigkeit, begrenzt verfügbare Mittel auf das operative Ziel der Schlacht hin zu ordnen, fordert eine integrierte, operative Land-/Luftkriegführung unter einheitlicher Zielsetzung und koordinierter Führung.

Die größeren Dimensionen von Raum, Kräften und Zeit schließen die Sicherstellung der logistischen Basis, den Personal- und Materialersatz und die Sanitätsversorgung auf allen Ebenen sowie die enge Zusammenarbeit mit der zivilen Verteidigung ein. Ihre Abhängigkeiten voneinander haben sich verstärkt und sind durch die Bedingungen des Bündnisses noch vielschichtiger geworden.

Diese Leitlinie gilt für den konventionell geführten Krieg, der aufgrund der Dimension eines solchen Konfliktes und der dadurch begründeten Dynamik über das politisch dominierte Mittel der Eskalation in die nukleare Dimension umschlagen kann. Die konventionelle Operationsführung hat diese ständige Drohung jederzeit zu berücksichtigen. In der Verklammerung von konventionellen und nuklearen Mitteln liegt die friedensbewahrende Wirkung der Abschreckung.

Mit dieser Leitlinie werden nach langer Zeit erstmals wieder im deutschen Heer operative Grundsätze niedergelegt. Sie werden ständig zu überprüfen und, falls erforderlich, zu ergänzen sein.

Hierzu rufe ich auf und erwarte Vorschläge.

Gliederung

A. Zweck und Geltungsbereich
B. Rahmenbedingungen
1. Die Bedrohung
2. Militärstrategische Ziele des Bündnisses
3. Nationale Forderungen an die operative Planung
C. Operative Führung in Mitteleuropa
1. Merkmale
2. Führungsebenen
3. Grundsätze
4. Operative Faktoren
a. Der Raum
b. Die Kräfte
c. Die Zeit
5. Besondere Elemente operativer Führung
a. Zusammenwirken mit Luftstreitkräften
b. Kampf im eigenen Land
c. Zusammenwirken mit dem Territorialheer
d. Einsatz von Atomsprengkörpern
e. Logistik, Sanitätsdienst, Personal- und Materialersatz
f. Führungssystem
D. Ausblick
Anlagen
A Begriffe
B Aufgaben operativer Führungsebenen

A.   Zweck und Geltungsbereich

Die besondere geographische und sicherheitspolitische Lage der Bundesrepublik Deutschland und das Gewicht des deutschen Verteidigungsbeitrages gebieten es, aus nationaler Sicht Grundsätze für die operative Führung von Landstreitkräften in Mitteleuropa zu entwickeln und anzuwenden.

Sie gelten für die Führungsebene der Korps, Territorialkommandos (TerrKdo) und Wehrbereichskommandos (WBK) sowie für die Vertretung deutscher operativer Auffassungen und Interessen gegenüber höheren integrierten Führungsebenen. Die Lehre der operativen Führung im Heer geht von diesen Grundsätzen aus. In NATO-Stäben tätigen deutschen

Offizieren dienen sie als Anhalt zur Vertretung nationaler Interessen. Die Verantwortlichkeit der NATO-Befehlshaber zur die operative Planung und Führung bleibt unberührt.

B. Rahmenbedingungen
1. Die Bedrohung

Sollte für die Bundesrepublik Deutschland der Verteidigungsfall im Rahmen des Bündnisses aufgrund einer Aggression des WP eintreten, dann wird der WP in einem Krieg vermutlich solange wie möglich konventionell und mit Schwerpunkt in Mitteleuropa angreifen.

Hauptzielsetzung seiner Militärstrategie wird sein,

- die Streitkräfte der NATO sowie die Streitkräfte unter nationalem Kommando auf deren Territorium schnell zu zerschlagen oder entscheidend zu schwächen,
- Räume von strategischer Bedeutung in Besitz zu nehmen,
- zumindest die operative Überraschung zu erreichen suchen, d.h. durch überraschende Operationen die Verteidigungsvorbereitungen der NATO zu unterlaufen, um die Verteidigungsaufstellung der NATO früh aus dem operativen Gleichgewicht zu bringen.

Dabei wird er anstreben, die Entscheidung noch vor einer möglichen nuklearen Eskalation des Bündnisses zu erzwingen. Dies ist für die Bundesrepublik Deutschland die größte Bedrohung.

Operativ wird der WP dazu überraschend geführte „tiefe Operationen" führen, die

- das Überraschungsmoment nach Zeit und Ansatz nutzen,
- einen schnellen Durchbruch der NATO-Vorneverteidigung in Mitteleuropa, insbesondere das Niederkämpfen der Panzerabwehr und der Luftverteidigung, zum Ziel haben,
- nukleare Einsatzmittel, Luftangriffskräfte und Führungszentren frühzeitig ausschalten,
- das Heranführen operativer und strategischer Reserven verhindern.

Die angreifenden Fronten der 1. Staffel werden nach einer „operativen Idee" geführt. Als herausragende Elemente der „tiefen Operationen" sind zu erwarten:

- Aufklärung in der gesamten Tiefe des Kriegsschauplatzes,
- Einsatz aller Waffensysteme der WP-Land- und Luftstreitkräfte in einem integrierten Feuerkampf,

- Konzentration von Kräften in Hauptstoßrichtungen bei Inkaufnahme offener Flanken und unter Ausnutzung der 3. Dimension,
- Gleichzeitiger Einsatz von Truppen weit vor den Hauptkräften mit dem Auftrag, wichtige Räume zu besetzen, gegnerische Reserven auszuschalten und wichtige Einzelobjekte zu vernichten, Ausweitung taktischer Erfolge der 1. Staffel durch rechtzeitigen Stoß der 2. Staffel in die operative Tiefe, Unterstützung aller Operationen durch funkelektronischen Kampf, auch mit dem Ziel großangelegter Täuschung, und
- eine weitreichende, bewegliche Logistik.

Voraussichtliche Schwächen der Landstreitkräfte des WP sind:
- die unvermeidliche Massierung von Truppen in den geplanten Durchbruchabschnitten,
- die erkennbare Staffelung der Kräfte in der Tiefe,
- lange Verbindungslinien über Land,
- die unsichere politische Lage im westlichen Vorfeld der UdSSR,
- eine nach wie vor wenig bewegliche Führung auf der taktischen Führungsebene.

2. Militärstrategische Ziele des Bündnisses

Die Verteidigung der Bundesrepublik Deutschland ist nur im Rahmen des Nordatlantischen Bündnisses erfolgversprechend,

Daher ist die von den Bündnisstaaten entwickelte Militärstrategie die Grundlage für Operationsplanung und -führung auch der deutschen Streitkräfte.

Oberstes Ziel dieser Militärstrategie ist Verhinderung eines Krieges durch Abschreckung bzw. bei deren Versagen eine frühestmögliche Kriegsbeendigung unter annehmbaren Bedingungen und größtmöglicher Schadensbegrenzung herbeizuführen.

Im Krieg haben die Streitkräfte den Auftrag, die Unversehrtheit des Bündnisgebietes zu wahren oder wiederherzustellen.

Die Militärstrategie der *Flexible Response* sieht dazu eine angemessene, für den WP nicht kalkulierbare Reaktion auf jede Form eines Angriffs vor.

Zum Erreichen seiner militärstrategischen Ziele fordert das Bündnis unter anderem:
- bedrohungsgerecht ausgerüstete und ausgebildete Streitkräfte in ausreichender Zahl und Präsenz,

- eine künftig verstärkte konventionelle Verteidigungsfähigkeit,
- das Bereithalten nuklearer Einsatzmittel,
- eine bereits im Frieden wirksame integrierte Verteidigungsstruktur,
- eine ausreichende Durchhaltefähigkeit der Streitkräfte mit einem Mindestbedarf für eine Kampfdauer von zunächst 30 Tagen.

3. Nationale Forderungen an die operative Planung

Die Interessenlage der einzelnen Bündnisstaaten schließt eine unterschiedliche Auslegung und Umsetzung der militär-strategischen Ziele in operative Planung und Führung nicht aus. Dies gilt insbesondere für das Konzept der Vorneverteidigung.

Für die Bundesrepublik Deutschland ist es von vitalem Interesse, dass sie ihre Vorstellungen von operativer Planung im Rahmen des für sie unverzichtbaren Konzeptes der Vorneverteidigung im Bündnis verwirklicht.

Nationale Forderungen zur Verwirklichung dieses Konzeptes beinhalten:

- Abwehr eines Angriffs so rasch und so grenznah wie möglich (Vorneverteidigung).
- Berücksichtigung der lebenswichtigen Belange der Bevölkerung.
- Vorrang für eine Verteidigung mit konventionellen Mitteln.
- Nuklearwaffen sind vor allem politische Mittel der Abschreckung. Ihr Einsatz mit rein militärischer Zielsetzung als Mittel operativer oder taktischer Gefechtsführung liegt nicht im deutschen Interesse, kann aber nicht ausgeschlossen werden.
- Ausschluss des Einsatzes chemischer Waffen als Mittel der Operationsführung. Ihr Zweiteinsatz durch die NATO als Erwiderung auf einen völkerrechtswidrigen chemischen Ersteinsatz des WP ist an enge Voraussetzungen gebunden und setzt politische Entscheidungen voraus.
- Schnelle, erfolgreiche Konfliktbeendigung.

Die Reaktionsfähigkeit aller in Mitteleuropa eingesetzten Landstreitkräfte hat deshalb Priorität, Durchhaltefähigkeit gibt der Reaktionsfähigkeit operative Standfestigkeit.

- Die logistische Bevorratung ist zunächst auf eine Kampfdauer von 30 Tagen auszulegen. Die ersten Tage höchster Kampfintensität sind bei der Schwerpunktbildung besonders zu berücksichtigen. Eine über den Zeitraum von 30 Tagen hinausgehende Durchhaltefähigkeit wird

- als Teil glaubwürdiger Verteidigungsfähigkeit und damit gesteigerter Abschreckung angestrebt.
- Die defensiv ausgerichtete Militärstrategie des Bündnisses schließt eigene operative/taktische Offensivfähigkeit nicht aus. Erst sie ermöglicht den Erfolg in der Verteidigung und die Wiedergewinnung verlorenen Raumes. Grenzüberschreitendes Feuer und grenzüberschreitende Operationen der Luftstreitkräfte müssen mit Angriffsbeginn des WP möglich sein. Greift der WP an, stellt dessen Territorium kein Sanktuarium dar.
- Das Aufrechterhalten der Operationsfreiheit, die Unterstützung verbündeter und eigener assignierter Streitkräfte sowie das Sicherstellen der Zusammenarbeit mit der zivilen Verteidigung werden Aufgaben in nationaler Zuständigkeit bleiben.

C: <u>Operative Führung in Mitteleuropa</u>

1. <u>Merkmale</u>

Operative Führung

- beurteilt die Absichten des Gegners langfristig, denkt und handelt undogmatisch und schöpferisch und strebt danach, die Freiheit des Handelns zu bewahren oder zu gewinnen,
- hat im Rahmen der defensiven Zielsetzung der Militärstrategie Handlungsfreiheit zwischen offensivem und defensivem Vorgehen. Sie sucht die militärische Entscheidung im operativen Rahmen als Voraussetzung einer politischen Konfliktbeendigung. Im Unterschied zur taktischen Führung kennt sie nur Verteidigung und Angriff, Verteidigung schließt dabei die Verzögerung ein,
- zielt weniger auf das laufende Gefecht, als auf die Gefechte danach. Sie denkt, plant und handelt daher in größeren zeitlichen und räumlichen Dimensionen als die taktische Führung,
- schafft Handlungsfreiheit für die taktische Führung und ordnet die Vielfalt der Gefechte im Hinblick auf das operative Ziel,
- ist stets Land-/Luftkriegführung. Sie plant und handelt im Verbund der Teilstreitkräfte und über die Gefechtsstreifen nationaler Korps hinaus. Im küstennahen Bereich bezieht sie die Seekriegführung ein.
- zielt auf den Verbund von NATO-Streitkräften und territorialen Kräften, und baut auf der engen Zusammenarbeit von militärischer und ziviler Verteidigung auf.
- verwirklicht im besonderen Maße das Prinzip „Führen mit Auftrag".

2. Führungsebenen

Operative Führungsebenen - Major Subordinate Command (MSC), Principal Subordinate Command (PSC), Korps, TerrKdo und WBK - und ihre Aufgaben sind in Anlage B aufgeführt. Territorialkommandos und Wehrbereichskommandos nehmen operative Aufgaben lediglich in unterstützender Funktion wahr.

In Ausnahmefällen nehmen auch Major NATO Commanders (MNC) und Divisionen operative Aufgaben wahr.

3. Grundsätze

Vorneverteidigung in Mitteleuropa verlangt vor allem, zunächst die 1. operative Staffel der WP-Landstreitkräfte und die sie unterstützenden Luftstreitkräfte so grenznah wie möglich mit konventionellen Mitteln zu zerschlagen.

Gelingt dies, so kommt der Feindangriff zum Erliegen, wird die Initiative zurückgewonnen, der Wille des Angreifers frühzeitig gebrochen und der Zusammenhalt des WP geschwächt. Hierzu muss die Verteidigung beweglich im Wechsel von Halten und Schlagen aggressiv mit dem Willen zum Erfolg geführt werden. Diese „1. Schlacht" muss schnell - in den ersten Tagen - gewonnen werden, Risiken in anderen Bereichen müssen dafür in Kauf genommen werden.

Dieses Ziel ist nur zu erreichen, wenn die verfügbaren Land- und Luftstreitkräfte unter operativer Zielsetzung und einheitlicher Führung zusammengefasst werden.

Aufgabe der MSC - in Mitteleuropa insbesondere CINCENT - ist es, der weiträumigen operativen Zielsetzung eines Angriffs durch den WP zu begegnen.

Heeresgruppen und Luftflotten sind dabei nach Weisung des CINCENT die wesentlichen Führungsebenen zum Planen und Führen des gemeinsamen Land-Luftkrieges in der Vorderen Kampfzone.

Sie müssen

- die Verteidigung nach einer Idee planen und führen,
- zwischen Korps unterschiedlicher Nationalität, Krampfkraft und Verfügbarkeit ausgleichen und koordinieren,
- den Land-Luftkrieg auf das operative Ziel ausrichten und Schwerpunkte der Luftaufklärung und Luftunterstützung festlegen,

- mit den TerrKdo die Unterstützung durch das TerrH, nationale militärische Verteidigungsmaßnahmen und Forderungen an die zivile Verteidigung abstimmen.

Bei der besonderen integrierten Verteidigungsstruktur in Mitteleuropa planen und führen die Korps die „1. Schlacht" im Sinne der Heeresgruppe. Die wachsende Bedeutung der 3. Dimension für Aufklärung, Kampf, Luftverteidigung und die Planung des elektronischen Kampfes zwingt auch zur gemeinsamen Land-Luftkriegführung auf Korpsebene. Die Divisionen und Brigaden tragen zunächst die Hauptlast der Schlacht.

Die „1. Schlacht" kann nur erfolgreich geführt werden, wenn es gelingt, das Gesetz des Handelns an sich zu reißen. Dies schließt jeden Schematismus und Vorprogrammieren von Gefechtsabläufen aus und kann ein rasches Lösen von den General Defense Plans (GDP) erfordern. Die Überraschung des Feindes ist stets anzustreben. Hierfür muss auch Täuschung operativ geplant und durchgeführt werden.

Mechanisierte, hochbewegliche Kräfte, die in Schwerpunkten konzentriert angreifen, können nur in beweglichen, aktiv und entschlossen geführten Operationen unter Nutzung des Raumes endgültig geschlagen werden. Dabei bestimmt das operative Ziel, welcher Raum, unter Nutzung von Gelände und Bebauung, als für die Operation entscheidend zu halten ist und wo die Schlacht im Raum operativ beweglich geführt wird.

Leichte Kräfte, die zur mehr statischen Verteidigung von geeignetem Gelände und zum Abnutzen gegnerischer Stoßkraft eingesetzt werden, müssen unter Nutzen moderner Sperrfähigkeit zur Panzerabwehr befähigt sein und sich auch unter Schutz dem feindlichen Feuer entziehen können. Auch das statische, mehr kleinräumige Verteidigungsgefecht ist mit dem Willen zur Initiative zuführen.

Vorneverteidigung darf jedoch nicht zum linearen, starren Einsatz von Großverbänden und zu einer statisch geführten Abnutzungsschlacht führen. Bei der eigenen Unterlegenheit an Zahl wird diese rasch verloren.

Tiefe Einbrüche des Feindes in Schwerpunkten seiner Wahl werden schon in der ersten Phase der Schlacht nicht zu verhindern sein. Ausreichende Reserven müssen daher verfügbar sein oder rasch gewonnen werden, um diese Kräfte zu vernichten und rasch die Initiative zurückzugewinnen.

Von Beginn an ist der Raum in den Feind hinein für Aufklärung und Feuer zu nutzen.

Aufklärung und Bekämpfung gegnerischer Folgekräfte ist gemeinsame Aufgabe der Land- und Luftstreitkräfte unter einer operativen Zielsetzung, Ihr Zweck ist:
- die feindliche operative Absicht frühzeitig zu erkennen,
- die feindliche Führung zu stören und zu schwächen,
- Folgekräfte abzunutzen und im Vorgehen zu verzögern,
- die eigene Handlungsfreiheit zu wahren und die Voraussetzungen zu schaffen, den Feind staffelweise zu schlagen.

Kann dies wegen nur eingeschränkt verfügbarer Einsatzmittel nicht gleichzeitig geschehen, hat die Vernichtung der unmittelbar in das Gefecht eingreifenden Landstreitkräfte des Feindes Vorrang.

Verteidigungsoperationen gegen Kräfte der 2. operativen Staffel, vor allem aber gegen die Armeen der Fronten 2. Staffel können im Frieden kaum vorgeplant werden.

Für diese „2. Schlacht" gelten jedoch die gleichen militärstrategischen Ziele und operativen Grundsätze wie für die anderen Phasen der Kriegführung. Ziel dieser Operationen muss es sein, den Feind treffenweise zu schlagen. Sie sind mit dann noch verfügbaren kampfkräftigen Teilen, sowie mit aufgewachsenen und nachgeführten Kräften zu führen. Wenn der Zusammenhang der ursprünglichen Operationsführung zerrissen ist, sind Operationen in geänderten Korpsgefechtsstreifen und Unterstellungsverhältnissen sowie in der Tiefe des eigenen Raumes nicht auszuschließen.

Neben gemeinsamer Zielsetzung für das Führen der Operationen verlangt integrierte Verteidigung ebenso nach integrierten aufeinander abgestimmten Verteidigungsvorbereitungen. Ist dies nicht sichergestellt, kann die Abschreckung versagen. Der Erfolg der „1. Schlacht" ist dann gefährdet.

Die operative Zielsetzung für die „1. Schlacht" bestimmt damit auch Alarmierung, Mobilmachung und den Aufmarsch der Streitkräfte. Die operative Führung muss sicherstellen, dass deren Ablauf einerseits reaktionsfähig ist und andererseits den Maßnahmen der politischen Eskalationskontrolle flexibel folgen kann.

4. <u>Operative Faktoren</u>

a) <u>Der Raum</u>

Vorneverteidigung ist eine militärstrategische Vorgabe. Sie schließt die Nutzung des Raumes nicht aus, wenn es darauf ankommt, den Feind zu schlagen. Trotz fehlender strategischer und geringer operativer Tiefe darf sie deshalb räumlich nicht eng definiert werden. Sie schließt das Aufrechterhalten der Operationsfreiheit und Operationen in rückwärtigen Gebieten ein.

Operative Zielsetzung ist es, zunächst die Armeen der 1. operativen Staffel in den Verteidigungsräumen der Divisionen zu schlagen, Verzögerungszone und Verteidigungsräume sind als operative Einheit zu sehen.

In ihnen gibt es grundsätzlich keine weiteren räumlichen Auflagen. Wichtig ist, dass der Feind dort geschlagen wird und der Raum spätestens nach der Entscheidung wieder in eigener Hand ist.

Die einheitliche, einer operativen Zielsetzung unterliegende Führung gilt für den gesamten Verantwortungsbereich.

- Auch in der Tiefe des eigenen Raumes sind die Heeresgruppen und Korps für die Operationsführung verantwortlich. Dies gilt insbesondere für aus der Tiefe angesetzte Gegenangriffe. Nach ihrer operativen Zielsetzung richten sich Raumverteilung und Marschbewegungen.
- In der Tiefe des Feindes müssen Aufklärung md Zielbekämpfung (operatives Feuer) für den Verantwortungsbereich sichergestellt werden.
- Die Nutzung des Luftraumes ist zwischen Heeresgruppen und Luftflotten sowie zwischen Korps und Luftstreitkräften abzustimmen.
- Die Forderungen der territorialen Befehlshaber sind bei der Nutzung des Raumes in der gesamten Kampfzone zu berücksichtigen.

Grenzen haben in der integrierten Verteidigung mit nationalen Korpsgefechtsstreifen eine besondere Bedeutung, Korps- und Heeresgruppengrenzen dürfen nicht zu Schwachstellen der Verteidigung werden.

Verteidigungsoperationen gerade in Grenzbereichen müssen ebenso wie grenzüberschreitende Angriffsoperationen besonders abgestimmt werden. Bei der Nutzung der Reichweiten von Aufklärungs- und Waffensystemen, sowie des elektromagnetischen Spektrums ist ein engeres Zusammen wirken erforderlich. Dies gilt besonders für die Vermaschung von Führungssystemen und Kommunikationssystemen, die den schnellen Austausch von Informationen sicherstellen muss.

b) <u>Die Kräfte</u>

Operative Führung braucht ausreichende, frei verfügbare Kräfte. Hierzu gehören vor allem Truppen, aber auch technische Mittel für Aufklärung,

Führung und Information, Luftstreitkräfte sowie logistische Kräfte und Mittel. Erst durch ihre koordinierte Nutzung - einschließlich der vielfachen Unterstützungsmöglichkeiten durch die Zivile Verteidigung - kann die operative Zielsetzung verwirklicht werden.

Operative Reserven stehen in ausreichender Zahl erst nach Eintreffen amerikanischer Verstärkungskräfte und nach dem Eingreifen französischer Landstreitkräfte zur Verfügung.

Die operativen Führungsebenen müssen sich bei ihrer Planung darauf einstellen,

– den Auftrag zunächst ohne diese Reserven durchzuführen,
– das rasche Heranführen und Bereithalten dieser Reserven in rückwärtigen Gebieten sicherzustellen,
– operative Reserven aus den verfügbaren Landstreitkräften zu bilden.

Der Mangel an Großverbänden zwingt zum Haushalten mit den Kräften. Nicht jede Führungsebene wird von Anfang an über ausreichende Reserven verfügen. Ein zeitweiliger Verzicht auf Reserven kann daher auf wechselnden Führungsebenen notwendig werden.

Bei allgemeinem Kräftemangel können Reserven geschaffen werden durch:

– Gewinnen von Kräften aus weniger bedrohten Frontabschnitten,
– Einbinden von Kräften des Territorialheeres in die Operationen der Korps,
– Verzicht auf taktische Reserven zugunsten einer Zusammenfassung auf operativer Ebene.

Die geringe Zahl operativer Reserven macht ihren koordinierten Einsatz erforderlich. Die unterschiedlichen Fähigkeiten der einzelnen Korps können die Heeresgruppen dann zwingen, zwischen diesen auszugleichen und den Einsatz operativer Reserven nach Ort und Zeit zu bestimmen. Das Belegen von Reserven mit „Führungsvorbehalt" sollte wegen der damit verbundenen unsicheren Führungsverantwortung auf den Ausnahmefall beschränkt bleiben.

Operative Reserven sollen der Führungsebene unterstellt werden, die den Auftrag am besten durchführen kann. Schematisches Handeln und Führungsegoismus sind zu vermeiden. Setzt die Heeresgruppe operative Reserven ein, muss sie Raum, Kräfte und Zeit festlegen und den Einsatz mit den Korps koordinieren. Es häng von der operativen Beurteilung des Umfanges der verfügbaren Reserven bzw. ihrer räumlichen und zeitlichen

Zuführung ab, ob Reserven operativ für Gegenangriffe oder zunächst für das Auffangen des Feindes eingesetzt werden müssen. Operative Reserven sind jedoch vor allem für Gegenangriffe bereitzuhalten.

Sollten Reserven zunächst nur ausreichen, um den Feind aufzufangen, so muss es Ziel sein, so schnell wie möglich die Initiative zurückzugewinnen, und sei es nur durch den konzentrierten Einsatz von Feuer.

Die nationalen Korps stellen den größten aufeinander abgestimmten Truppenkörper dar, in dem die höchste Kampfkraft erreicht wird. Der geschlossene Einsatz von Korps als operative Reserve muss darauf zielen, die Entscheidung in der Schlacht zu erzwingen. Wenn es die Lage erfordert, müssen die Divisionen dieser Korps auch einzeln und getrennt eingesetzt werden können.

Das Schaffen einer operativen Reserve kann die Handlungsfreiheit nachgeordneter Führungsebenen einengen. Dies ist gerechtfertigt, wenn so die operative Zielsetzung z. B. Schlagen der 1. operativen Staffel im Raum der vorn eingesetzten Divisionen erreicht werden kann.

Korps und Divisionen müssen auch in der Lage sein, für einen Auftrag zusammengestellte gemischte Großverbände - verschiedener Nationalität oder verstärkt durch territoriale Kräfte - für einen begrenzten Zeitraum zu führen.

Operatives Feuer der Land- und Luftstreitkräfte, insbesondere in die Tiefe des Feindes, ist stets im Zusammenhang mit der Gesamtoperationsführung zu planen. Dies kann den Ausgang der Schlacht entscheidend beeinflussen.

c.) <u>Die Zeit</u>

Die präsenten Großverbände der Landstreitkräfte müssen in 48 Stunden, mit Teilen in 24 Stunden, die Verteidigungsoperationen aufnehmen können.[371]

Die tatsächlich verfügbare militärische Vorbereitungszeit lässt sich nicht im Voraus festlegen. Die Planung muss jedoch von einer kurzen Vorbereitungszeit ausgehen.

Operative Führungsebenen müssen daher
- im Frieden alle Möglichkeiten im eigenen Verantwortungsbereich zur Verringerung des Bedarfs an Vorbereitungszeit nutzen,

---

[371] Allied Command Europe (ACE)-Forces-Standards.

- Planung, Sicherung und Durchführung von Mobilmachung und Aufmarsch als erste operative Führungsaufgabe im Hinblick auf den Einsatzauftrag nutzen,
- darauf eingestellt sein, die Verteidigung anders als geplant aufnehmen zu müssen.

Im Einsatz ist Schnelligkeit ein entscheidendes Merkmal erfolgreicher Führung. Nach Einführung geplanter Führungs- und Informationssysteme müssen die Korps innerhalb von 12 Stunden, die Divisionen innerhalb von 8 Stunden auf eine neue Lage reagieren können.[372]

Das rasche Verlegen von Großverbänden durch die Luft und der Kampf aus der Luft werden in Zukunft gesteigerte Bedeutung haben. Luftbewegliche Großverbände, die für eine begrenzte Zeit selbständig kämpfen können, sind dann das geeignete Mittel für die operative Führung, auf unvorhergesehene Lagen auch in der eigenen Tiefe und über Korpsgrenzen hinweg zu reagieren.

Luftlandebrigaden und Panzerabwehrhubschrauber-Regimenter können dazu, wenn auch in ihrer operativen Wirkung erheblich eingeschränkt, bereits heute hierfür zusammengefasst werden.

5. <u>Besondere Elemente operativer Führung</u>

a) <u>Zusammenwirken mit Luftstreitkräften</u>

Luftstreitkräfte sind wegen ihrer Fähigkeit zur Schwerpunktbildung über große Entfernungen hinweg und wegen ihrer flexiblen Einsatzarten ein besonders wichtiges Mittel der operativen Führung.

Land- und Luftoperationen beeinflussen sich gegenseitig. Beide wirken unter gemeinsamer operativer Zielsetzung.

Die verstärkte Nutzung des Luftraumes durch Mittel der Landstreitkräfte, um in der Tiefe Feind aufzuklären und zu bekämpfen, sowie die gemeinsame Nutzung des elektromagnetischen Spektrums zwingen Land- und Luftstreitkräfte zu noch engerer Zusammenarbeit. Auf operativen Führungsebenen muss im dreidimensionalen Raum geplant und geführt werden. Diese Fähigkeit muss verstärkt auch auf Korpsebene geschaffen werden.

---

[372] Die Angaben beziehen sich auf den Zeitraum zwischen Bekanntwerden der Lageänderung und dem Beginn der Truppenbewegungen.

Aufgabe der Heeresgruppen, der Luftflotten und von Commander-in-Chief Allied Forces Central Europe (COMAAFCE)[373] ist es, auf der Grundlage der Weisungen des Commander-in-Chief Allied Forces Central Europe (CINCENT):
- Prioritäten für den Einsatz der Luftstreitkräfte zu setzen,
- den Luftraum so zu ordnen, dass Flugbewegungen und das notwendige Feuer der Land- und Luftstreitkräfte aufeinander abgestimmt werden.

Die Korps haben die zugewiesene offensive Luftunterstützung und die Luftverteidigung mit dem Gefecht der verbundenen Waffen zu koordinieren. Dabei muss eine einheitliche Verantwortung sichergestellt werden.
Das Erzielen von wenigstens zeitweiliger Luftüberlegenheit hat höchste Priorität. Sie verschafft Handlungsfreiheit für Luft- und Landstreitkräfte.
Dies ist die Aufgabe sowohl der Luftangriffskräfte als auch der integrierten NATO-Luftverteidigung, Flugabwehrkräfte des Heeres ergänzen deren Schutzwirkung. Ihr Einsatz erfordert enge Abstimmung mit der Luftverteidigung.
Unabhängig von der Lage gelten in der Regel folgende Prioritäten für den Einsatz der Luftstreitkräfte:
- Bekämpfen feindlicher Luftstreitkräfte.
- Abriegeln feindlicher Landstreitkräfte in der Tiefe.
- Mit geringerer Priorität: Luftnahunterstützung.

Luftaufklärung und Lufttransport sind zusätzliche Aufgaben der Luftstreitkräfte.
Die in Zukunft verstärkte Nutzung des Luftraumes durch das Korps verlangt vorausschauende operative Entscheidungen und Anträge zur Luftraumordnung.
Bewegungen der Luftverteidigungskräfte müssen von den Korps in enger Abstimmung mit den zuständigen Kommandobehörden der Integrierten Luftverteidigung auf der Basis der Absicht übergeordneter Führungsebenen koordiniert werden.

---

[373] Er verfügte über Luftangriffs- und Luftunterstützungsverbände aus der Bundeswehr, den Niederlanden, Belgien, Großbritannien, den Vereinigten Staaten und Kanada (Anmerkung des Autors).

Das Bekämpfen des Feindes in der Tiefe muss mit Kriegsbeginn einsetzen. In ihrem Verantwortungsbereich legen Heeresgruppen und Korps hierzu Ziele und beabsichtigte Wirkung fest.

Landstreitkräfte unterstützen den Einsatz von Luftstreitkräften bei der Ausschaltung der feindlichen Flugabwehr. Eine besondere Bedeutung hat das Niederkämpfen der feindlichen Artillerie noch in ihren Anfangsstellungen.

Im Bereich SCHLESWIG-HOLSTEIN und den angrenzenden Seegebieten der OST- und NORDSEE gelten die Forderungen an die gemeinsame Ordnung des Luftraums und an die Planung und Führung auch für die Zusammenarbeit mit den Seestreitkräften und den Verstärkungskräften.

b) <u>Der Kampf im eigenen Land</u>

Der Kampf im eigenen, dichtbesiedelten Land wird die Verteidigungsvorbereitungen und die Führung von Operationen in hohem Maße beeinflussen. Unvollkommene Verteidigungsvorbereitungen im zivilen Bereich werden zu Problemen bei der operativen Führung führen. Diese können nur im engen Zusammenwirken zwischen militärischer und ziviler Verteidigung gelöst werden. Der Mittlerfunktion territorialer Kommandobehörden kommt dabei eine entscheidende Bedeutung zu.

Die Bevölkerung in der Kampfzone kann vermutlich nur im begrenzten Umfang evakuiert werden. Aufgabe der operativen Führung ist es, entsprechende Empfehlungen zu geben.

Ballungsräume und Städte können nicht aus der Verteidigungsplanung ausgeklammert werden; oft sind sie operativ wichtige Räume. Sie sollten jedoch wegen des Schutzes der Bevölkerung in der Regel nur an ihren Rändern verteidigt werden.

Die Entscheidung, ob, wo und wie größere Ballungsgebiete und große Städte zu verteidigen sind, hängt von vielen Faktoren der Gesamtverteidigung ab. Die Entscheidung, derartige Räume nicht zu verteidigen, muss berücksichtigen, dass dies den Zusammenhang der Operationsführung gefährden und die Nutzung ziviler Leistungen beeinträchtigen kann.

Die Aufmarschplanungen sind mit den Evakuierungsplanungen abzustimmen, Prioritäten sind lageabhängig festzulegen, Fluchtbewegungen müssen stets berücksichtigt werden.

Erfordert die Lage das Führen von Operationen in nichtevakuierten Gebieten, sind der Zivilen Verteidigung rechtzeitig Maßnahmen für Ausweichbewegungen zu empfehlen.

Stimmung der Bevölkerung und Geist der eigenen Truppe stehen in enger Wechselwirkung. Trotz der gebotenen Rücksichtnahme kann die militärische Lage unvorhersehbare Reaktionen in der Bevölkerung auslösen, insbesondere bei der nicht zu verhindernden Vermischung von Kombattanten und Nichtkombattanten auf dem Gefechtsfeld.

Das Einwirken auf die eigene Bevölkerung wird damit zu einer wesentlichen Aufgabe operativer Führungsebenen. Hierzu müssen die NATO-Befehlshaber über die Territorialen Befehlshaber und die Bundeswehrverwaltung eng mit der Zivilen Verteidigung zusammenarbeiten.

Die militärischen Operationen und die Durchhaltefähigkeit der Streitkräfte hängen in starkem Maße von der zivilen Infrastruktur und von der Unterstützung durch die Zivile Verteidigung ab. Die Territorialen Befehlshaber sind dazu als Mittler zu nutzen.

c)   Zusammenwirken mit dem Territorialheer

Das Territorialheer hat alle Streitkräfte auf dem Boden der Bundesrepublik Deutschland zu unterstützen. Folgende Aufgaben sind dabei vorrangig zu leisten, um die Operationsfreiheit der NATO-Streitkräfte aufrechtzuerhalten:

- Sicherstellung der Mobilmachung,
- Schutz rückwärtiger Gebiete,
- Sicherstellung der Aufmarschbewegungen,
- Sicherstellung des Heranführens von Verstärkungskräften,
- Sicherstellung des Versorgungsverkehrs.

Prioritäten müssen dabei von den Territorialen Kommandobehörden im Rahmen der Gesamtverteidigung festgelegt werden. Vorrang haben im Allgemeinen die Forderungen der Heeresgruppen.

Für die bewegliche Operationsführung der Großverbände müssen mit Vorrang Aufgaben zum

- Schutz von Schlüsselobjekten,
- Offenhalten operativer Straßen und
- Offenhalten von Vorrangstraßen wahrgenommen werden.

Reichen territoriale Kräfte nicht aus, kann es erforderlich sein, für diese Aufgaben auch NATO-Streitkräfte einzusetzen.

Operationen sind im hohen Maße von leicht verwundbarer ziviler und militärischer Infrastruktur abhängig. Dies erfordert vom Territorialheer erhebliche Anstrengungen, um die Operationsfreiheit der NATO-Streitkräfte aufrechtzuerhalten und damit deren Kräfte zu entlasten.

Territoriale Befehlshaber müssen daher frühzeitig bei der Planung von Operationen beteiligt werden, damit ihre Kenntnisse über die zivile Lage, die örtlichen Gegebenheiten und die verfügbaren nationalen Kräfte und Mittel zur Unterstützung der Operationen einbezogen werden können.

d) Einsatz von Atomsprengkörpern

Nuklearwaffen bleiben auf nicht absehbare Zeit Einsatzmittel des WP und der NATO. Dadurch unterliegen konventionell geführte Operationen stets der atomaren Bedrohung.

Innerhalb der Strategie des Bündnisses haben sie vorrangig den politischen Zweck

- im Frieden durch Abschreckung zur Kriegsverhinderung beizutragen,
- im Krieg durch einen politisch kontrollierten begrenzten Einsatz die Abschreckung wiederherzustellen und zur Konfliktbeendigung beizutragen. Dies schließt die Möglichkeit ihres Ersteinsatzes ein.

Das Bereithalten dieser Waffen, ihre Einsatzplanung und das Üben der Einsatzverfahren ist dazu nach wie vor Voraussetzung. Die auf strategischer Führungsebene vorgesehenen Konsultationsverfahren unterstreichen und sichern den politischen Zweck ihres Einsatzes.

Die Heeresgruppe ist die unterste Führungsebene, die den Einsatz von Atomsprengkörpern fordern kann. Nach der politischen Freigabe kann die Operative Führung beauftragt werden. Nuklearwaffen im Rahmen der politisch vorgegebenen Zielsetzung für operative Zwecke einzusetzen.

Ist ein Korps mit dem Einsatz von Atomsprengkörpern beauftragt, so steht dieser im Mittelpunkt der Operationsplanung und -führung. Die Territorialen Befehlshaber sind zu beteiligen.

Wie Operationen unter atomaren Bedingungen tatsächlich ablaufen, ist nicht voraussagbar. Im Prinzip bleiben jedoch die Grundsätze operativer Führung weiter gültig.

e) Logistik, Sanitätsdienst, Personalersatz

Logistik und Sanitätsdienst müssen

- den Erfolg der „1. Schlacht" in den Verteidigungsräumen der Divisionen in beweglich geführten Operationen sicherstellen und
- die Fähigkeit zur raschen Schwerpunktverlagerung beweglich geführten Operationen ermöglichen,
- die Durchhaltefähigkeit auch in größeren Tiefen und möglicherweise geänderten Korpsgefechtsstreifen gewährleisten,
- eigene Großverbände außerhalb nationaler Gefechtsstreifen unterstützen können.

Trotz unveränderter nationaler Ausrichtung und vorrangiger Unterstützung deutscher Streitkräfte haben Logistik und Sanitätsdienst sich darauf einzustellen, auch verbündete Streitkräfte zu unterstützen. Die integrierte Verteidigung und begrenzt verfügbare Mittel zwingen zu einer verstärkten Zusammenarbeit in beiden Aufgabenbereichen.

Für den Einsatz eigener Kräfte der Logistik und des Sanitätsdienstes bedeutet dies:

- Brigaden und Divisionen das beweglich geführte Gefecht zu ermöglichen,
- abstützen auf teilweise stationäre Einrichtungen in rückwärtigen Korpsgebieten,
- raumdeckende, stationäre und auf zivile Leistungen abgestützte Unterstützung im Bereich des Territorialheeres.

Da logistische und sanitätsdienstliche Führung einen zeitlichen Vorlauf zum Sicherstellen der Unterstützung brauchen, sind sie an operativen Planungen von Beginn an zu beteiligen.

Die personelle Einsatzbereitschaft hängt nicht nur vom laufenden Ausgleich der Verluste, sondern auch vom Erhalten der physischen und psychischen Kräfte der Truppe ab. Bei längeren Kampfhandlungen kann deshalb das Herauslösen von Großverbänden zur Auffrischung notwendig sein.

Im Verlauf des Krieges werden materielle Verluste die Handlungsfreiheit der Operativen Führung einschränken. Materielle Reserven an Großgerät werden begrenzt sein. Deshalb sind noch einsatzbereite Großverbände zum beweglichen, eingeschränkt einsatzbereite Großverbände zum statischen Einsatz zusammenzufassen.

f) <u>Das Führungssystem</u>

Die Führungsorganisation operativer Führungsebenen muss:

- ein enges Zusammenwirken von Land- und Luftstreitkräften verschiedener Nationalität ermöglichen (Joint and Combined Operations),
- die Führung von Operationen unter atomaren Bedingungen sicherstellen,
- die ständige Abstimmung mit nationalen oder territorialen Kommandobehörden gewährleisten.

Dies muss auf jeder operativen Führungsebene von gehärteten Hauptquartieren und von beweglichen Gefechtsständen aus möglich sein. Integrierte Verteidigung bedingt gemeinsame Führungsverfahren.

Operatives Führen erfordert den engen Verbund von nationalen und NATO-Führungsinformationssystemen, einschließlich der entsprechenden Fernmeldesysteme. Diese Systeme müssen die Führung von bis zu 5 Divisionen auf Korpsebene und - für begrenzte Zeit - bis zu 6 Korps auf Heeresgruppenebene ermöglichen.

Das Leistungsvermögen moderner Führungsinformationssysteme sowie der Verbund weitreichender Aufklärungs- und Waffensysteme erlauben mehr als bisher ein dezentrales Führen mit Auftrag. Gleichzeitig ist damit aber auch die Möglichkeit gegeben, über mehrere Führungsebenen hinweg zentral zu führen. Dies muss jedoch die Ausnahme bleiben. Moderne Führungssysteme ermöglichen bzw. erfordern für die Informationsverteilung ein Abweichen von der klassischen hierarchischen Kommandostruktur.

Moderne technische Führungsmittel unterliegen stets der Gefahr, dass durch Ausfall oder Störung ihre Vorteile schnell in Nachteile verwandelt werden. Ihr totaler oder teilweiser Ausfall darf die Führung nicht lähmen. Für Täuschungsmaßnahmen des Feindes sind sie ein besonderes Ziel. Die operative Führung muss darauf eingestellt sein.

D. <u>Ausblick</u>

Nicht alle der hier aufgezeigten operativen Grundsätze können bereits heute in Planungen umgesetzt werden. Dazu fehlen zum Teil die Voraussetzungen sowohl bei den NATO-Hauptquartieren und den Bündnispartnern als auch im deutschen Heer. Langfristig müssen diese Grundsätze aber verwirklicht werden. In diesem Sinn hat diese Leitlinie Forderungscharakter gegenüber der NATO und der eigenen Heeresplanung. Strukturen von Großverbänden haben sich danach auszurichten.

Die Lage in Mitteleuropa ist dadurch gekennzeichnet, dass sich das Bündnis im Falle einer Aggression aus einer politisch-strategischen Grenzlage heraus gegen einen an Zahl überlegenen Gegner verteidigen muss.

Dies verlangt nach ideenreicher, beweglicher und risikobewusster Operationsführung, die nur im gemeinsamen Planen und Handeln der Teilstreitkräfte und Bündnispartner erreicht werden kann. Die sich abzeichnende Verminderung der Bedeutung von nuklearen und chemischen Waffen für die Kriegführung weist in Zukunft den konventionellen Kräften eine noch wichtigere Rolle zu. Mit ihr erhöht sich die Notwendigkeit erfolgreicher operativer Führung.

Anlage A
Begriffe
1. Militärstrategische Führung

Als Teil der Strategie umfasst die Militärstrategische Führung die Gesamtheit der Handlungen der militärischen Führung eines Staates oder Staatenbundes, die auf den koordinierten Einsatz aller verfügbaren Kräfte zum Erreichen der von der politischen Führung festgelegten militärpolitischen Ziele gerichtet sind.

Die strategische Führungsebene des Nordatlantischen Bündnisses wird unter Mitwirkung der Major NATO Commanders gebildet durch

- die Regierungen der Mitgliedstaaten,
- den Verteidigungsplanungsausschuss und den Militärausschuss der NATO.

Auf dieser Ebene wird über die Bündnisstrategie sowie über politische und militärische Maßnahmen zu ihrer Durchsetzung entschieden. Für die Operative Führung umfassen sie vor allem:

Richtlinien für den Einsatz von konventionellen Streitkräften und Nuklearwaffen,

- Richtlinien für Freigabe und Einsatz chemischer Waffen,
- Inkraftsetzen der jeweiligen Pläne,
- militärische Maßnahmen zur Kriegsbeendigung.

2. Operative Führung

Operative Führung umfasst die Gesamtheit der Handlungen oberer militärischer Führungsstäbe. Diese setzen die strategischen Zielvorgaben in operative Planungen um. Sie bilden die Grundlage für Aufträge an die Taktische Führung.

Zu den operativen Führungsebenen zählen

- die Major Subordinate Commanders (MSC),
- die Principal Subordinate Commanders (PSC),
- die Korps,
- die Territorialkommandos und Wehrbereichskommandos in unterstützender Funktion.

Major NATO Commanders (MNC) und - im Ausnahmefall - Divisionen können ebenfalls operative Aufgaben wahrnehmen.

Merkmale der operativen Führung sind im Hauptteil unter C. 1. zusammengefasst.

3. Taktische Führung

Taktische Führung umfasst die Gesamtheit der Handlungen militärischer Führer von der Division an abwärts auf dem Gefechtsfeld. Divisionen und Brigaden fuhren das Gefecht der Verbundenen Waffen. Im Ausnahmefall können dazu auch Bataillone herangezogen werden.

Die Taktische Führung handelt so selbständig wie möglich im Rahmen der übergeordneten operativen Zielsetzung.

Allgemeine Grundsätze und Regeln der taktischen Führungsebenen sind in den Heeresdienstvorschriften zusammengefasst.

4. Operation

Die Operation umfasst eine oder mehrere militärische Handlungen von Großverbänden mit gemeinsamer operativer oder taktischer Zielsetzung.

Im Rahmen von Operationen werden Schlachten und Gefechte geführt, finden Besondere Gefechtshandlungen statt und sind Allgemeine Aufgaben im Einsatz zu erfüllen.

5. Schlacht

Die Schlacht setzt sich aus Gefechten zusammen, die auf ein gemeinsames operatives Ziel gerichtet sind. Sie können zeitlich und räumlich zusammenhängen oder voneinander getrennt sein. Die Schlacht wird von der operativen Ebene geführt.

6. Gefecht

Das Gefecht besteht aus zeitlich und räumlich zusammenhängenden Kampfhandlungen. Es wird von der Taktischen Führung nach den Grundsätzen der Taktik geführt. Durch das Zusammenwirken verschiedener Kräfte unter einheitlicher Führung wird es zum Gefecht der verbundenen Waffen.

Anlage B

Aufgaben operativer Führungsebenen

1. Major Subordinate Commanders (MSC)

In Mitteleuropa setzen CINCENT, bzw. CINCNORTH für den Bereich Schleswig-Holstein, die strategischen Ziele des Bündnisses in operative Aufträge an Land- und Luftstreitkräfte um.

Sie haben das politisch-strategische Konzept der Vorneverteidigung operativ auszuführen. Ihr GDP muss den weiträumigen und tiefzielenden gegnerischen Land- und Luftoperationen begegnen, denen ein die Gesamtheit Mitteleuropas erfassendes Ziel zugrunde liegt.

Wesentliche Aufgaben des CINCENT sind u. a.:

- Festlegung der operativen Ziele für die Verteidigung Mitteleuropas, insbesondere um den Zusammenhang der Operationsführung zu wahren.
- Prioritäten für den Einsatz der Land- und Luftstreitkräfte zur Erfüllung der operativen Zielsetzung zu setzen.
- Erteilung von Aufträgen an die ihm unterstellten Heeresgruppen und COMAAFCE/Luftflotten einschließlich
  - der Regelung ihres Zusammenwirkens,
  - der Zuweisung des für die operative Führung notwendigen Raumes.
- Zuweisung von Reserven an Land- und Luftstreitkräften einschließlich der französischen Streitkräfte nach ihrer Freigabe für die nachgeordneten Befehlshaber zur Erfüllung der ihnen gestellten operativen Aufträge.
- Festlegung zeitlicher und räumlicher Prioritäten für den Aufmarsch der Streitkräfte und für das Nachführen der Reserven.

Die Planungen des MSC berücksichtigen die gesamte Kampf- und Verbindungszone und erstrecken sich in die Tiefe des WP.

Im Rahmen der Gesamtverteidigung koordiniert er ihre operative Zielsetzung mit den betroffenen nationalen Ministerien.

Seine Planungen zielen, über mehrere Tage im Voraus, auf die weiteren Operationen. Kurzfristig kann die Lage insbesondere durch Änderung der Prioritäten für die Luftstreitkräfte beeinflusst werden.

2. Principal Subordinate Commanders (PSC), Heeresgruppen/ COMAAFCE/Luftflotten

Der Schwerpunkt für die Planung und Führung des gemeinsamen Land-/Luftkrieges liegt bei den Heeresgruppen und Luftflotten.

Den Heeresgruppen kommt die Aufgabe zu:
- die Verteidigungsschlacht nach einer Absicht zu planen und zu führen,
- zwischen Korps unterschiedlicher Nationalität, Kampfkraft und Verfügbarkeit auszugleichen und zu koordinieren,
- mit den Luftflotten die Unterstützung der Landoperationen sicherzustellen,
- über TerrKdo/WBK die operative Zielsetzung mit den Maßnahmen der zivilen Verteidigung abzustimmen,
- den Aufmarsch der Land- und bodengestützten Luftstreitkräfte sowie das Nachführen von Reserven zu koordinieren.

Den Luftflotten kommt die Aufgabe zu:
- eigenständige Luftkriegoperationen nach Weisung COMAAFCE zu führen,
- Luftangriffs-und Luftverteidigungsoperationen zur Unterstützung der Landoperationen im Zusammenwirken mit den Heeresgruppen sicherstellen,
- Operationen in der Rear Combat Zone (RCZ) im Zusammenwirken mit den Territorialkommandos zu planen und durchzuführen.

Die Planungen der Heeresgruppen erfassen die gesamte Kampfzone und erstrecken sich in die Tiefe des WP, Heeresgruppen planen mehrere Tage voraus.

Wegen
- der steigenden Bedeutung des Einsatzes schlachtentscheidender operativer Reserven,
- der Reichweitensteigerung von Aufklärungs- und Waffensystemen und Nutzung des elektromagnetischen Spektrums, werden die Aufgaben der Heeresgruppen zunehmen.

3. Korps

Die nationalen Korps sind die operativen Kräfte der Heeresgruppe, Sie haben die operative Zielsetzung der Heeresgruppen zu verwirklichen. Sie stellen den größten aufeinander abgestimmten Truppenkörper im Rahmen der integrierten Verteidigung dar. Durch sie wird die höchste Kampfkraft erreicht.

Korps sind die entscheidende Schnittstelle zu den integrierten Führungsstäben. Nationale operative Vorstellungen werden vor allem durch die Korps in die Verteidigungsplanungen des Bündnisses einfließen.

Die Korps haben bei der Führung der Divisionen u. a. die Aufgaben:

- die Schlacht im Sinne der übergeordneten Absicht zu führen und dabei die Gefechte der unterstellten Großverbände mit den Luftangriffs- und Luftverteidigungseinsätzen zu koordinieren,
- die Gefechte der Divisionen zu unterstutzen und ihnen die notwendige Handlungsfreiheit zu verschaffen,
- in ihrem Verantwortungsbereich Ziele und beabsichtigte Wirkung für den Einsatz eigener Mittel sowie der Luftstreitkräfte gegen gegnerische Folgekräfte festzulegen und den operativen Feuerkampf zu führen,
- für begrenzte Zeit auch Divisionen verbündeter Landstreitkräfte und Großverbände des Territorialheeres zu führen,
- ihre operativen Ziele über die WBK mit der Planung der zivilen Verteidigung abzustimmen,
- in ihrem Verantwortungsbereich die Bewegungen von Luftverteidigungskräften auf der Basis der Absicht von Heeresgruppen/Luftflotten zu koordinieren,
- Schwerpunkte in der Logistischen Unterstützung zu setzen.

Größere Reichweiten von Aufklärungs- und Waffensystemen werden in zunehmendem Maße die unmittelbare Führungsverantwortung der Korps fordern. Dies gilt für den Einsatz weitreichender Aufklärung und Artillerie, für den Kampf gegen die feindliche Führung und gegnerische Folgekräfte sowie für die Ausnutzung der Luftbeweglichkeit durch Bodentruppen.

4. Territorialkommandos

Die Wahrnehmung nationaler deutscher Interessen im Rahmen der Planung und Führung der NATO-Streitkräfte liegt mit Schwerpunkt bei den Territorialkommandos. Dies gilt auch für die Unterstützung mit nationalen Kräften und Mitteln. Die Territorialkommandos sind Ansprechpartner der Heeresgruppe. In der RCZ planen und führen sie Operationen unter nationaler Führung.

Sie haben dabei u. a. folgende Aufgaben:

- Die Operationsfreiheit aller verbündeten Streitkräfte aufrechtzuerhalten und dabei insbesondere das Vorführen von Kräften zu unterstützen.
- Einflussnahme auf Planung und Führung von Operationen der NATO-Streitkräfte hinsichtlich nationaler, insbesondere ziviler Belange. Dies trifft insbesondere beim Einsatz eigener Atomsprengkörper zu.
- Die Maßnahmen der zivilen Verteidigung mit denen der NATO-Streitkräfte über die WBK abzustimmen.

5. <u>Wehrbereichskommandos</u>

Die Wehrbereichskommandos sind nationale Ansprechpartner der Korps, sowie entsprechender Kommandobehörden der anderen Teilstreitkräfte. Ihr Verantwortungsbereich deckt sich weitgehend mit den Grenzen der Bundesländer. Sie verfügen im begrenzten Rahmen über Kräfte und Mittel zur Unterstützung der Korps.

Die Wehrbereichskommandos

- beeinflussen Planung und Führung der Korpsoperationen so, dass nationale, insbesondere zivile Belange berücksichtigt werden,
- halten die Operationsfreiheit aller Streitkräfte in ihrem Verantwortungsbereich durch Einsatz der ihnen unterstellten territorialen Kräfte aufrecht,
- stimmen als Mittler die Maßnahmen der zivilen Verteidigung mit den Vorhaben der NATO-Streitkräfte ab.

Dokument 2

**NATO-Beurteilung der militärischen Ostlage 1978.
Die militärischen Tendenzen und Entwicklungen des Warschauer Paktes im letzten Jahr und die Vorausschätzung für das nächste Jahrzehnt.**[374]

Leider haben die Regierungen der NATO-Staaten in den letzten zehn Jahren entgegen ihrer Vereinbarungen von 1967 für ihre eigene Sicherheit den bequemen Weg der Gutgläubigkeit vorgezogen. Sie blicken nun, wie der Oberbefehlshaber der NATO-Streitkräfte-Europa General Haig, kürzlich meinte, auf „ein Jahrzehnt der Vernachlässigung" ihrer Streitkräfte.[375]
Sollten die gegenwärtigen Tendenzen anhalten, nämlich Zögern und Zerreden von Rüstungsprojekten auf der NATO-Seite und Fortsetzung der raschen Modernisierung auf Warschauer-Pakt-Seite (WP) sowie Duldung der weltweiten Verstöße der Sowjetunion mit ihren Helfershelfern Kuba und „DDR", wird der Kreml in ungefähr zwei Jahren in wichtigen Regionen, wie z. B. in Mitteleuropa, eine relative Überlegenheit seiner Militärmacht gewinnen können. Die Sowjetführung, die bereits in den letzten Jahren eine zunehmende Risikobereitschaft gezeigt hat, würde sich dann möglicherweise versucht fühlen, ihren Zeitvorsprung auszunutzen und ihre Streitkräfte für Erpressung oder gar Gewaltaktionen einzusetzen. In jedem Fall wird die Sicherheit der NATO-Staaten erhöhten und gefährlichen Belastungen ausgesetzt werden. Der deutschen Bevölkerung dürfte genügen, dass ihre Regierung sie schon der „Prüfung der Belastbarkeit der Wirtschaft" ausgesetzt hat.

---

[374] Ungekürzte Übersetzung von Günter Poser, Militärmacht Sowjetunion 1980, München 1980, S. 150-157. Vgl. auch Poser, Günter, Gundersen, Zeider, Wehrpolitische Information, 23.06.1978, S. 1-6. (Archiv des Autors).
[375] Günter Poser war von 1957-1962 Militärattaché in Japan und Korea, 1963-1964 Leiter der Marineauswertung-Ost, 1964-1969 Leiter des Militärischen Nachrichtenwesens im Bundesministerium der Verteidigung, 1969-1973 Abteilungsleiter für Intelligence im Internationalen Militärstab der NATO in Brüssel.

Der Bedrohung unserer Sicherheit durch maßlose Ambitionen der Militärmacht Sowjetunion und von ihr gestützter osteuropäischer Regime gilt es nun endlich durch entschlossenen politischen Willen und überzeugende Verteidigungsleistungen entgegenzuwirken; denn es besteht kein Zweifel, dass die große Mehrheit unseres Volkes weder eine „SelbstFinnlandisierung" noch eine kommunistische „Befreiung" oder gar „auf zum letzten Gefecht" will, wie kürzlich in Wien auf der „Sozialistischen Internationale" wieder lauthals gesungen wurde.

NATO-BEURTEILUNG DER MILITÄRISCHEN OSTLAGE 1978[376]

Die militärischen Tendenzen und Entwicklungen des Warschauer Pakts im letzten Jahr in die Vorausschätzung für das nächste Jahrzehnt.

Am 17. Mai 1978 wurden in Brüssel die Chefs der Stäbe in ihrer Militär-Ausschuss-Sitzung über die militärischen Tendenzen und Entwicklungen der Warschauer-Pakt-Staaten im vergangenen Jahr und über die sich abzeichnende Entwicklung im nächsten Jahrzehnt unterrichtet.

Diese Informierung enthielt die Ergebnisse der gerade abgeschlossenen Einschätzung der Stärke und Fähigkeiten des Warschauer Pakts (WP). Eine Zusammenfassung der Hauptpunkte wurde den Verteidigungsministern in der Sitzung ihres Verteidigungs-Planungs-Ausschusses vom Vorsitzenden des Militärausschusses, dem General Zeiner Gundersen, am 18. Mai 1978 vorgetragen. Er betonte die besondere Notwendigkeit von Maßnahmen wie die des „AWACs" (fliegendes Früh-Luftwarn- und Führungssystem) und der „Langfristigen Verteidigungs-Programme", und wegen der fortdauernden Zunahme sowjetischer Militärmacht die Abschreckungs- und Verteidigungsfähigkeit der NATO zu erhalten und zu verbessern.

Allgemeine Feststellungen

Ganz allgemein zeigte die Sowjetunion ein bemerkenswertes Maß an Kontinuität in der Verfolgung ihrer·strategischen Zielsetzungen und

---

[376] dpa-Meldung vom 29.05.1978.

der Vorliebe für Militärmacht. Ihre Streitkräfte gewinnen weiter an Qualität. Durch weitreichende Forschungs- und Entwicklungsprogramme und durch die Einführung neuer Ausrüstung werden Lösungen zur Beseitigung von Schwachstellen angestrebt. Die militärische Leistungsfähigkeit zur Unterstützung politischer Zielsetzungen globalen Ausmaßes nimmt ständig zu. Es zeigte sich eine klare Tendenz zu einer anspruchsvolleren Politik in der Dritten Welt. Trotz wachsender wirtschaftlicher Schwierigkeiten gab es keine Kürzung der langfristigen Zunahme der Verteidigungsausgaben.

Politischer Hintergrund

Militärische Entwicklungen und Tendenzen sind das Ergebnis politischer Ziele und Vorstellungen. Die Sowjetunion bleibt Zielsetzungen verpflichtet, deren Erreichung sie zur vorherrschenden Macht in der Welt machen würde. Die sowjetische Führung wendet weiter wechselnde Taktiken zur Erreichung dieses Ziels an und zeigt, obwohl sie Vorsicht im Vermeiden einer direkten Konfrontation mit dem Westen übt, zunehmend den Willen, Situationen der Instabilität auszunutzen und zwar besonders in Afrika, wo Kuba fortfährt, als Handlanger zu agieren. Hierzu gehört die ständige sowjetische Weigerung, den Zusammenhang derartiger Handlungen mit der Entspannungspolitik zu akzeptieren.

Entspannung bleibt eine Hauptkomponente sowjetischer Außenpolitik - jedoch gemäß eigener Definition und nur soweit die Sowjets glauben, dass die Entspannung ihren eigenen Zielsetzungen förderlich ist.

Wirtschaftliche Aspekte

Die Verteidigungsausgaben, die bereits 11 bis 13 Prozent des Bruttosozialprodukts der Sowjetunion ausmachen, wachsen weiter mit einem durchschnittlichen Satz von real 4 bis - 5 Prozent pro Jahr. Es ist zu erwarten, dass sie in Zukunft schneller zunehmen, als die Gesamtwirtschaft. Die Sowjetunion sucht weiterhin Zugang zu Krediten, Gütern und Technologie des Westens zu erhalten.

Strategische Streitkräfte

Die strategisch-nukleare Fähigkeit verbessert sich weiter, wobei die Sowjetunion eine Politik verfolgt, die auf nicht weniger als auf eine umfassende Gleichheit mit der NATO zielt, während sie zugleich Vorteile durch neue und verbesserte Waffensysteme zu gewinnen sucht - und diese Politik muss im Zusammenhang mit der Doktrin gesehen werden, sogar einen strategisch-nuklearen Krieg mit einer gewissen Form von Sieg führen zu können.

Neue interkontinentale ballistische Flugkörper (ICBM) mit mehrfach-unabhängig-zielenden Gefechtsköpfen (MIRV) werden als Ersatz für ältere Typen der Truppe zugeführt.

Weitere Systeme sind im Entwicklungsstadium.

- Die mit ballistischen Flugkörpern (SLBM) bewaffnete U-Boot-Flotte ist etwas größer geworden und hat an Zahl der SS-N-8 und MIRV-Flugkörper auf Booten der DELTA-Klasse zugenommen. Diese weitreichenden Flugkörper können ihre Ziele von den Heimatgewässern und -häfen aus erreichen.
- Im vergangenen Jahr kamen auch die ersten SS-20 (Mittelstrecken-Flugkörper) zur Truppe. Dieses System ergänzt die bestehenden SS-4/5-Systeme und wird sie wahrscheinlich ersetzen. Die SS-20 hat eine bessere Treffgenauigkeit und Reaktionszeit; sie besitzt einen MIRV Kopf und ist über Straßen beweglich.
- Die Langstrecken-Bomberflotte wird durch die schrittweise Einführung des BACKFIRE-Bombers und verbesserter Luft-Boden-Flugkörper gestärkt.

Insgesamt geht die Tendenz in Richtung auf eine flexible Streitmacht mit mehr Gefechtsköpfen, größerer Treffgenauigkeit besserer Überlebensfähigkeit unter Herabsetzung der bereits hohen Schubleistungen.

Für die strategische Verteidigung halten die Sowjets weiter eine einzige und begrenzt einsatzfähige ABM-Stellung (anti-ballistische Flugkörper) im Raum Moskau intakt. Sie scheinen ihre Forschungs- und Entwicklungsprogramme im Rahmen des ABM-Abkommens weiterzuführen.

Die Sowjets haben auch größere Programme für die Anti-U-Boot-Kriegführung, konnten aber noch keine effektive Lösung für die Ortung von U-Booten auf hoher See finden.

Die Luftverteidigungskräfte, die aus Abfangjägern, Boden-Luft-Flugkörpern- und Radarsystemen bestehen, bleiben das Rückgrat der strategischen Verteidigung. Die Jägergeschwader, welche weiter mit neueren Allwetter-Flugzeugen modernisiert werden, dürften an Qualität zunehmen. Ein neuer Jäger-Typ wird Anfang der achtziger Jahre erwartet.

Auch die Luftverteidigung mit Flugkörpern wird sich in wenigen Jahren verbessern wenn ein neuer ABM für niedrige Höhen zur Truppe kommt.

Insgesamt gesehen ist die Verteidigungsfähigkeit gegen in mittleren und großen Höhen angreifende Flugzeuge gewaltig, während die Abwehr gegen tief angreifende Flugzeuge sehr begrenzt ist. Es sollte jedoch mit einer wesentlichen Verbesserung im nächsten Jahrzehnt gerechnet werden. Jedenfalls scheint in naher Zukunft eine wirkungsvolle Verteidigung gegen kleine hochentwickelte Luft-Boden-Flugkörper nicht gegeben zu sein.

Die WP-Staaten und besonders die Sowjetunion haben große Organisationen für Zivilverteidigung, aber ihre Effektivität kann noch nicht beurteilt werden.

Die Sowjets nutzen weiter den Weltraum für militärische Zwecke und entwickeln ein Anti-Satelliten-Waffensystem. Es ist, wenn auch mit Einschränkungen, schon einsatzfähig in Krisensituationen.

Seestreitkräfte

Die maritime Leistungsfähigkeit verbessert sich stetig. Das Rückgrat der Sowjet-Marine bleibt das U-Boot. Ihre Zahl hat seit 1977 leicht zugenommen, aber die Tendenz weist auf weniger Boote, eine Verminderung, die durch die Einführung neuer Typen und die Vermehrung der jetzigen neuesten Typen mehr als nur ausgeglichen wird. Künftige Boote, so ist zu erwarten, werden bessere operative Eigenschaften haben. Ihre verbesserten Waffensysteme werden die Kampfkraft gegen Schiffe und U-Boote erhöhen.

Auch die großen Überwasser-Kriegsschiffe nehmen an Zahl ab, gewinnen aber an Kampfkraft, da sie folgende Typen umfassen: Mehr KIEW-Flugzeugträger, einige neue Typen, möglicherweise auch nuklearangetriebene Schiffe und eine große Anzahl an Fregatten der KARA-, KRIVAK- und der neuen KONI-Klasse. Auch die Modernisierung bestimmter älterer Schiffsklassen ist zu erwarten.

Die Marineflieger sind im Begriff, durch den Zugang von BACK-FIRE-Bombern, FITTER-Kampfflugzeugen, Forger-Flugzeugen und HAZE-U-Abwehr-Hubschraubern wesentlich verstärkt zu werden. Diese Streitmacht wird in Zukunft sowohl an Umfang als auch an Qualität zunehmen. Auch bessere Zielerfassungs-Systeme sind zu erwarten.

Bei günstigen Gelegenheiten ist zunehmend der Einsatz von vorwärts liegenden Basen wahrscheinlich. Die BACKFIRE-Langstrecken-Bomber haben zudem eine erhebliche Leistungsfähigkeit, maritime Operationen zu unterstützen.

Eine besondere Stärke der Sowjet-Marine ist ihre Fähigkeit zu elektronischer Kampfführung. Sie ist auch hervorragend in der Lage und dazu ausgebildet, unter nuklearen, biologischen und chemischen Bedingungen zu kämpfen.

Logistische Mängel bestehen besonders bei der mobilen Versorgung auf hoher See fort, aber einige Fortschritte sind gemacht worden. Anscheinend wird dieser Aufgabe große Bedeutung beigemessen.

Die vielleicht wichtigste maritime Aktivität im Frieden ist die Unterstützung der Außenpolitik. Sie hat sich in den letzten Jahren verstärkt. Sowjetische Seestreitkräfte sind in fernen Meeren bereits in der Lage, Einfluss auf örtliche Entwicklungen auszuüben und Operationen anderer Mächte zu komplizieren und einzuschränken.

Das Potential für amphibische Operationen wächst langsam weiter. Dazu gehört eine bedeutende Transportkapazität der Handelsflotte. Zusammenfassend lässt sich jedoch sagen, dass der WP am besten noch immer amphibische Streitkräfte im engen Verbund mit Bodentruppen in regionalen Operationen verwenden kann. Der Einsatz in fernen Unternehmungen gegen ernsten Widerstand würde durch das Fehlen eines Luftschirms schwer eingeschränkt werden;

dennoch wächst dieses Potential langsam an, besonders wenn es zusammen mit anderen maritimen Entwicklungen gesehen wird.

Land- und Luftstreitkräfte

Die stetige Zuführung neuer Ausrüstung in die Land- und Luftstreitkräfte setzt den Trend zur Stärkung und Vielseitigkeit der Truppe für nukleare, chemische und konventionelle Operationen fort. Die zahlenmäßige Stärke der Landstreitkräfte bleib etwa gleich, aber die Qualitativen Ausrüstung, Mobilität und Feuerkraft verbessert sich dadurch weiter, dass motorisierte Artillerie, Infanterie in Schützenpanzern, neue Panzer, moderne Führungs-, Aufklärungs- und Unterstützungsfahrzeuge und moderne Luftverteidigungssysteme alte Typen ersetzen. Zu neuen Waffen, die in Entwicklung oder Einführung sind, gehören: Taktische Flugkörper, Feldartillerie-Waffen und Panzerabwehr-Lenkflugkörper mit einem auf einem Fahrzeug montierten System, dass bei der Moskauer Parade 1977 beobachtet wurde.

Die Auswertung der Landstreitkräfte der anderen WP-Staaten wird auch fortgesetzt, aber in einem viel langsameren Tempo.

Das logistische System für Sondertruppen wird für voll leistungsfähig zur Erfüllung der operativen Forderungen der Bodentruppen gehalten. Die WP-Bodentruppen verbessern weiter ihre Eignung für chemische Kriegführung. Sie bleiben unübertroffen darin, in verseuchter Umgebung zu operieren. Einer der eindrucksvollsten Trends ist der zunehmende Einsatz von Hubschraubern im Kampf der Bodentruppe.

Die militärische Lufttransport-Kapazität und ihre Flexibilität wachsen mit der langsamen Einführung des CANDID-Großflugzeuges. Dazu. vergrößert die AERO-FLOT bedeutend das Lufttransportpotential und ebenso auch etwas die Luftbeweglichkeit im taktischen Bereich.

Die Luftlandetruppen könnten neben ihren Aufgaben auf dem Hauptkriegsschauplatz ein wichtiges Element sowjetischer Interventionstruppen in anderen Gebieten bilden. Die Leistungsfähigkeit der taktischen Luftstreitkräfte wird durch die Einführung besserer Flugzeuge, Hubschrauber und Waffen weiter verstärkt. Einige WP-Staaten erhalten jetzt auch das moderne FLOGGER-Flugzeug. Die

Gesamtzahl der taktischen Starrflügel-Flugzeuge ist ungefähr gleichgeblieben, jedoch ist die Zunahme an Angriffs-Hubschraubern eine wichtige Veränderung.

Das Ergebnis ist: Erhöhte Fähigkeit, die NATO-Verteidigung zu durchdringen, größere Lasten genauer ins Ziel zu bringen, entferntere Ziele zu erreichen und die Einsatzraten zu erhöhen. Die Langstreckenbomber haben neben ihrer Verteidigungsrolle eine bedeutende, an den engeren Kriegsschauplatz gebundene Fähigkeit und Aufgaben die mit der Zunahme von BACKFIRE-Bombern noch größer werden wird.

Zu den fortbestehenden Schwächen gehören ältere Flugzeuge bei den anderen WP-Staaten, verhältnismäßig einförmiges Training und Mängel im Angriff gegen niedrig fliegende Ziele bei Nacht oder schlechtem Wetter.

Die sich abzeichnenden Entwicklungen für den engeren Luftkrieg schließen ein: Varianten der jetzigen taktischen Luft-Boden-Flugkörper ebenso wie neue Typen; unbemannte Fernaufklärer; ein von Hubschraubern getragener Panzer-Abwehr-Flugkörper und neue Flugzeuge. Es sind zu erwarten: Elektro-optische, taktische Luft-Boden-Flugkörper, lasergelenkte Bomben, Aufklärer-Versionen bereits existierender neuer Flugzeugtypen, neues Zielerfassungsgerät, verbesserte Sensoren und der weitere Gebrauch von ferngelenkten Flugkörpern (remotely piloted air vehicles, RPVs).

Die möglicherweise bedeutendsten Verbesserungen im Bereich des Kriegsschauplatzes liegen auf nuklearem Gebiet. Flexiblere Führungssysteme, bessere nukleare Waffenträger der Bodentruppen und für diese mehr Antistrahlenschutz, bessere Flugzeuge und der Einsatz der SS-20. Alle diese Elemente kombiniert verbessern die Leistungsfähigkeit und Flexibilität für nukleare taktische oder den gesamten Kriegsschauplatz erfassende Operationen jeder Stärke.

Schlussfolgerungen

Es ist klar, dass alle die gleichen beunruhigenden Tendenzen, die im letzten Jahr festgestellt wurden, andauern, und es ist um ein Jahr später. Die Sowjets fahren gemeinsam mit ihren Verbündeten fort, die militärische Stärke und Leistungsfähigkeit ihrer Streitkräfte zu vergrößern. Der Umfang der Streitkräfte bleibt die beeindruckendste Charakteristik. Während die Gesamtzahl an Personal sich in den letzten Jahren nicht sehr geändert hat, ist der bedeutendste Faktor die qualitative und quantitative Verbesserung der Ausrüstung aller Streitkräfte und hier besonders ihre konventionelle Angriffskraft - ein Gebiet, auf welchem sie bereits numerische Vorteile besaßen.

Die starke zentralistische Führung hat die WP-Staaten zur Konzentration ihres wirtschaftlichen und industriellen Potentials auf Prioritäten befähigt, und selbst wirtschaftliche Schwierigkeiten würden sie nicht dazu bringen, irgendwelche Verteidigungsprogramme aufzugeben, die sie für notwendig halten. Sie sind daher in der Lage, die Forschung, Entwicklung und Produktion durchzuführen, die zur Unterhaltung großer und gut bewaffneter Streitkräfte einschließlich, großen und einheitlich geführten paramilitärischen Kräften und einem aktiven Zivilverteidigungsprogramm notwendig sind.

Die Sowjetführer verfolgen auf dem Gebiet strategischer Waffen eine Politik, die auf nicht weniger als auf die Sicherstellung umfassender Gleichheit mit der NATO zielt, während sie zugleich Vorteile durch die verbesserte strategische Waffensysteme zu gewinnen und Lösungen zur Beseitigung von Schwächen durch große Investitionen in einem weitreichenden Forschungs- und Entwicklungsprogramm zu finden suchen. Sie sind auch im Begriff, eine verbesserte und taktisch-nukleare Kampfkraft zu bekommen, also auf einem Gebiet, auf dem die NATO lange einen Vorteil hatte.

Die Sowjets sehen ihre Militärmacht als ein wesentliches Element ihres Status als Supermacht und als vitalen Faktor für die weitere Verbesserung einer vorteilhaften „Korrelation der Kräfte" in der Welt an, insbesondere gegen die NATO. Die zunehmend breite Fähigkeit, Streitkräfte, besonders See- und Luftmacht, einzusetzen, ist von großer Bedeutung. Die sowjetische Doktrin schließt das Konzept ein, jede Form von Krieg kämpfen zu können, sogar einen Nuklearkrieg auf strategischer Ebene, bis zu einer gewissen Form von Sieg.

Insgesamt gesehen: Die Stärke ihrer bereits großen und tüchtigen Streitmacht ist durch beeindruckende qualitative Verbesserungen vergrößert worden. Sie bildet eine zunehmende Herausforderung für die NATO.[377]

---

[377] Anmerkung des Autors: Günter Poser vermittelt ein wirklichkeitsnahes Bild der Lage über die Stärke der Militärmacht Sowjetunion. Die Analyse entspricht in ihren Sachbezügen dem Sicherheitsverständnis des Militärischen Nachrichtendienstes im Bundesministerium der Verteidigung in Bonn und der Abteilung Intelligence im Internationalen Militärstab der NATO in Brüssel. Sie ist ein beeindruckendes Beispiel für eine sachliche und fachliche Beurteilung eines Analysten. Vgl. auch Buchbesprechung zu Günter Poser, „Militärmacht Sowjetunion 1977", München - Wien 1977.

Dokument 3

Schriftlicher Operationsbefehl[378]
(Anhalt)[379]
- Geheimhaltungsgrad -
(Etwaige Änderungen gegenüber Vorbefehlen und mündlichen Befehlen)
Ausfertigung lfd. Nr. ... von ... Ausfertigungen

Herausgebende Stelle

Ort der Herausgabe,
Datum/Zeit-Gruppe
der Unterzeichnung,
Spruchbezugsnummer

Art[380], laufende Nummer und Zweck des Befehls
(z.B. Befehl Nr. 1 für die Verteidigung ...)

Bezugsdokument: (z. B. Karten)
Verwendete Zonenzeit:
Truppeneinteilung:[381]
Anlagen:

1. Lage
a. Feindlage
(Ort, Zeit, erkanntes Verhalten, erkannte oder vermutete Stärke, Zusammensetzung, Gliederung, Zuordnung, Möglichkeiten des Handelns oder Absicht)
b. Eigene Lage
(einschließlich Lage der übergeordneten Führungsebene und anderer Kräfte, deren Operationen sich auf die eigenen auswirken können)
c. Unterstellungen und Aufgaben
(der herausgebenden Stelle sowie die diesbezüglichen Zeitangaben)

---

[378] HDv 100/200, 31.08.1972, Entwurf Juni 1997, Anlage 14/1 (Nr. 667).
[379] Nach STANAG 2014, Anhang A. 7. Ausgabe.
[380] Nur bei teilstreitkraftübergreifenden Operationsbefehlen.
[381] Hier oder in den Anlagen.

d. Lagebeurteilung des Truppenführers,
(Beurteilung der Lage durch den Truppenführer)[382]

2. Auftrag
(eigner Auftrag und das damit verbundene Ziel)

3. Durchführung
a. Eigene Absicht und geplante Operationsführung
(Entschluss und Grundzüge der geplanten Operationsführung)
b. Einzelauftrag ...
c. Einzelauftrag ...
d. Einzelauftrag ...
e. Einzelauftrag ...

> Aufträge der Truppenteile und spezielle Aufträge wie Aufklärung, Sicherung, ABC-Abwehr, Militärische Verkehrsführung, Operative Information usw.

f. Maßnahmen zur Koordinierung
(Anweisungen für das Zusammenwirken, soweit erforderlich)

4. Einsatzunterstützung[383]
(Anweisungen und Angaben zur personellen, sanitätsdienstlichen, logistischen, administrativen und sonstigen Unterstützung der Operationen, die für die beteiligten Truppenteile von Bedeutung sind, sowie Anweisungen der Truppenführers an die Einsatzunterstützungstruppen)

5. Führungsunterstützung[384]
(Anweisungen und Angaben zu Führungseinrichtungen, Verbindungen, Meldungen, Elektronischen Schutzmaßnahmen, MilGeoWesen, anderen Maßnahmen der Führungsunterstützung, die für die Truppenteile bei der Operation von Bedeutung sind, sowie Erkennungs- und Identifizierungsanweisungen)

Unterschrift des Truppenführers
Name
Dienstgrad

---

[382] Dieser Unterabsatz wird nur auf Anweisung erstellt.
[383] Gem. STANAG 2014 „Personelle und materielle Unterstützung".
[384] Gem. STANAG 2014 „Führung und Fernmeldewesen".

Anweisungen für die Empfangsbestätigung:
Beglaubigung:
Anaklagen:
Verteiler:

Dokument 4

Schriftliche Ergänzung zum graphischen Operationsbefehl[385]
(Anhalt)

BrigBef Nr. 1 f. d. Angriff auf ...

1. Lage

a. Feind ... hat Angr abgebrochen, richtet sich mit vordersten Teilen in der Linie.... mit Masse beiderseits... - zur Vtdg ein. Fortsetzung Angr nach Süden vermutlich erst nach Zuführung frischer Kräfte.

b. Eigene Lage 15. PzGrenDiv Vtdg, mit SPKt bei Brig 47, beabsichtigt nach VorAngr Brig 43 GegenAngr mit DivRes und verfügbare Kräften in den Raum ..., um liegengebliebenen Fd zu zsl und nachfolgenden Fd a abzuwehren.

c. Ustg/Abg: 43 unverändert

2. Auftrag

PzBrig 43 - 15. Div ab 051200jan Ustlg - Angr Morgen 06jan, nimmt und hält AngrZ zum Schutz der linken Flanke Div, Ustg GegenAngr a. B.

3. Durchführung

a. Eigene Absicht: Brig 43 angr -

Phase 1: ohne FVorb, Aufkl voraus, über StgTr, 2 vstk Btl vorne, Spkt re. Übw beide Flanken - AL 060400jan - Fd in der Linie ... (ZZ1+2),

Phase 2: nach FVorb, unter Übw der Flanke, mit vorne angr Btl auf AngZ, nimmt AngrZ,

Phase 3 Vtg AngrZ und schützt li Flanke Div, Ustg GegenAngr a.B.

b. 431: ...
c. 432: ...
d. 433: ...

---

[385] HDv 100/200, 31.08.1972, Entwurf Juni 1997, Anlage 17/2 (Nr. 669).

e.	434:	...
f.	435:	...
g.	PzJg:	...
h.	Pi:	gem TrEinteilung (Anlage), folgen hinter 432, einstellen auf spe in re Flanke/im AngrZ
i.	Aufkl:	Phase 2 erst a.B.
J.	Maßnahmen zur Koordnierung:	...

4. Einsatzunterstützung

a.	PersUstg:	PersErs nicht vor 08jan
b.	SanDst:	Phase 1 Abstützung auf TrVpl/HVPL ...
c.	Log:	Phase 1 VfgR = VersR
d.	BREU:	folgt

5. Führungsunterstützung

a.	Funk:	Sendeverbot bis AL
b.	GefStde	VorgeschGefStd AL Bei 472, anschl. Hinter 434
c.	BRFU	folgt

Verteiler   **Unterschrift**

Dokument 5

Zeittafel der letzten Etappe des Kalten Krieges (1980 bis 1994)

1980	Mit einem Boykott der Olympischen Sommerspiele in Moskau reagieren die USA auf den sowjetischen Einmarsch in Afghanistan. Viele Staaten, darunter die Bundesrepublik Deutschland, schließen sich an.
13.12.1981	Nach dem Erstarken der Gewerkschaft Solidarność wird in Polen das Kriegsrecht ausgerufen.
Herbst 1982	Die Genfer Abrüstungsverhandlungen zwischen den USA und der UdSSR scheitern.
10.11.1982	Mit dem Tod des Generalsekretärs der KPdSU Leonid Breschnew beginnt die Agonie der Sowjetunion.
23.03.1983	US-Präsident Ronald Reagan kündigt die Entwicklung des kostspieligen Raketenabwehrsystems SDI an.
22.11.1983	Der Bundestag stimmt mit der christlichen-liberalen Mehrheit unter Bundeskanzler Helmut Kohl der „Nachrüstung" Westeuropas mit Pershing II-Raketen und Cruise- Missiles zu.
11.03.1985	Das sowjetische Politbüro wählt Michail Gorbatschow zum Parteichef der KPdSU. Er soll einen Ausweg aus den ökonomischen Schwierigkeiten des Landes finden.
15.01.1986	Michail Gorbatschow schlägt vor, bis zum Jahre 2000 sämtliche Atomwaffen zu verschrotten.
25.02.1986	Auf dem 27. Parteitag der KPdSU kündigt Michail Gorbatschow die Einführung von Rede- und Pressefreiheit (Glasnost) an.
30./31.05.1987	Proklamation der neuen Militärdoktrin der Teilnehmerstaaten des Warschauer Vertrages.
08.12.1987	Ronald Reagan und Michail Gorbatschow unterzeichnen in Washington einen Vertrag über die vollständige Beseitigung der Mittelstreckenwaffen.
1988	Mit zahlreichen Streiks verleihen die polnischen Arbeiter ihren Forderungen nach politischen und sozialen Reformen Nachdruck.
07.12.1988	Michail Gorbatschow verkündet auf der 43. UNO-Vollversammlung einseitige Rüstungsschritte ab 1989 bis 1990. Verringerung des Personalbestandes der sowjetischen Streitkräfte um 500.000 Mann, Abzug von 50.000 Soldaten,

	8.500 Artilleriesystemen, 800 Kampfflugzeugen aus der DDR, ČSSR und Ungarn, Auflösung von sechs sowjetischen Panzerdivisionen. Truppen werden defensiv umstrukturiert.
25.01.1989	Erich Honecker kündigt die einseitige Reduzierung der Streitkräfte der DDR um 10.000 Soldaten, 600 Panzer und 50 Flugzeuge an.
04.06.1989	Massaker der chinesischen Armee auf dem Platz des Himmlischen Friedens in Peking. Mehrere hundert, meist studentische Demonstranten für Demokratie und Bürgerrechte sterben.
Juni 1989	Bei annähernd freien Parlamentswahlen in Polen erringen Solidarność-Mitglieder sämtliche 161 frei wählbaren Sitze.
07.10.1989	Während der Feierlichkeiten zum 40. Jahrestag der DDR wird der Zerfall des Systems erkennbar. Staatsgast Michail Gorbatschow wird von den DDR-Bürgern gefeiert und ermuntert Gastgeber Erich Honecker zu Reformen.
09.11.1989	Öffnung der Berliner Mauer.
28.11.1989	Ein Generalstreik zwingt die kommunistische Regierung in Prag zum Rücktritt.
25.12.1989	In Rumänien wird KP-Chef Nicolae Ceaușescu hingerichtet.
07.02.1990	Die KPdSU beschließt, ihr Machtmonopol aufzugeben, was Anfang Juli geschieht.
12.09.1990	Vertrag über die abschließende Regelung in Bezug auf Deutschland (er regelte das Verhältnis zu den sowjetischen Streitkräften in Deutschland).
24.09.1990	Protokoll über die Herauslösung der NVA aus der Militärorganisation des Warschauer Vertrages.
03.10.1990	Auf Beschluss der DDR-Volkskammer, die aus freien Wahlen im März hervorgegangen ist, schließt sich die DDR der Bundesrepublik Deutschland an. Die Einheit ist vollzogen. Auflösung der NVA und Übernahme von Teilen durch die Bundeswehr.
19.08.1991	Ein Putsch kommunistischer Hardliner in Moskau gegen Michail Gorbatschow scheitert.
26.12.1991	Die rote Fahne mit Hammer und Sichel wird über den Kreml eingeholt. Die Sowjetunion hört auf zu existieren – damit endet der Ost-West-Konflikt.
31.08.1994	Offizielle Verabschiedung der letzten russischen Truppen aus Deutschland.

Dokument 6

Militärterminologie im Vergleich (NVA und Bundeswehr), Teil 1

NVA	Bundeswehr
Allgemeines Gefecht	Gefecht der Verbundenen Waffen
Allgemeiner Truppenkommandeur	Kommandeur der Kampftruppen
Angriffsrichtung	Angriffsachse
Angriffsstreifen	Gefechtsstreifen
Aufgabe (Operative)	Auftrag (Armee/Front)
Aufgabenstellung	Auftragserteilung (für das Gefecht)
Aufklärung	Erkundung (Gelände)
Aufklärung	Militärisches Nachrichtenwesen
Ausgangsraum	Ausgangsraum (* NVA)
Ausgangsstellung	Ausgangsstellung (* NVA)
Bereitstellungsraum	Bereitstellungsraum (* NVA)
Bewegliche Sperrabteilung	Bewegliches Pioniersperrkommando
Chef	Chef (* NVA)
Chef der Spezialtruppen	Chef der Spezialtruppen (* NVA)
Chef der Verwaltungen	Chef der Verwaltungen, Stabsabteilungsleiter im Verteidigungsministerium
Chef der Waffengattungen	Chef der Truppengattungen
Chef des Militärbezirkes	Befehlshaber des Militärbezirkes
Chef Raketentruppen und Artillerie	Befehlshaber der Raketentruppen Artillerie
Chef, Einheitsführer	Chef (Kompanie, Batterie)
Chemische Sicherstellung	ABC-Abwehr aller Truppen/Maßnahmen
Dezentralisierung	Auflockerung
Durchbruch	Einbruch
Einführung in das Gefecht	Einsatz (der 2. Staffel, Reserve)
Einheit	Einheit (Kompanie, Batterie)
Einheitsführer (Gruppenführer, Zugführer)	Führer (Gruppe, Zug)
Einheitsführer, Chef	Einheitsführer (Kompanie, Batterie)
Einnehmen	Inbesitznahme
Einnehmen	Nehmen
Feuer aus der Bewegung	Feuerkampf aus der Bewegung
Feueraufgabe	Feuerauftrag
Flakartillerie	Kanonenflugabwehr
Flakartillerie	Flugabwehrkanonen
Flanke	Flügel
Fla-SFL	Fla-Panzer
Forcieren von Wasserhindernissen (gewaltsames Überwinden von Wasserhindernissen)	Angriff über Gewässer
Front	Front (mehrere Armeen)
Gefecht	Gefecht (bis Divisionsebene)
Gefechtsanordnung	Einsatzbefehl
Gefechtsaufgabe	Auftrag (für das Gefecht)
Gefechtsbereitschaft	Bereitschaftsstufen
Gefechtsdokument	Führungsunterlage
Gefechtslage, Lage	Lage
Gefechtsordnung	Gefechtsgliederung
Gefechtssicherstellung	Erfüllung allgemeiner Aufgaben im Gefecht
Gegenangriff (taktischer Begriff)	Gegenangriff (keine Trennung in taktische bzw. operative Begriffsbestimmung)
Gegenschlag (operativer Begriff)	Gegenangriff (Armee, Front)
Geschosswerfer	Mehrfachraketenwerfer
Großverband (Armee), operativer Verband	Großverband (Armee)
Gruppe der Sowjetischen Streitkräfte in Deutschland (GSSD)	Gruppe der Sowjetischen Truppen in Deutschland (GSTD)
Hauptschlag (operative Ebene)	Hauptstoß
Hauptschlagrichtung (operative Ebene)	Hauptstoßrichtung
Idee (des Gefechts, der Operation)	Absicht (für die Führung des Gefechts)
Kampf in der Tiefe	Kampf durch die Tiefe
Kampfmöglichkeiten	Gefechtswert
Kernwaffe(n)	Atomwaffe(n)
Kette (Armeeflieger)	Schwarm (Heeresflieger)
Kettenpaare (Armeeflieger)	Schwarmrotten (Heeresflieger)
Klarmachen der Aufgabe	Auswertung des Auftrages

©ZMSBw 07930-02

Militärterminologie im Vergleich (NVA und Bundeswehr), Teil 2

NVA	Bundeswehr
Leiter Abteilung Operativ MB/Armee (in der Regel fünf bis sechs Divisionen und weitere selbständige Truppenteile)	Keine direkte Entsprechung, da im Vergleich unterschiedliche Strukturen (Korps, Armee-, Heeresgruppe), ggf. könnte der Dienstposten mit dem G3 eines verstärkten Korps gleichgesetzt werden
Luftabwehr	Flugabwehr
Luftabwehr, Truppenluftabwehr	Fliegerabwehr (aller Truppen)
Luftverteidigung (des Landes)	Luftverteidigung
Luftziel	Flugziel
Manöver	Bewegung (taktisch)
Manöver mit dem Feuer	Verlagerung des Feuerschwerpunktes
Nachrichten- (...)	Fernmelde- (...)
Nächste, weitere, folgende Aufgabe	Angriffsziel in der Tiefe der Verteidigung des Gegners
Natürliches Hindernis	Geländehindernis
Niederhalten	Ausschalten (Feuerauftrag der Artillerie)
Oberbefehlshaber	Oberbefehlshaber der Front
Oberbefehlshaber, Befehlshaber, Chef	Befehlshaber
Oberkommandierender	Oberbefehlshaber
Oberkommandierender der GSSD	Oberbefehlshaber der GSTD
Operation	Gefecht (auf Armee- und Frontebene)
Operative Kampfhandlungen	Gefechtshandlungen (auf Armee- und Frontebene)
Operative Lage	Lage (Armee, Front)
Operative Planung, als Synonym verwandte Begriffe: Verteidigungsplanung, Einsatzplanung, Einsatzoption	Operationsplanung
Operative Planungs- bzw. Gefechtsdokumente	Führungsunterlagen
Operativer Aufbau	Gefechtsgliederung (Armee, Front)
Operativ-strategischer Verband	Großverband (Front)
Operativ-taktischer Verband	Großverband (Korps)
Organisation des Gefechts	Plan der Befehlsgebung (für das Gefecht)
Organisation des Zusammenwirkens	Regelung des Zusammenwirkens
Pionierausbau bzw. pioniertechnischer Ausbau des Geländes	Verstärkung, Gangbarmachen des Geländes
Pioniertechnische Sicherstellung	Pioniertechnische Maßnahmen
Plan der Operation	Operationsplan (Armee)
Plan des Gefechts	Operationsplan (bis Division)
Rekognoszierung	Erkundung
Rekognoszierung	Gemeinsame Erkundung (beteiligter Führer)
Rückwärtige Dienste	Logistiktruppen
Rückwärtige Dienste, rückwärtige Sicherstellung	Logistik
Rückwärtige Sicherstellung	Materielle und sanitätsdienstliche Versorgung, Logistik
Schlag	Stoß (taktisch)
Schutzausbildung	ABC-Ausbildung
Staffelkommandeure (Armeeflieger)	Staffelkapitäne (Heeresflieger)
Tagesaufgabe	Tagesangriffsziel (Division)
Taktische Aufklärung	Aufklärung bis zur Divisionsebene (Armee)
Taktischer Verband	Großverband (Brigade, Division)
Tiefe der Gefechtsaufgabe, Angriffsziel	Entfernung zum Angriffsziel
Trennungslinie	Naht, Grenze des Gefechtsstreifens
Truppen der chemischen Abwehr	ABC-Abwehrtruppe
Truppenluftabwehr	Flugabwehr der Landstreitkräfte (Heer), Fliegerabwehr aller Truppen
Truppenteil	Einheit (selbständiges Bataillon)
Verteidigungssystem	Aufbau der Verteidigung
Vorausabteilung (im Angriff)	Vorausverband
Waffengattung	Truppengattung
Wasserhindernis	Gewässer (Geländehindernis)

** HDV 171/100 VS-NfD, Führung und Kampf der sowjetischen Landstreitkräfte, Bonn, 16.2.1972 (außer Kraft gesetzt).

Die Ausführungen der Studie halten sich an der Terminologie der WVO und der NVA. Nachfolgend werden verwendete Begriffe der NVA und die Entsprechungen für Ausdrücke der Bundeswehr aufgeführt. Einige Bundeswehr-Begriffe sind mit einem Zusatz (* NVA) versehen**. Er ist ein Hinweis darauf, dass aus Mangel an einem zutreffenden Begriff in der Bundeswehr die NVA-Terminologie beibehalten wurde. Die unterschiedliche Terminologie wird dadurch begründet, dass einerseits die Begriffe der NVA in der Regel den wörtlichen Übersetzungen der russischen Terminologie entsprechen, andererseits in der Bundeswehr keine strikte Trennung zwischen taktischen und operativ-taktischen Begriffen zu verzeichnen ist.

©ZMSBw
07931-01

Dokument 7

Operativ-taktische Kennziffern des Deutschen Heeres (1988)

Angriff

			Korps	Division	Brigade
Breite des Angriffsstreifens		km	50 bis 80	25 bis 30	10 bis 15
Tiefe der Aufgabe	"Zwischenaufgabe (-ziel)"	km	40 bis 60	20 bis 40	bis 15
	"Endaufgabe (-ziel)"	km/Tag	bis 120 / bis 4	bis 75 / 2	bis 20 / 40
mittleres Angriffstempo	im Sicherungsstreifen	km/Tag	20 bis 35		
	in der taktischen Tiefe der Verteidigung	km/Tag	10 bis 30		
Luftlandungen	Einsatztiefe	km	50 bis 80	15 bis 25	–
	Stärke		1 bis 2 Btl	Kp, Btl	–
Einbruchstiefe (Richtung des Hauptschlages)		km	30 bis 40	bis 20	
Entfernung von VL	Ausgangsraum	km	20 bis 40		bis 20
	zweite Staffel bzw. allgemeine Reserve	km	50 bis 70	20 bis 30	bis 10
Zuteilung von Flugzeugstarts			300 bis 400 je Korps-Übung, bis zu 100 je Divisionsübung		

Verteidigung

			Korps	Division	Brigade
Verteidigungsstreifen (-abschnitt)	Breite	km	80 bis 100	30 bis 40 (bis 50)	bis 20 (bis 30)
	Tiefe	km	bis 150	50 bis 60	15 bis 20
Sicherungsstreifen	Tiefe	km	20 bis 30		
	Stärke der Deckungstruppen		1 bis 2 verst. Br. Rgt.	bis 1 verst. Br. Rgt.	–
Entfernung vom Vorderen Rand der Verteidigung (VRV)	zweite Staffel bzw. allgemeine Reserve	km	60 bis 80	20 bis 40	10 bis 15
	Gefechtsstand	km	40 bis 60	20 bis 30	10 bis 15
Ausmaß BeR (zweite Staffel)		km^2		1000 bis 1500	200 bis 300
Zeit der Einführung der zweiten Staffel		Tag	3. bis 4.	2. bis 3.	1.
Zuteilung von Flugzeugstarts			300 bis 400 je Korps-Übung, bis zu 100 je Divisionsübung		

Entfaltung

		Herstellen der Marschbereitschaft (Std.)	Entfaltung		Herstellen der GB im AgR/BeR* (Std.)
			Beginn vor Kriegseröffnung (Tage)	Dauer (Std.)	
	Führungsorgane	bis zu 2	4 bis 5	6 bis 8	bis zu 8
Verbände und Truppenteile der ständigen Gefechtsbereitschaft (GB)	ungünstig dislozierte Kräfte	4 bis 6	6	24 bis 48	24 bis 36
	Aufklärungs- u. Deckungstruppen	2 bis 3	4 bis 5	10 bis 12	10 bis 15
	Hauptkräfte	4 bis 6	3 bis 4	24 bis 36	24 bis 36

Anmerkung: op. Luftlandung/Armeen der Vereinten Streitkräfte, dargestellt durch Teile der LLBr-25 (GE) – Einsatztiefe 120 km
* AgR = Ausgangsraum, BeR = Bereitstellungsraum

Quelle: BAMA DVW 1/42491, Anlage 6, Bl. 46.

Dokument 8

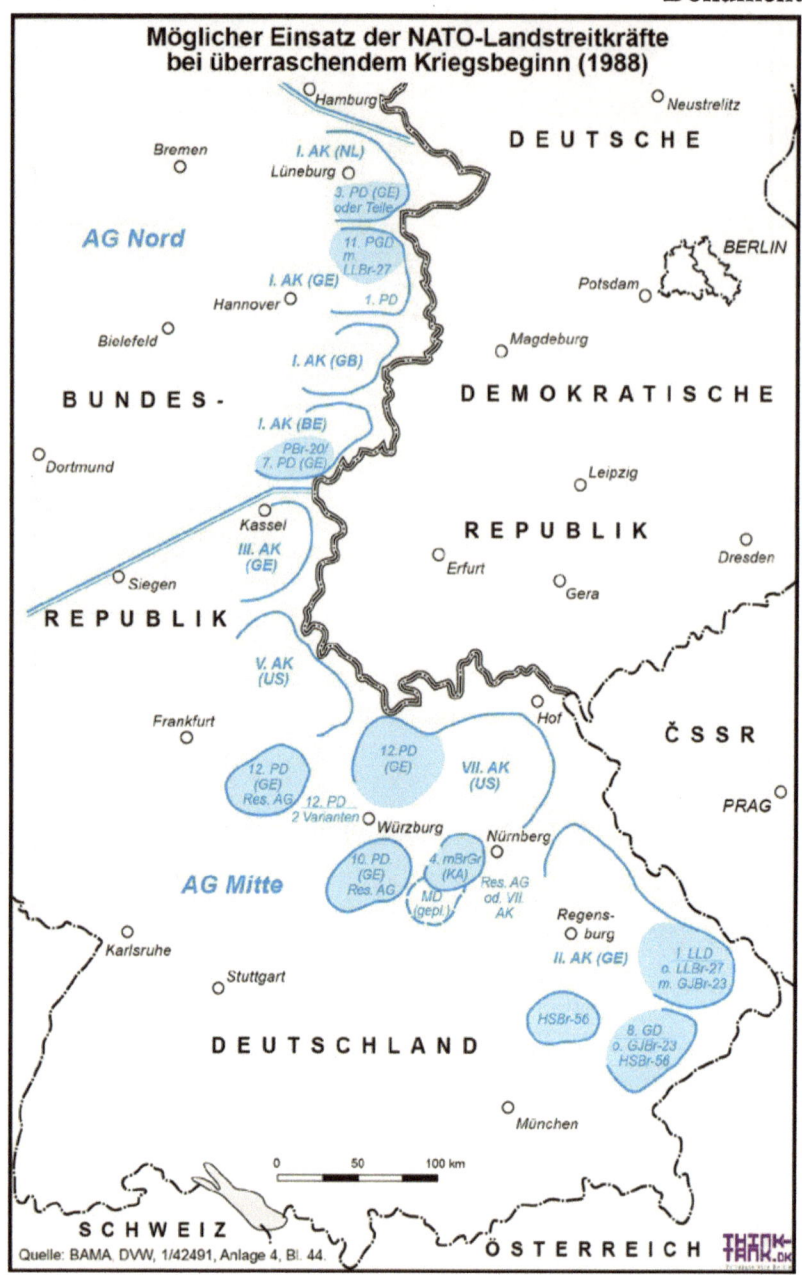

Dokument 9
Ausrüstungsbeschaffung der Bundeswehr 1980-1990

Panavia 200 (PA-200) Tornado

Foto: Karsten Palt

Variante:	Tornado IDS, RECCE, ECR, GR.4
Besatzung:	2
Länge	17,23 m
Spannweite	8,56 m
	13,91 m
Höhe	5,95 m
Leergewicht	14.092 kg
Max. Startgewicht	28.500 kg
Geschwindigkeit	2.337 km/h (Mach 2,2)
Gipfelhöhe	15.240 m
Reichweite	1.389 km

Ab dem 28. August 1980 wurde die Luftwaffe und Marine mit dem Mehrzweckkampfflugzeug Tornado ausgerüstet. Geplant waren zunächst 322 Flugzeuge für sechs Geschwader.

Quelle: https://de.wikipedia.org/wiki/Panavia_Tornado.

Panzerabwehrhubschrauber PAH 1 im September 1986

Besatzung:	1-2
Länge	17,23 m
Hauptrotordurchmesser	9,84 m
Höhe	5,95 m
Leergewicht	1.301 kg (Bo 05 CBS-4)
Max. Startgewicht	2.100 kg Bo 105 A
Geschwindigkeit	270 km/h
Gipfelhöhe	5.120 m Bo 105 M

Reichweite
574 km oder 3,5 Std.
Flugzeit

Am 4. Dezember 1980 wurde in Celle der erste Panzerabwehrhubschrauber PAH-1 an das Heer übergeben.

Quelle: https://de.wikipedia.org/wiki/Geschichte_der_Bundeswehr.

FlaRakPz Roland: Waffensystem auf Schützenpanzer Marder

Besatzung:	3
Länge	6,92 m
Breite	3,24 m
Höhe (Grundzustand)	2,92 m
Anzahl LFK	2+8
Geschwindigkeit	60 km/h
Reichweite (Straße)	500 km

Am 15. Juni 1981 erfolgte die Übergabe des ersten Flugabwehrraketenpanzers Roland. Bis Ende 1983 war die Beschaffung von 140 Panzern vorgesehen.

Quelle: https://de.wikipedia.org/wiki/Roland_%28 Waffensystem%29.

AWACS auf dem Flugfeld

Besatzung:	4 (Cockpit) plus 13-19 (Missioncrew)
Länge	46,61 m
Spannweite	44,42 m
Breite	3,24 m
Höhe	12,70 m
Leergewicht	73.480 kg
Grundzustand	5,95 m
Max. Startgewicht	

157.397 kg
Geschwindigkeit
858 km/h
Reichweite
9.250 km
Einsatzflughöhe
10.670 m

Startrollstrecke
2.100 m

Am 30. Juni 1982 wurde das NATO-Frühwarnsystem AWACS in Geilenkirchen-Tevern stationiert.
Quelle: https://de.wikipedia.org/wiki/NATO-Flugplatz_Geilenkirchen.

Jaguar 1

Besatzung:	4 (Kommandant, Richtschütze, Ladeschütze, Fahrer)
Länge	6,61 m
Breite	3,12 m
Höhe	2,55 m
Masse	22,5 t
Hauptbewaffnung	HOT (Lenkflugkörper), 20 LFK
Sekundärbewaffnung	2 × 7,62-mm MG 3
Geschwindigkeit	70 km/h -
Reichweite	ca. 335 km

Ab Ende 1983 erhielt das Heer den Jagdpanzer Jaguar 2.
Quelle: https://de.wikipedia.org/wiki/Jaguar_Jagdpanze.

Die „Niedersachsen" im Schiffsverband

Besatzung:	219
Länge	130,5 m
Breite	14,57 m
Tiefgang	6,5 m
Verdrängung	3.680 t.
Geschwindigkeit	-30 km/h

Von Mai 1982 bis März 1990 wurden acht Fregatten der Bremen Klasse (F 122) in Dienst gestellt.
Quelle: https://de.wikipedia.org/wiki/F122.

Minenwurfsystem Skorpion 2./ PiBtl 722

Besatzung:	2
Länge	5,87 m
Breite	2,68 m
Höhe	3,32 m
Hauptbewaffnung	6 Minenwurfeinheiten mit 600 Panzerabwehrminen
Geschwindigkeit	40 km/h (Straße)
Reichweite	500 km

Am 3. Juni 1986 wurde das erste Minenwurfsystem Skorpion an die Pioniertruppe übergeben. Bis Ende 1988 war die Beschaffung von 300 Stück geplant.
Quelle: https://de.wikipedia.org/wiki/Minenwurfsystem_Skorpion.

MIM-104 Patriot

Besatzung:	10-15 Mann
Länge	5,30 m
Gefechtsgewicht	900 kg
Geschwindigkeit	3-5 Mach (Je Variante)
Reichweite	45 km

Ab Dezember 1986 wurden die ersten aus den USA gelieferten bodengestützten Mittelstrecken-Flugabwehrraketensysteme MIM-104 Patriot von der Luftwaffe übernommen. Quelle: https://de.wikipedia.org/wiki/MIM-104_Patriot.

Mittleres Artillerieraketensystem (MARS)

Besatzung:	3
Länge	7,07 m
Breite	3.25 m
Höhe	2,85 m
Gewicht	26 t mit Munition
Bewaffnung	Raketen mit 227-237 mm, Max. Beladung 12 Raketen
Geschwindigkeit	60 km/h

Ab 1. Juni 1987 übernahm das Heer die ersten Raketenwerfer des Mittlere-Artillerie Raketen-Systems (MARS).
Quelle https://de.wikipedia.org/wiki/Multiple_Launch_Rocket_System.

Transportpanzer Fuchs

Besatzung: 2 + 8 je nach Einbau- und Rüstsatz

Länge ca. 7,00 m (je Variante)

Breite ca. 3.00 m (je Variante)

Höhe 2.30 m

Gewicht ca. 17 t mit (je Variante)

Bewaffnung bis zu drei 7,62-mm-MG 3 oder zwei 7,62-mm-MG 3 und eine Panzerabwehrlenkrakete MILAN

Geschwindigkeit 96 km/h (Straße), 10 km/h (Wasser mit Propeller)

Reichweite 800 km (Straße), 400 km (Gelände)

Am 18. Februar 1988 wurde der erste von 140 für das Heer vorgesehenen Spürpanzern vom Typ Fuchs dem ABC-Abwehrbataillon 210 in Sonthofen übergeben.

Quelle: https://de.wikipedia.org/wiki/Fuchs_%28Panzer%29.

Wiesel 1A1 TOW

Besatzung: 2 oder 3

Länge 3,31- 4,78 m (je Variante)

Breite 1,82 - 1,87 m (je Variante)

Gewicht 2,75 - 4,78 t (je Variante)

Bewaffnung 20-mm-Maschinenkanone MK 20, TOW-2-Startanlage, 120-mm-Mörser, Stinger-Flugabwehrraketen, MG 3, Nebelscheinwerfer

Geschwindigkeit 70 km/h

Reichweite 286 km (Straße), 200 km (Gelände)

Am 2. August 1990 erhielt die Luftlandetruppe die ersten gepanzerten Waffenträger Wiesel.

Quelle: https://de.wikipedia.org/wiki/Wiesel_%28milit%C3%A4risches_Kettenfahrzeug%29.

Carola Hartmann Miles-Verlag

Politik, Gesellschaft, Militär

Uwe Hartmann, *Innere Führung. Erfolge und Defizite der Führungsphilosophie für die Bundeswehr,* Berlin 2007.

Hans-Christian Beck, Christian Singer (Hrsg.), *Entscheiden – Führen – Verantworten. Soldatsein im 21. Jahrhundert,* Berlin 2011.

Reiner Pommerin (ed.), *Clausewitz goes global. Carl von Clausewitz in the 21st Century,* Berlin 2011.

Eberhard Birk, Winfried Heinemann, Sven Lange (Hrsg.), *Tradition für die Bundeswehr. Neue Aspekte einer alten Debatte,* Berlin 2012.

Holger Müller, *Clausewitz' Verständnis von Strategie im Spiegel der Spieltheorie,* Berlin 2012.

Angelika Dörfler-Dierken, *Führung in der Bundeswehr,* Berlin 2013.

Wolf Graf von Baudissin, *Grundwert Frieden in Politik – Strategie – Führung von Streitkräften,* hrsg. von Claus von Rosen, Berlin 2014.

Marcel Bohnert, Lukas J. Reitstetter (Hrsg.), *Armee im Aufbruch. Zur Gedankenwelt junger Offiziere in den Kampftruppen der Bundeswehr,* Berlin 2014.

Arjan Kozica, Kai Prüter, Hannes Wendroth (Hrsg.), *Unternehmen Bundeswehr? Theorie und Praxis (militärischer) Führung,* Berlin 2014.

Angelika Dörfler-Dierken, Robert Kramer, *Innere Führung in Zahlen. Streitkräftebefragung 2013,* Berlin 2014.

Phil C. Langer, Gerhard Kümmel (Hrsg.), *„Wir sind Bundeswehr." Wie viel Vielfalt benötigen/vertragen die Streitkräfte?,* Berlin 2015.

Dirk Freudenberg, *Counterinsurgency. Aufstandsbekämpfung als Phase zur Überwindung schwacher Staatlichkeit und zur Etablierung des Aufbaus einer stabilen Nachkriegsordnung?,* Berlin 2016.

Alois Bach, Walter Sauer (Hrsg.), *Schützen.Retten.Kämpfen. Dienen für Deutschland,* Berlin 2016.

Marcel Bohnert, Björn Schreiber (Hrsg.), *Die unsichtbaren Veteranen. Kriegsheimkehrer in der deutschen Gesellschaft,* Berlin 2016.

Alessandro Rappazzo, *Vorsprung durch Leadership. Modernes Leadership in der Armee,* Berlin 2017.

Wolfgang Peischel (Hrsg.): *Wiener Strategie-Konferenz 2016 – Strategie neu denken,* Berlin 2017.

Oliver Schmidt, *Deutsche Außenpolitik und die Zukunft der nuklearen Teilhabe in der NATO,* Berlin 2017.

Dirk Freudenberg, *Theorie des Irregulären, 3 Bde.,* Berlin 2017.

Donald Abenheim and Carolyn Halladay, *Soldiers, War, Knowledge and Citizenship: German-American Essays on Civil-Military Relations,* Berlin 2017.

Jahrbuch Innere Führung (seit 2009)

Uwe Hartmann, Claus von Rosen (Hrsg.), *Jahrbuch Innere Führung 2014. Drohnen, Roboter und Cyborgs – Der Soldat im Angesicht neuer Militärtechnologien,* Berlin 2014.

Uwe Hartmann, Claus von Rosen (Hrsg.), *Jahrbuch Innere Führung 2015. Neue Denkwege angesichts der Gleichzeitigkeit unterschiedlicher Krisen, Konflikte und Kriege,* Berlin 2015.

Uwe Hartmann, Claus von Rosen (Hrsg.), *Jahrbuch Innere Führung 2016. Innere Führung als kritische Instanz,* Berlin 2016.

Uwe Hartmann, Claus von Rosen (Hrsg.), *Jahrbuch Innere Führung 2017. Die Wiederkehr der Verteidigung in Europa und die Zukunft der Bundeswehr,* Berlin 2017.

Einsatzerfahrungen

Kay Kuhlen, *Um des lieben Friedens willen. Als Peacekeeper im Kosovo,* Eschede 2009.

Sascha Brinkmann, Joachim Hoppe (Hrsg.), *Generation Einsatz, Fallschirmjäger berichten ihre Erfahrungen aus Afghanistan,* Berlin 2010.

Artur Schwitalla, *Afghanistan, jetzt weiß ich erst… Gedanken aus meiner Zeit als Kommandeur des Provincial Reconstruction Team FEYZABAD,* Berlin 2010.

Uwe Hartmann, *War without Fighting? The Reintegration of Former Combatants in Afghanistan seen through the Lens of Strategic Thought,* Berlin 2014.

Rainer Buske, *KUNDUZ. Ein Erlebnisbericht über einen militärischen Einsatz der Bundeswehr in AFGHANISTAN im Jahre 2008*, Berlin ²2016.

Erinnerungen

Blue Braun, *Erinnerungen an die Marine 1956–1996,* Berlin 2012.

Harald Volkmar Schlieder, *Kommando zurück!,* Berlin 2012.

Reinhart Lunderstädt, *Aus dem Leben eines Hochschullehrers. Persönlicher Bericht,* Berlin 2012.

Wulf Beeck, *Mit Überschall durch den Kalten Krieg. Mein Leben für die Marine,* Berlin 2013.

Jan Becker, *Aufgewühltes Wasser,* 3 Bde., Berlin 2014.

Klaus Grot, *So war's, damals. Dienstchronik eines Pionieroffiziers im Kalten Krieg 1954–1991,* Berlin 2014.

Gustav Lünenborg, *Bürger und Soldat. Innere Führung hautnah 1956–1993, 1993–2015,* Berlin 2015.

Adolf Brüggemann, *Als Offizier der Bundeswehr im Auswärtigen Dienst. Meine Erinnerungen als Militärattaché in Seoul (Republik Korea) 1978–83 und in Prag (Tschechoslowakei/Tschechien) 1988–1993,* Berlin 2015.

Rainer Buske, *Eine Reise ins Innere der Bundeswehr. Wundersame Geschichten aus einer anderen Welt,* Berlin 2016.

Heinz Laube, *Duell am Himmel,* Berlin 2016.

Winfried Papenfuß, *Die Kriege der Karendorffs,* Berlin 2016.

Viktor Toyka, *Dienst in Zeiten des Wandels. Erinnerungen aus 40 Jahren Dienst als Marineoffizier 1966-2000,* Berlin 2017.

Dieter Hanel, *Military Link. Sicherheitspolitische Zeitreiseeines Offiziers und Rüstungsmanagers,* Berlin 2018.

Militärgeschichte

Eberhard Kliem, Kathrin Orth, *"Wir wurden wie blödsinnig vom Feind beschossen". Menschen und Schiffe in der Skagerrakschlacht 1916,* Berlin 2016.

Eberhard Birk, *"Auf Euch ruht das Heil meines theuern Württemberg!". Das Gefecht bei Tauberbischofsheim am 24. Juli 1866 im Spiegel der württembergischen Heeresgeschichte des 19. Jahrhunderts,* Berlin 2016.

Eckhard Lisec, *Der Unabhängigkeitskrieg und die Gründung der Türkei 1919–1923,* Berlin 2016.

Hans Frank, Norbert Rath, *Kommodore Rudolf Petersen. Führer der Schnellboote 1942–1945. Ein Leben in Licht und Schatten unteilbarer Verantwortung,* Berlin 2016.

Eckhard Lisec, *Der Völkermord an den Armeniern im 1. Weltkrieg – Deutsche Offiziere beteiligt?,* Berlin 2017.

Ingo Pfeiffer, *Heinz Neukirchen. Marinekarriere an wechselnden Fronten,* Berlin 2017.

Viktor Toyka, *Dienst in Zeiten des Wandels. Erinnerungen aus 40 Jahren Dienst als Marineoffizier 1966-2006,* Berlin 2017.

Eckhard Lisec, *Die Türkische Armee – Von Mete Han (209 v. Chr.) über Atatürk zur Gegenwart,* Berlin 2018.

Joachim Welz, *Erfolgsstory oder Trauma – die Übernahme von Armeen. Lehren aus der Übernahme des österreichischen Bundesheeres in die Wehrmacht 1938 und der Reste der NVA in die Bundewehr 1990,* Berlin 2018.

Schriften zur Geschichte der Deutschen Luftwaffe

Eberhard Birk, Heiner Möllers, Wolfgang Schmidt (Hrsg.), *Die Luftwaffe zwischen Politik und Technik, Bd. 2,* Berlin 2012.

Eberhard Birk, Heiner Möllers (Hrsg.), *Luftwaffe und Luftkrieg, Bd. 3,* Berlin 2015.

Claas Siano, *Die Luftwaffe und der Starfighter. Rüstung im Spannungsfeld von Politik, Wirtschaft und Militär, Bd. 4,* Berlin 2016.

Eberhard Birk, Peter Andreas Popp (Hrsg.), *Luftwaffenoffizier 21. Das Selbstverständnis des Luftwaffenoffiziers zu Beginn des 21. Jahrhunderts, Bd. 5,* Berlin 2016.

Eberhard Birk, Heiner Möllers (Hrsg.), *Luftwaffe und Luftverteidigung, Bd. 6,* Berlin 2017.

Dirk Schreiber, *Die Luftwaffe und ihre Doktrin. Einsatzkonzeptionen bis 1971, Bd. 7,* Berlin 2018.

Standpunkte und Orientierungen

Daniel Giese, *Militärische Führung im Internetzeitalter – Die Bedeutung von Strategischer Kommunikation und Social Media für Entscheidungsprozesse, Organisationsstrukturen und Führerausbildung in der Bundeswehr,* Berlin 2014.

Dirk Freudenberg, *Auftragstaktik und Innere Führung. Feststellungen und Anmerkungen zur Frage nach Bedeutung und Verhältnis des inneren Gefüges und der Auftragstaktik unter den Bedingungen des Einsatzes der Deutschen Bundeswehr,* Berlin 2014.

Uwe Hartmann (Hrsg.), *Lernen von Afghanistan. Innovative Mittel und Wege für Auslandseinsätze,* Berlin 2015.

Fouzieh Melanie Alamir, *Vernetzte Sicherheit – Quo Vadis?,* Berlin 2015.

Hartwig von Schubert, *Integrative Militärethik. Ethische Urteilsbildung in der militärischen Führung,* Berlin 2015.

Uwe Hartmann, *Hybrider Krieg als neue Bedrohung von Freiheit und Frieden. Zur Relevanz der Inneren Führung in Politik, Gesellschaft und Streitkräften,* Berlin 2015.

Klaus Beckmann, *Treue.Bürgermut.Ungehorsam. Anstöße zur Führungskultur und zum beruflichen Selbstverständnis in der Bundeswehr,* Berlin 2015.

Florian Beerenkämper, Marcel Bohnert, Anja Buresch, Sandra Matuszewski, *Der innerafghanische Friedens- und Aussöhnungsprozess,* Berlin 2016.

Martin Sebaldt, *Nicht abwehrbereit. Die Kardinalprobleme der deutschen Streitkräfte, der Offenbarungseid des Weißbuchs und die Wege aus der Gefahr,* Berlin 2017.

Christian J. Grothaus, *Der "hybride Krieg" vor dem Hintergrund der kollektiven Gedächtnisse Estlands, Lettlands und Litauens,* Berlin 2017.

Uwe Hartmann, *Der gute Soldat. Politische Kultur und soldatisches Selbstverständnis heute,* Berlin 2018.

http://www.miles-verlag.jimdo.com